新工科·普通高等教育机电类系列教材

AutoCAD 绘图与三维建模

第 2 版

主　编　侯永涛

副主编　黄　娟　姚

参　编　戴立玲　板

机械工业出版社

CHINA MACHINE PRESS

本书详细介绍了AutoCAD 2019中文版的功能及各种基本操作方法和技巧，利用图解方法循序渐进地进行知识点讲解，使读者能够快速掌握AutoCAD 2019的操作技能。全书分为10章，主要内容包括AutoCAD的界面及基本知识、绘图命令、修改命令、文字、表格、尺寸标注、公差的标注、中心线、图块、命名对象、设计中心、AutoCAD正等轴测图的绘制、零件图和装配图的绘制、工程图的打印、三维建模命令、UCS、三维操作命令、实体编辑、平面摄影、基础视图和投影视图、截面视图和局部放大图、AutoCAD建筑图样的绘制。

本书符合党的二十大报告中关于"深入实施科教兴国战略、人才强国战略、创新驱动发展战略"的要求，在详细讲授基础理论知识的同时融入探索性实践内容，以增强学生的自信心和创造力，即用学科理论知识促进学生活跃思维、敢于创新，尽可能地将新思路在实践中进行创造性的转化，推动科学技术实现创新性发展。

本书图文并茂、语言简洁、思路清晰、实例丰富、讲解翔实、内容全面，可作为初学者的入门基础用书和相关工程技术人员的参考资料，也可作为中、高等学校相关专业、各类计算机辅助设计培训中心和AutoCAD认证考试的教学用书。

图书在版编目（CIP）数据

AutoCAD 绘图与三维建模 / 侯永涛主编 . —2 版 . — 北京：机械工业出版社，2023.12（2025.2 重印）
新工科·普通高等教育机电类系列教材
ISBN 978-7-111-74741-3

Ⅰ . ① A… Ⅱ . ①侯… Ⅲ . ① AutoCAD 软件—高等学校—教材
Ⅳ . ① TP391.72

中国国家版本馆 CIP 数据核字（2024）第 002765 号

机械工业出版社（北京市百万庄大街 22 号 邮政编码 100037）
策划编辑：余 皞 责任编辑：余 皞
责任校对：闫玥红 封面设计：张 静
责任印制：常天培
北京机工印刷厂有限公司印刷
2025 年 2 月第 2 版第 3 次印刷
184mm×260mm · 19.75 印张 · 496 千字
标准书号：ISBN 978-7-111-74741-3
定价：63.00 元

电话服务 网络服务
客服电话：010-88361066 机 工 官 网：www.cmpbook.com
010-88379833 机 工 官 博：weibo.com/cmp1952
010-68326294 金 书 网：www.golden-book.com
封底无防伪标均为盗版 机工教育服务网：www.cmpedu.com

前　言

早在 2004 年，教育部高等学校工程图学教学指导委员会修订的《普通高等院校工程图学课程教学基本要求》就提出了工程图学课程的六项任务，其中一项任务是"培养使用绘图软件绘制工程图样及进行三维造型设计的能力"。但从作者近几年的本科教学及毕业设计实践中，仍感觉到学生在计算机绘图及三维建模能力方面存在明显不足。有鉴于此，作者通过总结近几年的教学实践，编写了本教材。

本教材以培养学生使用 AutoCAD 绘制正确的工程图样，建立正确的三维模型为目的，主要编写思路为：

1. 在内容上体现 AutoCAD 和工程图学知识的双向融合

为实现双向融合，教材精心挑选与工程实际紧密结合的绘图和建模实例，通过讲解 Auto-CAD 命令，促进学生对工程图学相关知识的理解；另一方面，教材在讲解如何使用 AutoCAD 绘制零件图、装配图、建筑图和进行三维建模时，通过融入工程图学的知识，促进学生对 Au-toCAD 软件的掌握。

2. 注重培养学生表达设计意图的能力

目前，学生在毕业设计过程中，基本都使用三维建模软件对产品进行设计。在最后的出图环节，也大多使用软件自动生成工程图。过多依赖软件自动地生成工程图，使得学生缺乏对设计意图表达的考虑。针对这种情况，在教材的第 9 章专门讲解三维模型如何转化为二维工程图，以及转化过程中需要注意的问题，从而培养和提高学生对机件内外结构、形状的表达能力。

3. 教材注重体现国家标准对制图的要求

由于 AutoCAD 软件由美国 Autodesk 公司开发，软件中一些默认设置，如标注样式、文字样式、多重引线样式以及截面视图样式等，并不完全符合我国制图标准，因此教材注重讲解如何对这些样式进行设置，以符合我国制图标准，培养学生贯彻和执行国家标准的意识。

4. 为规范计算机绘图提供相应的解决方案

在使用 AutoCAD 进行绘图的过程中，常会遇到一些问题。例如，特殊符号（孔深、沉孔、斜度等）的输入、倒角的标注、尺寸公差的标注、几何公差中基准符号的绘制、延长一条尺寸线以在其上插入表面结构要求、装配图的序号（指引线）的标注方法等，针对这些问题，教材都给出了相应解决方案。

教材共 10 章，由侯永涛任主编，并负责全书统稿。戴立玲编写了教材的第 2.2 节"修改命令"、2.5 节"综合平面图形"；杨志贤编写了 8.6 节"三维建模示例"；黄娟编写了第 9 章"AutoCAD 三维模型生成二维工程图"；姚辉学编写了第 10 章"AutoCAD 建筑图样的绘制"；其余章节由侯永涛编写。

由于时间仓促，作者水平有限，书中难免存在不当之处，敬请读者批评指正。

侯永涛

目　录

前　言

第 1 章　AutoCAD 的界面及基本知识

1.1　AutoCAD 的工作界面 ·· 1
1.2　AutoCAD 的基本知识 ·· 13
1.3　实践训练 ·· 21

第 2 章　二维绘图

2.1　绘图命令 ·· 25
2.2　修改命令 ·· 35
2.3　简单平面图形 ·· 51
2.4　复杂平面图形 ·· 53
2.5　综合平面图形 ·· 58
2.6　实践训练 ·· 67

第 3 章　工程图样的标注

3.1　文字 ··· 72
3.2　表格 ··· 77
3.3　尺寸标注 ·· 81
3.4　公差的标注 ·· 93
3.5　中心线 ·· 96
3.6　组合体三视图的尺寸标注 ··· 96
3.7　实践训练 ·· 98

第 4 章　图块和设计中心

4.1　图块 ··· 104
4.2　命名对象 ·· 109
4.3　设计中心 ·· 110
4.4　实践训练 ·· 112

第 5 章　AutoCAD 正等轴测图的绘制

5.1　轴测图的基本概念 ··· 115
5.2　正等轴测图 ·· 116
5.3　正等轴测图的 AutoCAD 绘制 ······································ 118
5.4　正等轴测图的尺寸标注 ·· 120
5.5　实践训练 ·· 121

第 6 章　零件图

6.1　零件图的组成 ··· 123

6.2 零件图的绘制 ·· 124

6.3 零件图的尺寸标注 ································· 127

6.4 零件图的技术要求 ································· 128

6.5 零件图的图框和标题栏 ························· 129

6.6 实践训练 ·· 131

第 7 章 装配图

7.1 装配图的内容 ···································· 141

7.2 装配图的拼装 ···································· 142

7.3 装配图的尺寸 ···································· 147

7.4 装配图的序号、代号和明细栏 ············· 148

7.5 工程图的打印 ···································· 152

7.6 实践训练 ·· 154

第 8 章 三维建模

8.1 三维建模概述 ···································· 156

8.2 三维建模命令 ···································· 160

8.3 UCS ·· 175

8.4 三维操作命令 ···································· 181

8.5 实体编辑 ·· 187

8.6 三维建模示例 ···································· 192

8.7 实践训练 ·· 200

第 9 章 AutoCAD 三维模型生成二维工程图

9.1 平面摄影 ·· 208

9.2 基础视图和投影视图 ························· 210

9.3 截面视图 ·· 213

9.4 局部放大图 ······································ 222

9.5 修改视图 ·· 224

9.6 实践训练 ·· 225

第 10 章 AutoCAD 建筑图样的绘制

10.1 建筑图样的基本设置 ························ 229

10.2 建筑施工图 ···································· 261

10.3 结构施工图 ···································· 284

10.4 实践训练 ······································· 294

附录

附录 A 上机练习 ···································· 296

附录 B AutoCAD 绘图与三维建模模拟试卷（开卷） ···· 299

附录 C 实践训练和模拟试卷参考答案 ········· 305

参考文献

第 1 章

AutoCAD 的界面及基本知识

　　AutoCAD 是美国 Autodesk 公司开发的一款计算机辅助绘图与设计软件。1982 年 12 月，该公司推出了 AutoCAD 的第一个版本，AutoCAD 1.0。自问世以来，经过数次的版本更新和性能完善，在本教材编写时，最新的版本是 AutoCAD 2019。现如今，AutoCAD 已广泛应用于机械、建筑、电子、航天、造船、土木工程、纺织等领域。在我国，AutoCAD 已成为工程设计领域应用最为广泛的计算机辅助设计软件之一。

　　对于初学者而言，学习一款软件最好使用其最新的成熟版本。因此，本教材采用 AutoCAD 2019 对其基本的二维绘图与三维建模功能进行讲解。由于教材讲解的内容主要涉及的是 AutoCAD 的基本功能，因此，这些内容的学习同样适用于 AutoCAD 早期的版本，如 AutoCAD 2018、AutoCAD 2017 等。

1.1　AutoCAD 的工作界面

　　在 AutoCAD 安装完成后，使用鼠标左键双击 Windows 桌面上的"AutoCAD 2019 - 简体中文（Simplified Chinese）"快捷图标 启动软件，会显示如图 1-1 所示的初始界面。

图 1-1　AutoCAD 2019 初始界面

　　在初始界面中，主要使用 AutoCAD 显示的"开始"选项卡。在该选项卡上，单击"开始绘制"按钮，AutoCAD 会使用最近使用的样板文件新建一个图形文件。单击"开始绘制"按钮下方的展开按钮▼，如图1-1所示，可以从系统显示的"样板文件"列表中，选择一个样板文件来新建图形文件。关于图形样板文件的概念，将在1.2.4节"图形样板文件"中做详细讲解。

在"最近使用的文档"列表中，使用鼠标左键单击某个图形文件，可以打开该图形文件。在"连接"中登录A360账户，可以获得联机服务或向Autodesk发送反馈。

1.1.1　工作界面的组成

新建或打开图形文件后，会进入到如图1-2所示的AutoCAD 2019工作界面。工作界面主要由标题栏、"应用程序"按钮、"快速访问"工具栏、功能区、绘图区、"模型"和"布局"选项卡、命令窗口以及状态栏组成。

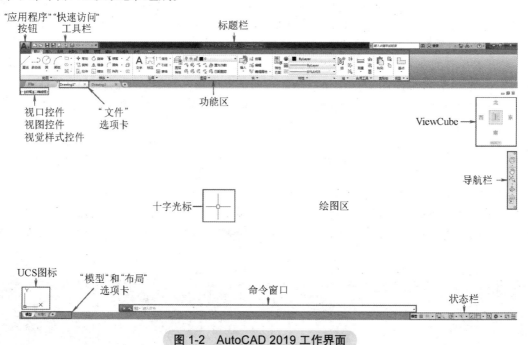

图1-2　AutoCAD 2019工作界面

1. 标题栏

工作界面的顶部区域是标题栏，用于显示AutoCAD的版本以及当前正在编辑的图形文件的名称，如Drawing1.dwg。实际上，AutoCAD 2019是一个多文档应用程序，即一个应用程序能够打开多个图形文件并对这些图形文件进行编辑。使用鼠标左键单击某个"文件"选项卡，可将某个图形文件切换为当前。此时，该文件的名称就会显示在AutoCAD的标题栏中。另外，单击"文件"选项卡右侧的"关闭"按钮❌，可以关闭该文件；单击最右方的"新图形"按钮➕，可新建一个图形文件。

2. "应用程序"按钮

工作界面的左上角是"应用程序"按钮，使用鼠标左键单击该按钮，可展开如图1-3所示的界面。界面的左侧是一些对图形文件进行操作的命令按钮，如"新建"、"打开"、"保存"、"另存为"、"输入"、"输出"、"打印"等。

展开界面的右侧，顶部是"搜索命令"编辑框，在其中可以使用中文搜索AutoCAD的命令。"搜索命令"编辑框的下方是"最近使用的文档"列表。如图1-3所示，可使用小图标、大图标、小图像和大图像等方式来显示这些文档，左键单击列表中的文档，同样可打开该文档。

3."快速访问"工具栏

"应用程序"按钮的右侧是"快速访问"工具栏，这个工具栏上显示有经常使用的命令按钮，如"新建" 、"打开" 、"保存" 、"另存为" 等。单击工具栏最右侧的展开按钮 ，将显示图1-4所示的菜单，这个菜单用于自定义"快速访问"工具栏，使用左键单击其中的菜单项，可为"快速访问"工具栏添加或去除按钮及控件。

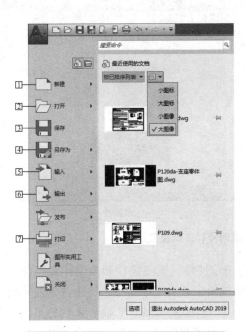

图1-3　"应用程序"按钮的展开界面

图1-4　自定义快速访问工具栏

4.功能区

功能区位于标题栏的下方，其通过选项卡和面板的形式来组织命令按钮或控件。如图1-2所示的工作界面中，包含有"默认""插入""注释""参数化"等选项卡。

每个选项卡由若干个面板组成，如图1-5所示的"注释"选项卡上，"文字"面板包含有用于创建文字的"多行文字" 和"单行文字" 等命令按钮。实际上，AutoCAD常用的命令启动方式就是单击面板上的命令按钮。如果某一面板的底部显示有展开按钮 ，如"文字"面板，在面板的底部单击鼠标左键可以展开面板，从而显示该面板所包含的所有命令按钮。如果某一面板的右下角显示有小箭头 ，本教材将其称为对话框按钮，如"标注"面板，单击对话框按钮，会打开"标注样式管理器"对话框。

图1-5　选项卡和面板

【提示与建议】

　　将光标悬停在功能区的命令按钮上，AutoCAD将显示该命令按钮的基本提示信息，用以说明其功能；继续悬停，提示将展开以显示更多有关该命令按钮的帮助信息。

　　5. 绘图区

　　在"文件"选项卡的下方，有一块很大的区域称为绘图区。绘图区用于创建或修改用于表达设计的二维图样（图 1-6a）或三维模型（图 1-6b）。

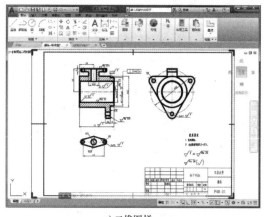

a) 二维图样

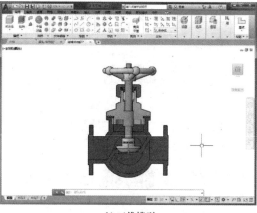

b) 三维模型

图 1-6　用于表达设计的二维图样和三维模型

　　绘图区的左上角有三个控件，从左至右依次为视口控件、视图控件和视觉样式控件；绘图区的右上角是 ViewCube，ViewCube 用于从不同的视角来查看三维模型；绘图区的左下角是 UCS 图标，UCS 即用户坐标系，UCS 图标用来显示用户坐标系 X 轴、Y 轴和 Z 轴的正向。在绘制二维图样时，三个控件、ViewCube 和 UCS 图标都很少使用到，这些界面元素将在教材的第 8 章"三维建模"中讲解。

　　绘图区的右侧是导航栏，在导航栏上可以访问导航控制盘（Steering Wheels）、平移、缩放、动态观察和 ShowMotion 工具，如图 1-7 所示。

　　1）导航控制盘◎：提供在专用导航工具之间快速切换的控制盘集合。

　　2）平移🖑：平行于屏幕移动视图。

　　3）缩放🔍：使用鼠标左键单击该工具下方的展开按钮▼，可打开如图 1-7 所示的菜单，左键单击其中的菜单项，可使用相应的方式缩小或放大视图。

　　4）动态观察✛：单击按钮下方的展开按钮▼，打开的菜单中包含有"动态观察""自由动态观察"和"连续动态观察"三个菜单项，单击其中的菜单项，可使用对应的方式动态旋转模型的视图。

　　5）ShowMotion▣：提供用于创建和回放进行设计查看、演示和书签样式导航的屏幕显示。

　　在导航栏中，平移、缩放和动态观察在二维绘图或三维建模的过程中使用较多。在绘图区，鼠标指针默认显示为如图 1-8 所示的十字光标形状，表示当前系统处于空闲状态；当使用修改命令时，光标会显示为一个小方框，在 AutoCAD 中称为拾取框，表示当前系统处于等待选择对象状态。

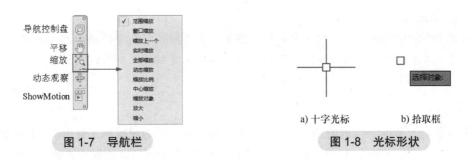

图 1-7　导航栏

a) 十字光标　　　b) 拾取框

图 1-8　光标形状

6. "模型"和"布局"选项卡

在 AutoCAD 中有两种工作环境：模型空间和图纸空间。

模型空间用于模拟现实世界，与"模型"选项卡相对应。模型空间主要用于绘制二维图样或建立三维模型，如图 1-9a 所示。图纸空间是对模型空间的表达，与"布局"选项卡相对应。在图纸空间这个工作环境中，可以设置图纸的大小、布局视口以表达模型空间中的对象，如图 1-9b 所示。

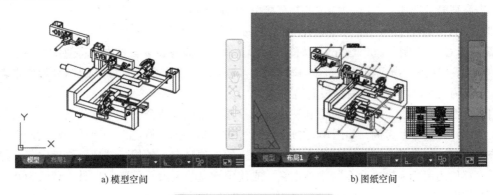

a) 模型空间　　　　　　　　　　　　　　b) 图纸空间

图 1-9　模型空间和图纸空间

对于图纸空间和布局，可以打这样一个比方，如果把整个图纸空间比作为一个相册的话，图纸空间的一个布局类似于相册中的某一页，布局中的一个视口类似于相册中的一张照片，如图 1-10 所示。"布局"选项卡可以有一个也可以有多个，单击选项卡右侧的"新建布局"按钮，可以新建一个布局。

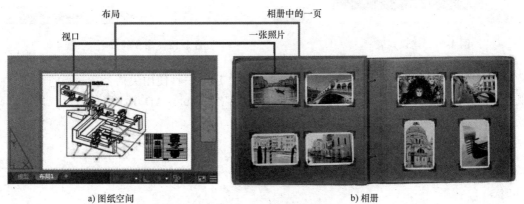

a) 图纸空间　　　　　　　　　　　　　b) 相册

图 1-10　图纸空间概念的理解

【提示与建议】

不要在布局中使用直线、圆、圆弧等绘图命令来画图；布局中的视口类似于照片，是对模拟现实世界的模型空间的表达，删除视口，不会删除该视口所表达的模型空间中的二维图形或三维模型。

7. 命令窗口

绝大多数基于 Windows 的应用程序如 Word、Excel 等，都通过鼠标左键单击功能区面板上的按钮来启动命令，AutoCAD 也一样。但除这种方式外，AutoCAD 还提供了命令窗口这种特有的启动命令方式。

命令窗口常被称为命令行，可在其中输入命令。例如，圆命令"Circle"，当在命令行中输入一个字母"C"，AutoCAD 会显示一个如图 1-11 所示的建议列表，这个列表显示了匹配或包含所输入字母的所有命令或系统变量，每个命令或系统变量对应建议列表中的一个选项。选择列表中的选项，可使用键盘的 <↑> 或 <↓> 方向键进行选择，当某一选项高亮显示时，按 <Enter> 键即可，也可直接使用鼠标左键单击列表中的选项。如图 1-11 所示，当输入字母"C"，建议列表高亮显示选项"C（CIRCLE）"，直接按 <Enter> 键，即可启动"圆"命令。

如图 1-11 所示可以看出，AutoCAD 的常用命令大多具有简写形式。例如，"圆"命令 Circle 的简写为 C，"复制"命令 COpy 的简写为 CO。命令的简写在本教材中，将使用大写字母来表示。例如，"倒角"命令在本教材中将写为 CHAmfer，表示命令的简写为 CHA，如果本教材中命令全部为大写，则表示该命令没有简写形式。

启动命令后，在命令行中即可看到该命令的一系列选项。命令的选项可分为默认选项和提示选项。以 Circle 命令为例，如图 1-12 所示，最左方"指定圆的圆心"为命令的默认选项，表示系统当前要求指定圆的圆心；使用方括号括起来的选项是命令的提示选项，要指定某个提示选项可直接使用鼠标左键在命令行中单击它，或使用键盘输入大写的彩色字母（默认为蓝色）。例如，要使用"三点（3P）"选项画圆，可输入"3P"，然后按 <Enter> 键。

图 1-11　建议列表

图 1-12　命令的选项

AutoCAD 的某些命令，除了上述两种选项之外，还有一种使用尖括号括起来的选项。如"视图缩放"命令 Zoom 的"< 实时 >"选项，这种选项在 AutoCAD 中，也称为默认选项，要指定尖括号内的选项，可直接按 <Enter> 键。

Zoom 指定窗口的角点，输入比例因子 (nX 或 nXP)，或者

[全部 (A)/中心 (C)/动态 (D)/范围 (E)/上一个 (P)/比例 (S)/窗口 (W)/对象 (O)]<

实时 >:

另外，如果命令窗口是浮动的，即窗口没有固定或关闭，如图 1-2 所示，此时按 <F2> 快捷键，可以在命令行的上方扩展显示命令的历史记录。这些历史记录包含了当前工作任务中，用户操作以及系统提示和响应的完整记录；按 <Ctrl>+<F2> 快捷键，可以打开一个独立的文本窗口，该窗口显示的内容与扩展显示的命令历史记录相同。

【提示与建议】

　　对于初学者，建议经常查看命令行的提示和响应，这些信息对于熟悉命令和画图方法非常有帮助；在命令熟悉后，建议多使用键盘来指定命令的提示选项，这对于提高画图速度非常有帮助。重复执行上一个命令，可直接按 <Enter> 键或空格键；中断命令的执行，可按 <Esc> 键。

1.1.2　状态栏

　　AutoCAD 工作界面的右下角是状态栏。状态栏上布置有一些辅助绘图用的按钮或控件。状态栏上的按钮大多具有两种状态：启用状态和禁用状态，也称为打开状态和关闭状态。默认情况下，启用状态的按钮呈现彩色，禁用状态的按钮呈现灰色。在状态按钮上单击鼠标左键，可启用或禁用该按钮；单击鼠标右键，将显示相应的快捷菜单；将光标悬停在状态按钮上，将显示其帮助说明及切换按钮状态的快捷键。

　　单击状态栏上最右侧的"自定义"按钮三，使用系统显示的菜单，可以自定义状态栏，即为状态栏添加或去除按钮及控件。AutoCAD 2019 状态栏上的按钮非常丰富，下面只讲解一些常用的按钮。

1. 栅格

　　单击"栅格"按钮▦，系统会在绘图区显示如图 1-13 所示的网格线。这些网格线类似手工绘图所使用的方格纸。在"栅格"按钮▦上单击鼠标右键，在打开的快捷菜单中再左键单击"网格设置…"菜单项，可打开如图 1-14 所示的"草图设置"对话框。在对话框的"捕捉和栅格"选项卡上，可以设置栅格间距。

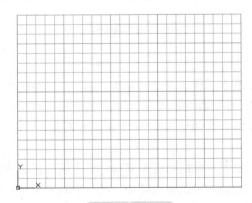

图 1-13　栅格

图 1-14　"草图设置"对话框

　　默认情况下，栅格会充满整个绘图区；取消选择"显示超出界限的栅格"复选框，可使栅格只在图形界限内显示。图形界限是绘图区中一个不可见的具有矩形边界的区域，使用

LIMISTS 命令可设置该矩形区域边界上的左下角点和右上角点。命令的"开（ON）"选项，用来打开界限检查，绘图时将不能在图形界限外输入点。例如，绘制直线时，如果直线的一个端点在图形界限外，系统会在命令行给出"超出图形界限"的提示。

2. 捕捉模式

单击"捕捉模式"按钮 ⊞ 右侧的展开按钮 ▼，在系统显示的如图 1-15 所示的菜单中，可选择"栅格捕捉"或"极轴捕捉"。左键单击选择"捕捉设置…"菜单项，同样会打开图 1-14 所示的"草图设置"对话框。默认情况下，捕捉间距和栅格间距相等。此时，同时启用"栅格" ⊞ 和"捕捉模式" ⊞ 状态按钮，使用 Line（直线）命令，在指定下一点时，可以发现光标会在栅格点上移动。

选择"极轴捕捉"选项时，要注意同时启用"极轴追踪" ⊘ 状态按钮。当沿指定的极轴角移动光标时，光标会按指定的极轴间距自动捕捉到极轴追踪线上的一系列点。

> **【提示与建议】**
>
> 在绘图过程中，移动光标时，如果发现光标一跳一跳地无法将光标移动到想要的位置，应关闭"捕捉模式" ⊞ 按钮。

3. 动态输入

"动态输入"按钮 ⊞ 为用户在十字光标附近提供了一个命令界面。例如，启动"圆"命令，在十字光标附近就可以看到如图 1-16 所示的界面。动态输入的作用与命令行（命令窗口）类似，但动态输入可以让人将注意力更多地集中在绘图区。动态输入只显示命令的默认选项，要展开命令的提示选项，可单击键盘上的 <↓> 方向键；然后，使用方向键切换到相应的选项后，按 <Enter> 键确认。展开后的选项，也可以直接使用鼠标左键单击确认。

图 1-15　栅格菜单　　　　　　　　图 1-16　动态输入

4. 正交

"正交"按钮 ⊾ 可在绘图过程中限制光标只沿着水平或竖直方向移动。例如，启动正交模式后，使用 Line 命令画直线，可以发现此时只能画水平直线或竖直直线；使用 3DROTATE 命令三维旋转对象时，移动光标，只能按正交的角度即 0°、90°、180° 和 270° 旋转对象。

5. 极轴追踪

"极轴追踪"按钮 ⊘ 可在绘图过程中限制光标沿着一定的角度来移动。单击该按钮右侧的展开按钮 ▼，在如图 1-17 所示的菜单中，可选择相应的极轴角。例如，选择极轴角为"30"，当使用 Line 命令画直线时，第一个点在绘图区使用鼠标左键任意指定；指定下一点时，当移动光标使得第一个点和光标位置在 30° 角范围附近时，系统即会显示一条极轴追踪线，如图 1-18 所示。极轴角是一个增量角，当移动光标在 60°、90°、120° 等角度附近时，系统同样会显示出极轴追踪线。在画直线的过程中，如果系统显示出极轴追踪线，说明直线的方向已经确定，此时直接使用键盘输入直线的长度，即可画出一条呈一定长度和一定角度的直线。极轴追踪线在AutoCAD中又被称为对齐路径。

如果要使指定的极轴角不在如图1-17所示的菜单中，如12°，可左键单击"正在追踪设置…"菜单项，使用打开的"草图设置"对话框，在"极轴追踪"选项卡上，单击"新建"按钮，创建附加角。"极轴追踪"按钮 对于精确绘图非常有用，通常需要启用它。

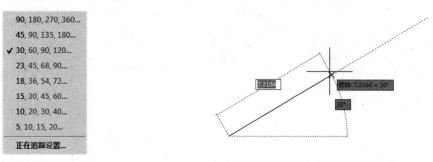

图1-17　极轴菜单　　　　　　　　　图1-18　极轴追踪线（对齐路径）

6. 对象捕捉

"对象捕捉"按钮 用于精确绘图时捕捉对象上的参考点。单击该按钮右侧的展开按钮 ，使用如图1-19所示的菜单，可设置在绘图过程中系统自动捕捉的参考点类型，即菜单项前打√的类型。单击"对象捕捉设置…"菜单项，使用打开的"草图设置"对话框，在如图1-20所示的"对象捕捉"选项卡上，选中相应的复选框，也可以设置系统自动捕捉的参考点类型。

在"对象捕捉"选项卡上，注意不要单击"全部选择"按钮，单击该按钮会选中所有对象捕捉模式的复选框。由于各对象捕捉模式的优先级不同，选中所有复选框，将会使得想要捕捉的点捕捉不到，不想要捕捉的点反而会捕捉到。也不要单击"全部清除"按钮，应选择一些常用的对象捕捉模式复选框，如图1-20所示。不常用的对象捕捉模式，可在绘图过程中，临时启动对象捕捉模式。

临时启动对象捕捉模式的方法是，在系统要求指定点时（如画圆时指定圆心位置），按住<Shift>键或<Ctrl>键，再单击鼠标右键，系统会显示如图1-21所示的"对象捕捉"菜单，可左键单击相应的菜单项，启用相应的对象捕捉模式，再捕捉对象上的参考点。

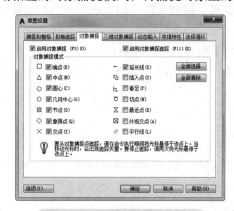

图1-19　"对象捕捉"菜单　　　　图1-20　"对象捕捉"选项卡　　　　图1-21　"对象捕捉"菜单

常用对象捕捉模式的作用如下，对象捕捉的示例如图1-22所示。

1）端点：捕捉几何对象上距离光标最近的端点或角点，如直线或圆弧的端点。矩形或正多边形的顶点在AutoCAD中称为角点，使用端点模式来捕捉。

2）中点：捕捉几何对象上的中点，如直线或圆弧的中点。

3）圆心：捕捉圆弧、圆、椭圆或椭圆弧的圆心。

4）几何中心：捕捉矩形、正多边形以及由多段线或样条曲线形成的任意封闭几何图形的中心。

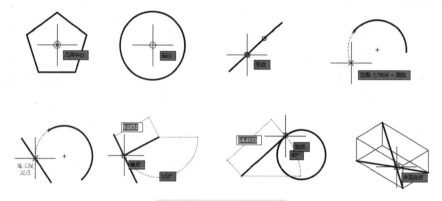

图1-22 对象捕捉示例

5）节点：捕捉使用POint命令绘制的点对象。

6）象限点：捕捉圆弧、圆、椭圆或椭圆弧上的象限点。一个完整的圆或椭圆上有四个象限点，即圆或椭圆上最左、最右、最上和最下方的点。

7）交点：捕捉几何对象之间的交点，如直线与直线、直线与圆弧、圆弧与圆或者圆弧与圆弧的交点。

8）延长线：即如图1-19中所示的"范围"选项，用于捕捉对象延长线上的点。移动光标使其经过对象的端点，已获取的端点将显示一个小加号（+），再沿对象的延长方向移动光标，当系统显示出对象的延长线时，即可在其上指定点。延长线捕捉可与交点捕捉一起使用，以捕捉两个几何对象延长之后的交点。

9）垂足：捕捉垂直于选定几何对象的点。垂直捕捉一般用于绘制某一直线的垂线，也可使用圆弧或三维实体的边作为垂线所垂直的对象。

10）切点：捕捉圆、圆弧、椭圆或椭圆弧上的切点。切点捕捉一般用于绘制与某一圆或圆弧相切的直线以及两个圆或圆弧的公切线。

11）最近点：捕捉对象上距离光标最近的点。

12）外观交点：捕捉在三维空间中不相交但在当前视图中"看起来"相交的两个对象的视觉交点。外观交点类似工程图学中所讲的两重影点在某一投影面上投影重合的点，即交叉两直线上，在某一投影面上投影相交的点。

【提示与建议】

注意：对象捕捉不是命令，使用对象捕捉模式应先启动命令，再捕捉相应的参考点，即先告诉系统要画直线还是圆，在系统指定点的提示下（如指定直线的第一个点或圆的圆心），再捕捉对象上的参考点。

7. 对象捕捉追踪

"对象捕捉追踪"按钮 ∠ 通常应和对象捕捉模式一起使用，用以沿着基于捕捉点的对齐路径进行追踪。获取捕捉点，应使光标经过相应的点，已获取的点系统将在其上显示一个小加号（+）；再沿绘图路径移动光标，系统会显示出一条相对于获取点的水平、垂直或极轴对齐路径。要显示极轴对齐路径，还应启用"极轴追踪"状态按钮 ⊘。

例如，绘制如图1-23所示的平面图形，可设置极轴角为30°，使用直线Line命令，从 A 点开始绘制，使用极轴追踪线以确定直线的方向，输入给定的数值，以确定直线的长度；在指定 D 点时，可追踪 AB 的中点，以显示水平的对齐路径，移动光标以显示60°的极轴对齐路径，在两个路径的交点处单击鼠标左键，即可指定 D 点。

8. 切换工作空间

工作空间是AutoCAD面向任务的工作界面的集合。单击"切换工作空间"按钮 ✿ ▾，系统将显示如图1-24所示的菜单。可以看到，默认时AutoCAD定义了"草图与注释""三维基础"和"三维建模"三个工作空间。在菜单中选择"三维建模"工作空间，将显示与三维相关的选项卡，如"常用""实体"和"曲面"等选项卡，如图1-6b所示。由此可知，不同的工作任务可选用不同的工作空间，以显示不同的用户界面元素。

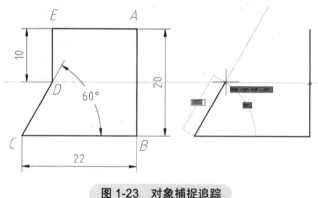

图1-23　对象捕捉追踪

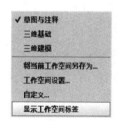

图1-24　"切换工作空间"菜单

9. 线宽

默认情况下，AutoCAD不显示对象的线宽，如果已经为图层或某个对象设置了线宽，可单击"线宽"按钮 ▤ 以显示线宽；禁用该按钮，系统将不显示对象的线宽。

【提示与建议】

"栅格" ▦ 和"捕捉模式" ▦ 状态按钮在实际绘图过程中作用不大，一般可以禁用；"正交" ⌐ 按钮通常用于绘制很长的水平或竖直参考线；"极轴追踪" ⊘、"对象捕捉" ▯ 和"对象捕捉追踪" ∠ 按钮，对于精确绘图非常有用。

1.1.3　经典界面及选项设置

AutoCAD早期版本的工作界面不使用功能区，其工作界面使用下拉菜单和工具栏来实现人机交互，这种工作空间通常被称为"AutoCAD经典"。下面简单介绍一下其设置步骤。

步骤1：关闭功能区。可使用RIBBONCLOSE命令或在功能区选项卡的位置单击鼠标右键，从显示的菜单中选择"关闭"菜单项。

　　步骤2：显示菜单栏。单击"快速访问"工具栏最右侧的展开按钮 ▼，在显示的菜单中选择"显示菜单栏"菜单项。

　　步骤3：显示工具栏。单击"工具"下拉菜单→"工具栏"→"AutoCAD"→"标准"工具栏；在"标准"工具栏显示之后，即可在该工具栏上的任意位置单击鼠标右键，从显示的快捷菜单中选择显示其他工具栏。

　　二维绘图常用的工具栏有"绘图""修改""图层""特性"和"标注"等；三维建模常用的工具栏有"UCS""建模""实体编辑""视图"和"视觉样式"等。工具栏可使用鼠标左键按住其顶部或左侧区域，将其拖动到工作界面的任意位置，如图1-25所示。经典界面设置好后，可单击"切换工作空间"按钮 ⚙▼ 右侧的展开按钮 ▼，在如图1-24所示的菜单中，选择"将当前工作空间另存为..."菜单项，在打开的对话框中输入名称为"AutoCAD 经典"，单击"保存"按钮。这样在以后的绘图工作中，即可在AutoCAD提供的工作空间与"AutoCAD 经典"工作空间之间进行切换。

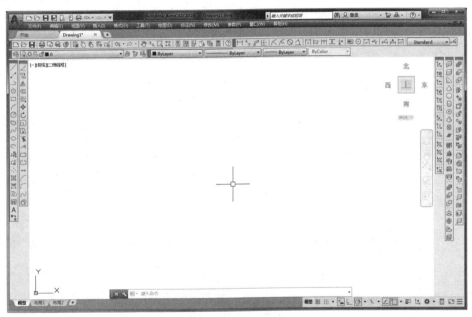

图 1-25　AutoCAD 经典界面

　　AutoCAD的"选项"对话框有一些设置非常有用。在命令行中输入"OP"并按 <Enter>键，可打开如图1-26所示的"选项"对话框。在"打开和保存"选项卡上，单击"另存为"下拉列表，从中可选择以AutoCAD较低版本的文件格式来保存文件，如"AutoCAD 2007/LT2007图形（*.dwg）"。选择低版本格式保存文件的好处是文件的兼容性好，可避免出现低版本Auto-CAD应用程序打不开高版本AutoCAD图形文件的情况。

　　在"显示"选项卡上，单击"颜色"按钮，可打开如图1-27所示的"图形窗口颜色"对话框。默认时AutoCAD二维模型空间的背景统一为黑色，如果将背景设置为白色，应注意设置"二维自动捕捉标记"的颜色为洋红色或蓝色，这样可使得在白色的背景下，系统显示的对象捕捉标记更醒目。

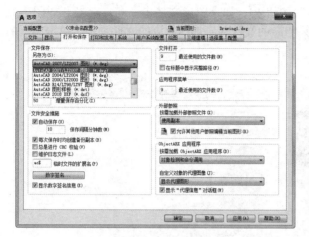

图 1-26 "选项"对话框

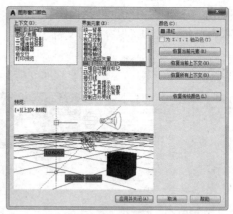

图 1-27 "图形窗口颜色"对话框

在"用户系统配置"选项卡上，单击"自定义右键单击"按钮，在如图 1-28 所示的"自定义右键单击"对话框中，选中"打开计时右键单击"复选框。这样在绘图区中快速单击鼠标右键相当于按 <Enter> 键，可用于重复执行上一个命令；慢速单击鼠标右键，可显示快捷菜单。在"选择集"选项卡上，左右拖动"拾取框大小"滑动条，如图 1-29 所示，可调整拾取框的大小。拾取框用于在绘图区中选择图形对象以进行相应的修改操作，如删除、复制等。拾取框太小，会使选择对象比较困难；拾取框太大，容易选择到不希望选择的对象。

图 1-28 "自定义右键单击"对话框

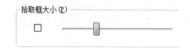

图 1-29 拾取框大小

1.2 AutoCAD 的基本知识

1.2.1 图形文件

AutoCAD 提供了很多方式以实现图形文件的新建、打开和保存等操作，例如，使用如图 1-1 所示的"开始"选项卡，使用如图 1-3 所示"应用程序"按钮展开界面等。本节主要介绍"快速访问"工具栏上相关的按钮。

单击"快速访问"工具栏上的"新建"按钮，会打开如图 1-30 所示的"选择样板"对话框。在 AutoCAD 提供的"Template"文件夹中可选择不同的样板文件，单击"打开"按钮，即可以该样板文件为基础，新建图形文件。单击"打开"按钮右侧的展开按钮，选择"无样板打开 - 公制（M）"，可不使用样板文件新建图形文件。

单击"快速访问"工具栏上的"打开"按钮，可使用"选择文件"对话框，浏览到相应文件夹中的图形文件，再单击对话框中的"打开"按钮，即可打开所选择的图形文件。AutoCAD 图形文件的扩展名为"dwg"。

单击"快速访问"工具栏上的"保存"按钮 ，如果图形文件未命名，会打开如图1-31所示的"图形另存为"对话框，在其中输入相应的文件名，选择相应的文件类型，单击其上的"保存"按钮，即可保存图形文件。

图1-30 "选择样板"对话框

图1-31 "图形另存为"对话框

1.2.2 鼠标的操作及 Zoom 命令

鼠标是 AutoCAD 绘图必不可少的外部设备。三键鼠标在 AutoCAD 中的作用如图1-32所示。

1）鼠标左键：在绘图区中单击以选择对象或指定位置；单击命令按钮或选择菜单项。

2）鼠标滚轮（中键）：在绘图区按住滚轮，拖动光标可平移视图；前后转动滚轮，可放大或缩小视图。

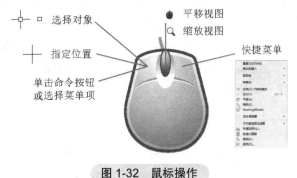

图1-32 鼠标操作

3）鼠标右键：在系统界面上，如绘图区或状态按钮上单击以显示快捷菜单。

在绘图过程中经常需要对所绘制的图形进行显示控制，除使用鼠标滚轮平移或缩放视图外，还可使用 Zoom 命令来实现视图缩放的精确控制。在命令行中输入命令简写"Z"并按 <Enter> 键，可看到如下所示命令的提示与选项。

> Zoom 指定窗口的角点，输入比例因子 (nX 或 nXP)，或者
> [全部 (A)/中心 (C)/动态 (D)/范围 (E)/上一个 (P)/比例 (S)/窗口 (W)/对象 (O)]
> <实时>：

Zoom 命令的选项和如图1-7所示导航栏"缩放"按钮 下，单击展开按钮后所显示的菜单项内容基本相同。下面仅介绍 Zoom 命令常用选项的作用。

1）默认选项：直接在绘图区指定一矩形窗口的角点和对角点，视图将缩放到由这两个角点所定义的区域；直接输入比例因子，将根据指定的比例缩放视图，例如，输入"0.5"并按 <Enter> 键，将使屏幕上的每个对象显示为原大小的二分之一。

2）实时：命令的默认选项，但需按 <Enter> 键确认该选项。此时，光标将变为🔍，按住鼠标左键向上拖动光标，放大视图；向下拖动，缩小视图。

3）窗口（W）：与默认选项中指定矩形窗口以确定缩放区域的作用和操作相同。

4）全部（A）：缩放以显示整个图形，视图将被缩放到由 LIMITS 命令指定的图形界限和当前范围两者中较大的区域。

5）范围（E）：缩放视图以使所有对象最大化显示，该选项的快捷方式是双击鼠标滚轮。

【提示与建议】

当使用绘图命令创建了一个图形对象，但在绘图区又找不到该对象时，可使用 Zoom 命令的"范围（E）"选项，以显示找不到的对象；"全部（A）"选项将图形界限和当前范围两者中较大的区域最大化显示，当前范围就是指"范围（E）"选项所确定的区域。

1.2.3 图层

图层是 AutoCAD 用于组织和管理图形对象的重要工具。可以把图层想象成一张张透明的重叠图纸，在不同的图层上可以绘制不同的对象，如图 1-33 所示的建筑平面图，将这些透明的图纸叠放在一起，就形成了一张完整的图样。

在机械图样中，常根据线型来定义图层。在命令行中输入"LAyer"或在"常用"选项卡的"图层"面板中，单击"图层特性"按钮，会打开如图 1-34 所示的图层特性管理器。

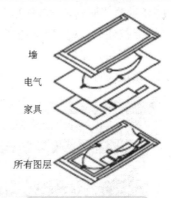

图 1-33　图层的概念

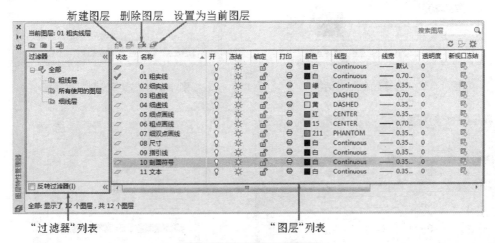

图 1-34　图层特性管理器

图层特性管理器主要由"过滤器"列表和"图层"列表两部分组成。单击"过滤器"列表上方的"新建特性过滤器"按钮🗔，可基于图层的状态、名称、颜色等创建过滤器，以控制"图层"列表中显示哪些图层。例如，可以定义一个过滤器，用于显示线宽等于 0.35mm 且颜色为红色的图层。"过滤器"列表只在图形中包含的图层数量很多时才比较有用。

1. 图层基本操作

在"图层"列表的上方有三个较常用按钮，介绍如下：

1）新建图层 ：以默认的名称新建一个图层，可立即更改新建图层的名称。

2）删除图层 ：删除选定的图层。系统不允许删除0层、包含有图形对象的图层和当前图层。

3）置为当前 ：将选定的图层设置为当前图层。当前图层是指当前要在该图层上绘制图形对象的图层。以绘制机械图样为例，绘制机件的可见轮廓线，需要将"粗实线层"设置为当前图层；绘制不可见的轮廓线，需要将"细虚线层"设置为当前图层。

新建一个图层后，即可为其指定颜色、线型和线宽。如图1-34所示，在某一图层"颜色"处单击鼠标左键，可打开如图1-35所示的"选择颜色"对话框，用以为图层指定颜色。在"线型"处单击左键，可打开如图1-36所示的"选择线型"对话框，然后单击"加载"按钮，在如图1-37所示的"加载或重载线型"对话框中，选择某一线型或按住<Ctrl>键选择多个线型，单击"确定"按钮，这些线型将出现在"选择线型"对话框中。选择某一线型，单击"确定"按钮，即可为图层指定线型。在"线宽"处单击左键，可打开如图1-38所示的"线宽"对话框，可为图层指定线宽。

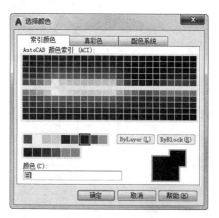

图1-35　"选择颜色"对话框

图1-36　"选择线型"对话框

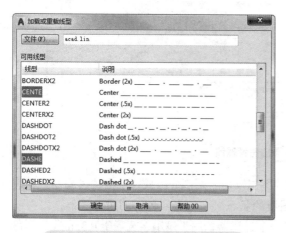

图1-37　"加载或重载线型"对话框

图1-38　"线宽"对话框

国家标准 GB/T 14665—2012《机械工程 CAD 制图规则》对于各种线型在计算机中的分层标识、线宽、颜色和线型都给出了明确规定。对于线宽，该标准将 GB/T 4457.4—2002《机械制图 图样画法 图线》规定的线宽分为五组，见表 1-1。

表 1-1 常用图线的线宽

常用图线	组别	1	2	3	4	5
粗实线、粗点画线、粗虚线	线宽 /mm	2.0	1.4	1.0	0.7	0.5
细实线、波浪线、双折线、细虚线、细点画线、细双点画线		1.0	0.7	0.5	0.35	0.25

从表 1-1 可以看出，对于粗线如粗实线、粗点画线等，当其线宽为 b 时，如 b 取 1.0mm，则细实线、细点画线等细线，其宽度为 $b/2$，即应取 0.5mm。

对于图层的颜色、线型和线宽，这里将 GB/T 14665—2012 所做的规定，进行了归纳总结，见表 1-2。

表 1-2 图层特性

层号	描述	图例	颜色	建议线型	线宽
01	粗实线		白色	Continuous	b
02	细实线		绿色	Continuous	$b/2$
	波浪线				
	双折线				
03	粗虚线		黄色	DASHED	b
04	细虚线		黄色	DASHED	$b/2$
05	细点画线		红色	CENTER	$b/2$
06	粗点画线		棕色	CENTER	b
07	细双点画线		粉红色	PHANTOM	$b/2$
08	尺寸线	30	白色	Continuous	$b/2$
09	指引线，参考圆和箭头		白色	Continuous	$b/2$
10	剖面符号		白色	Continuous	$b/2$
11	文本	ABCD	白色	Continuous	$b/2$

注：1. 尺寸线、指引线、剖面符号和文本四个图层的颜色，在国标中无明确规定，可根据需要自行确定。

2. 线宽 b 的选择见表 1-1。

2. 图层列表

从图 1-34 所示的"图层"列表中可以看到，一个图层除颜色、线型和线宽三个特性外，还有状态、名称、开、冻结、锁定等特性，介绍如下。

1）状态：✔表示此图层为当前图层；▱表示此图层包含对象；▱表示此图层不包含任何对象。

2）名称：显示图层的名称，在名称上双击鼠标左键，也可以将该图层设置为当前图层；选择名称，按 <F2> 键可对该图层名称进行修改。

3）开：在该列处单击，可打开或关闭选定图层。图层关闭时显示🔅，打开时显示💡。图层关闭将不显示、不打印该图层上的对象。

4）冻结：在该列处单击，可冻结或解冻选定的图层。图层冻结时显示❄，解冻时显示☼。图层冻结将不显示、不打印、不重新生成该图层上的对象。

5）锁定：在该列处单击，可锁定或解锁选定的图层。图层锁定时显示🔒，解锁时显示🔓。图层锁定将不能修改该图层上的对象。

6）打印：在该列处单击，可打印或不打印选定的图层。图层不打印时显示🖶，打印时显示🖶。

当某图层上的对象都已绘制好，要防止误操作意外修改图层上的对象时，可锁定该图层。锁定图层上的对象将显示淡入效果，且将光标悬停在锁定图层中的对象上时，十字光标旁会显示一个小锁图标。图层被关闭时，将不打印该图层，即使打印列设置为开启🖶。

3. 快速访问图层设置

在功能区，"默认"选项卡的"图层"面板上提供有快速对图层进行设置的按钮和控件。当在绘图区未选定对象时，下拉列表控件将显示当前图层；选定对象，将显示该对象所在的图层。单击控件右侧的展开按钮▾，可显示所有图层。在列表中选择某个图层，可将其置为当前图层，如图 1-39 所示。如果在绘图区选择某些对象，再从列表中选择某个图层，这些对象将被放置在选定的图层中。另外，在展开的下拉列表中，单击图层前的三个图标💡☼🔓，可打开/关闭、冻结/解冻、锁定/解锁相应的图层。

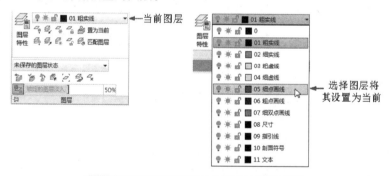

图 1-39　"图层"面板及其下拉列表控件

4. 对象特性和图层

使用绘图命令如 Line、Circle 等，所绘制的直线和圆，在 AutoCAD 中统称为对象。在命令行中输入 "PRoperties" 并按 <Enter> 键或按 <Ctrl+1> 快捷键，可打开"特性"选项板。此时，在绘图区选择一个对象，如图 1-40a 所示，选择一个在"05 细点画线层"图层中的圆，可在"特性"选项板中看到该圆的特性。

默认情况下一个对象的颜色、线型和线宽等特性都是 ByLayer。ByLayer 即随层，其含义是对象的这些特性和其所在图层的相应特性保持一致。即如果更改了一个图层的颜色、线型和线宽，那么这个图层中所有对象的颜色、线型和线宽等随层的特性都将随之改变。因此，对象的特性随层，是通过图层管理对象的先决条件。

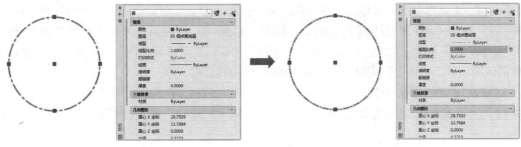

a) 线型比例为1　　　　　　　　　　　　　b) 线型比例为0.5

图1-40　对象特性及更改线型比例

对于采用CENTER点画线等非Continuous线型所绘制的对象，要注意设置线型比例。线型比例太大或太小，都不能显示出相应线型的外观。设置线型比例可先修改全局线型比例因子LTScale，在命令行中输入"LTS"并按<Enter>键，可以看到其默认值为1。输入新的线型比例因子并按<Enter>键，可以看到系统变量LTScale将影响图形中所有线型的外观。因子越小，相应线型图案的间距也越小，即每个绘图单位生成的重复图案数就越多。必要时，可使用"特性"选项板，修改单个对象的线型比例。如图1-40a所示，圆的线型比例为1，在"特性"选项板中更改其线型比例为0.5，效果如图1-40b所示。

除使用"特性"选项板外，还可使用"默认"选项卡上"特性"面板中的下拉列表和按钮来修改对象的特性。当在绘图区选择了某对象时，对象的颜色、线宽和线型将显示在如图1-41所示的三个下拉列表控件中。此时，在下拉列表中另行选择可修改对象的特性，例如，在"颜色"下拉列表中选择红色，可将对象的颜色修改为红色。

图1-41　"特性"面板

【提示与建议】

在绘图过程中，应注意检查当前图层，以保证所绘制的对象在正确的图层上；0层是所有图形中都存在的默认图层，0层不能被删除或改名，应尽量新建有名称意义的图层，而不要使用0层；除非有特殊需要，不建议使用"特性"面板上的控件，修改对象默认是ByLayer的特性。

1.2.4　图形样板文件

要绘制一张符合国家标准要求的工程图样，除了图层外，还需对图形单位（使用UNits命令进行设置）、文字样式、尺寸标注样式、多重引线样式、标题栏格式、布局及视口比例、打印和发布等内容进行设置，这些设置都可以保存在图形样板文件中。样板文件保存后，在新建图形文件时，选择相应的样板文件，即可避免上述设置所需要完成的重复性操作。

可以在任何一个.dwg图形文件中，对文字样式、标注样式等内容进行设置，完成后单击

"快速访问"工具栏上的"另存为"按钮 ![保存图标]，在"图形另存为"对话框中，"文件类型"下拉列表中选择"AutoCAD 图形样板（*.dwt）"，如图 1-42 所示。选择后，系统会自动切换到 Template 文件夹，输入样板文件的名称，单击"保存"按钮，在"样板选项"对话框中，给出样板文件的说明，单击"确定"按钮，即可完成样板文件的创建。

要修改现有的样板文件，可单击"快速访问"工具栏上的"打开"按钮 ![打开图标]，在"选择文件"对话框中指定"文件类型"为"图形样板（*.dwt）"并选择样板文件，如图 1-43 所示。

图 1-42　另存为图形样板文件　　　　　　图 1-43　打开图形样板文件

1.2.5　二维坐标

在二维精确绘图过程中，有时不可避免地需要输入二维坐标，AutoCAD 的二维坐标见表 1-3。在 AutoCAD 中，二维坐标可分为直角坐标和极坐标。直角坐标的 x 和 y 坐标，使用逗号分隔；极坐标的距离 ρ 和角度 θ，使用小于号（<）分隔。

二维坐标还可分为绝对坐标和相对坐标。所谓绝对坐标是基于 UCS 原点的坐标；相对坐标是指基于前一个点，也就是以前一个点为坐标原点的坐标。绝对坐标使用 # 号作前缀，相对坐标使用 @ 作前缀。

表 1-3　AutoCAD 的二维坐标

	绝对坐标（前缀 #）	相对坐标（前缀 @）
直角坐标（分隔符，）	$\#x, y$	$@x, y$
极坐标（分隔符 <）	$\#\rho < \theta$	$@\rho < \theta$

如图 1-44 所示，在当前 UCS 坐标系下，A 点的绝对直角坐标为 #50,40；B 点的绝对直角坐标为 #90,60。如果使用相对直角坐标，过 A、B 两点使用 Line 命令画一直线，启用动态输入，在系统提示"指定第一个点"时，可输入"#50,40"按 <Enter> 键，以确定 A 点；在命令提示"指定下一点"时，以 A 点为原点，B 点相对于 A 点的相对直角坐标为 @40,20，如图 1-45 所示，此时可输入"@40,20"按两次 <Enter> 键，完成直线的绘制。

如图 1-46 所示，C 点的绝对极坐标为 #40<20，D 点的绝对极坐标是 #90<30，E 点的绝对极坐标是 #90<20。如果使用相对极坐标，过 C、E 两点使用 Line 命令画一直线，启用动态输入，在系统提示"指定第一个点"时，可输入"#40<20"按 <Enter> 键，以确定 C 点；在命令提示"指定下一点"时，以 C 点为原点，E 点相对于 C 点的相对极坐标为 @50<20，如图 1-47 所示，此时可输入"@50<20"按两次 <Enter> 键，完成直线的绘制。

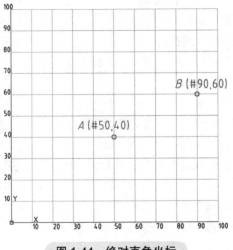

图 1-44　绝对直角坐标

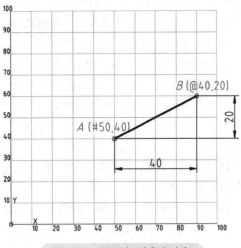

图 1-45　使用相对直角坐标

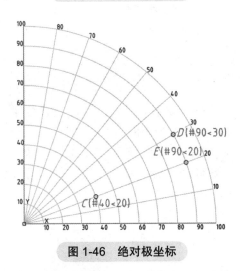

图 1-46　绝对极坐标

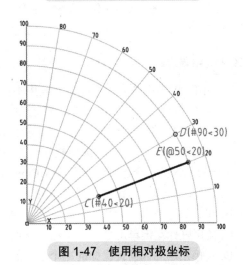

图 1-47　使用相对极坐标

【提示与建议】

注意：默认情况下，使用命令行输入的坐标为绝对坐标，不需要加前缀#；启用动态输入的坐标为相对坐标，不需要加前缀@；在实际绘图过程中，相对直角坐标和相对极坐标使用较多。

1.3　实践训练

1.3.1　判断题

1. 在工作界面的功能区，要展开面板，可单击面板右下角斜向下的箭头按钮。　　　　　　　　　　　　　　　　　　　　　　　　　（　　）

2. 删除布局中的视口，不会删除该视口所表达的模型空间中的对象。　　　　　　　　　　　　　　　　　　　　　　　　　　　（　　）

"两弹一星"功勋科学家：最长的一天

SZD-001

3. 使用 AutoCAD 的"应用程序"按钮，只能使用英文搜索命令。（　　）

4. 绘图时，应先捕捉参考点，再启用相应的绘图命令。（　　）

5. 在命令的执行过程中，按 <Esc> 键可中断当前命令的执行。（　　）

6. Zoom 命令的"窗口（W）"选项，可定义一个窗口，将该窗口区域最大化显示。（　　）

7. 启用动态输入坐标，默认是相对坐标，不需要加前缀 #。（　　）

8. 修改点画线的疏密可使用全局线型比例因子 LTScale。（　　）

9. 在"特性"面板的"颜色"下拉列表中选择"红色"，则随后所绘制的对象的颜色都为红色。（　　）

10. 要将某些图形对象放到"01 粗实线层"，可先选择这些对象，然后在"图层"面板的下坐标拉列表中选择"01 粗实线层"。（　　）

11. 在命令行中输入坐标，默认是绝对坐标，可省略前缀 #。（　　）

12. 可对系统进行设置，以使单击鼠标右键相当于按 <Enter> 键。（　　）

13. 设置拾取框大小是在"选项"对话框的"选择集"选项卡中。（　　）

14. 任意一个图层都可以在图层特性管理器中按 <F2> 键修改其名称。（　　）

15. 打开"特性"选项板的快捷方式是按 <Ctrl+1> 快捷键。（　　）

1.3.2　单选题

1. 绘图区的左上角有三个控件，其中不包含_____。

A. 视图控件　　　　　B. 动态观察控件　　　　C. 视觉样式控件　　　　D. 视口控件

2. AutoCAD 的功能区通过_____和面板的形式来组织命令按钮。

A. 选项卡　　　　　　B. 选项板　　　　　　　C. CUI　　　　　　　　D. 对话框

3. 通过已知的三个点画圆，在输入 Circle 命令后，按 <Enter> 键，以下_____操作不正确。

A. 使用方向键，切换到"三点（3P）"选项后，按 <Enter> 键

B. 在命令行中输入"3P"，按 <Enter> 键

C. 使用鼠标左键单击命令行中的"三点（3P）"选项

D. 直接在绘图区捕捉已知的三个参考点

4. 关于 AutoCAD 的模型空间和图纸空间，以下说法错误的是_____。

A. 模型空间主要用于绘制二维图样或建立三维模型

B. "模型"选项卡对应模型空间

C. 在图纸空间可以布局视口，以表达模型空间中的对象

D. "布局"选项卡对应图纸空间，只能有一个

5. 临时启动对象捕捉模式，要在按住_____键的同时单击鼠标右键，以显示快捷菜单。

A. <Alt>　　　　　　B. <Ctrl>　　　　　　　C. <Tab>　　　　　　　D. <Enter>

6. 要绘制一条倾角为 45° 的直线，可启用状态栏上的_____按钮，设置极轴角为 45°。

A. 正交　　　　　　　B. 极轴追踪　　　　　　C. 栅格　　　　　　　　D. 对象捕捉

7. 使用鼠标缩放视图，以下操作正确的是_____。

A. 单击左键　　　　　B. 单击右键　　　　　　C. 前后转动滚轮　　　　D. 双击左键

8. 关于 Zoom 命令，以下说法正确的是_____。

A. 命令的"A"选项将当前范围最大化显示　　　B. 命令的"E"选项将所有对象最大化显示

C. 命令的"A"选项将栅格界限最大化显示　　　D. 命令的"W"选项可以使用对象捕捉

9. 如果某对象的特性为"随层"，以下说法错误的是_____。

A. 图层是什么线型，对象就是什么线型

B. 改变图层的颜色，对象的颜色也会改变

C. 图层是什么线宽，对象也是同样的线宽

D. 可用图层改变对象的所有特性

10. 在 AutoCAD 中，极坐标的分隔符是_____。

A. ,　　　　　　　　B. 空格　　　　　　　　C. <　　　　　　　　D. >

11. 绘图时，在"特性"面板的"线宽"下拉列表中选择 1.00mm，但随后绘制的直线不显示线宽，解决方法是_____。

A. 选择更宽的线宽　　　　　　　　　　B. 使用"特性"选项板修改直线的线宽

C. 修改全局线型比例因子　　　　　　　　D. 启用状态栏上的"线宽"按钮

12. 将建好的"01 粗实线层"设置为当前图层，以下操作错误的是_____。

A. 在图层特性管理器中双击"01 粗实线层"

B. 在图层特性管理器中选择"01 粗实线层"，再单击"置为当前"按钮

C. 在"图层"面板的下拉列表中选择"01 粗实线层"

D. 在绘图区选择某图形对象，再在"图层"面板的下拉列表中选择"01 粗实线层"

13. 要打开一个独立的"文本窗口"需要_____。

A. 按 <F2>　　　　B. 按 <Ctrl>+<F2>　　　　C. 按 <F3>　　　　D. 按 <Ctrl>+<F3>

14. AutoCAD 图形样板文件的后缀名为_____。

A. .dwt　　　　　　B. .lin　　　　　　C. .lsp　　　　　　D. .dwg

15. 以下说法错误的是_____。

A. 重复执行上一个命令可按 <Enter> 键　　　B. 重复执行上一个命令可按空格键

C. 重复执行上一个命令可随意单击鼠标右键　　D. 中断当前命令的执行可按 <Esc> 键

16. 图层被_____后，图层上的对象仍然处于图形中，并参加运算，但不在屏幕上显示。

A. 关闭　　　　　　B. 冻结　　　　　　C. 锁定　　　　　　D. 打开

17. 在绘图过程中，为防止某一层的对象被误修改，但又希望显示该层上的对象，可将该图层_____。

A. 关闭　　　　　　B. 冻结　　　　　　C. 锁定　　　　　　D. 打开

18. 在命令行中输入_____，可画一条 8mm 的直线。

A. 8,0　　　　　　B. @0,8　　　　　　C. @0<8　　　　　　D. 8,8

19. _____需要使用前缀 @。

A. 极坐标　　　　　　B. 直角坐标　　　　　　C. 绝对坐标　　　　　　D. 相对坐标

20. 在命令的执行过程中，需要帮助时，可_____。

A. 按 <F1>　　　B. 在命令行中输入"HELP"　　　C. 按 <F2>　　　D. 打开帮助下拉菜单

1.3.3　操作题

以"acadiso.dwt"为样板文件新建图形文件，如图 1-48 所示，在新文件中建立图层，并将文件另存为图形样板文件，文件名为"GB_A3.dwt"。

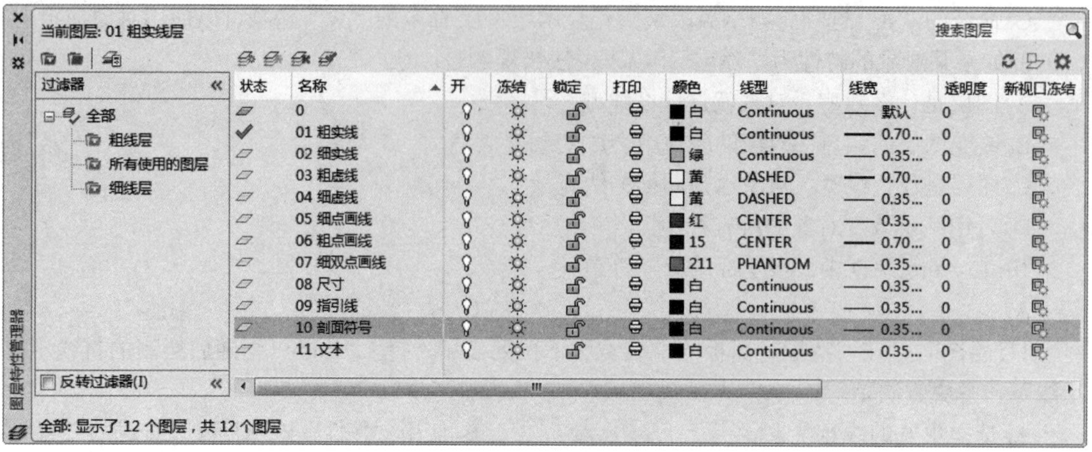

状态	名称		开	冻结	锁定	打印	颜色	线型	线宽	透明度	新视口冻结
	0		♀	☼	☞	⊖	■白	Continuous	—— 默认	0	⊟
✔	01 粗实线		♀	☼	☞	⊖	■白	Continuous	—— 0.70...	0	⊟
	02 细实线		♀	☼	☞	⊖	□绿	Continuous	—— 0.35...	0	⊟
	03 粗虚线		♀	☼	☞	⊖	□黄	DASHED	—— 0.70...	0	⊟
	04 细虚线		♀	☼	☞	⊖	□黄	DASHED	—— 0.35...	0	⊟
	05 细点画线		♀	☼	☞	⊖	■红	CENTER	—— 0.35...	0	⊟
	06 粗点画线		♀	☼	☞	⊖	■15	CENTER	—— 0.70...	0	⊟
	07 细双点画线		♀	☼	☞	⊖	■211	PHANTOM	—— 0.35...	0	⊟
	08 尺寸		♀	☼	☞	⊖	■白	Continuous	—— 0.35...	0	⊟
	09 指引线		♀	☼	☞	⊖	■白	Continuous	—— 0.35...	0	⊟
	10 剖面符号		♀	☼	☞	⊖	■白	Continuous	—— 0.35...	0	⊟
	11 文本		♀	☼	☞	⊖	■白	Continuous	—— 0.35...	0	⊟

当前图层: 01 粗实线层　　搜索图层

过滤器　全部　粗线层　所有使用的图层　细线层　反转过滤器(I)　全部: 显示了 12 个图层，共 12 个图层

图 1-48　建立图层

第2章

二维绘图 2

复杂的平面图形都可由简单的基本几何对象如直线、圆弧等通过组合生成。因此，掌握基本几何对象的绘图命令，以及相应的修改命令如复制、镜像、阵列等，对几何对象进行组合与修改是应用 AutoCAD 进行绘图的基础。除了掌握相应的绘图命令和修改命令外，要精确绘图并有效提高绘图速度，还需要掌握 AutoCAD 绘图的技巧以及工程图学的相关知识。

2.1 绘图命令

绘制二维图形，可选择"草图与注释"工作空间，AutoCAD 将绘图命令集中放置在功能区"默认"选项卡上的"绘图"面板中，如图 2-1 所示。这些绘图命令也可以在"绘图"下拉菜单和"绘图"工具栏中找到。在 AutoCAD 2019 中，显示菜单栏和工具栏的方法可参看教材 1.1.3 节，这里不再赘述。

2.1.1 点对象

点是最基本的几何对象，POint 命令用于在指定位置绘制点对象。单击"绘图"面板上"多点"按钮∴，可一次绘制多个点，直到按 <Esc> 键退出。点在图样中通常作为参照或标记。例如，可以使用对象捕捉功能在一个正五边形的中心标记一个点。使用 AutoCAD 默认的点样式，绘制出的点非常小，有时甚至看不清楚。此时，可使用 PTYPE 命令或下拉菜单"格式"→"点样式"，打开如图 2-2 所示的"点样式"对话框，设置点的样式和大小。

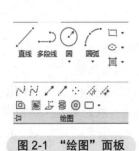

图 2-1 "绘图"面板

图 2-2 "点样式"对话框

点对象的另一个重要用途是用作曲线的等分工具。"定数等分"命令 DIVide 和"定距等分"命令 MEASURE，可对任意曲线如直线、多段线、圆、圆弧、椭圆、椭圆弧、样条曲线等进行等分。图 2-3 所示为使用这两个命令对一长度为 70 的直线进行定数 4 等分和定距 20 等分的结果。

显然 DIVide 命令还可用于角的等分。图 2-4 所示为 3 等分∠BAC。以顶点 A 为圆心，B 点为起点，圆弧与直线 AC 的交点 D 为端点，作圆弧 BD。对圆弧 BD 进行定数 3 等分，过 A 点和等分圆弧的点作出辅助线，即可 3 等分∠BAC。注意，通过点对象绘制辅助线时，应选中"对象捕捉"菜单上的"节点"菜单项。

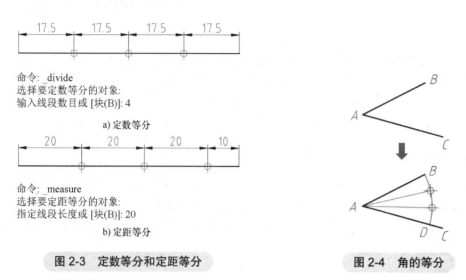

命令：_divide
选择要定数等分的对象：
输入线段数目或 [块(B)]: 4

a) 定数等分

命令：_measure
选择要定距等分的对象：
指定线段长度或 [块(B)]: 20

b) 定距等分

图 2-3　定数等分和定距等分

图 2-4　角的等分

2.1.2　直线

Line 命令／，用于绘制一系列连续的直线。在命令行中输入"L"并按 <Enter> 键，可以看到如下所示 Line 命令的提示与选项。

```
命令：L
　　指定第一个点：/* 按 <Enter> 键，将从最近创建的直线或圆弧的端点处开始画直线，
如果最近创建的对象是一个圆弧，直线的第一个点将在圆弧的端点处，并与圆弧相切 */
　　指定下一点或 [放弃(U)]:/* 指定直线的端点，可直接输入距离确定端点 */
　　指定下一点或 [放弃(U)]:
　　指定下一点或 [闭合(C)/放弃(U)]:
```

1）放弃（U）：放弃一系列连续的直线段中最近创建的那段直线。

2）闭合（C）：绘制连接第一个点和最后一个点的线段以闭合图形。

Line 命令的使用过程，实际上是指定直线所通过一系列点的过程。下面介绍使用动态输入和对象捕捉精确指定点的方法。如图 2-5 所示，启用动态输入，在命令提示"指定直线的下一点"时，可先输入直线的长度"48"，按 <Tab> 键切换到角度，输入"32"，按 <Enter> 键即可绘制一条长 48 倾角为 32° 的直线。

如图 2-6 所示，绘制两圆的公切线。启动 Line 命令后，在系统要求指定第一个点时，捕捉左侧小圆上的切点。如果光标悬停在小圆上不显示"递延切点"标记，可临时启动切点捕捉功能。在命令提示"指定下一点"时，捕捉右侧大圆上的切点，即可绘制两圆的公切线。

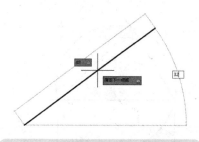

图 2-5　动态输入直线的长度和角度

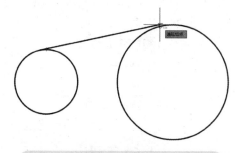

图 2-6　对象捕捉绘制两圆的公切线

2.1.3　圆和圆弧

1. 圆

Circle 命令，可通过指定圆心、半径（直径）或圆周上的点等各种组合方式来绘制圆。在命令行中，输入"C"并按 <Enter> 键，可以看到如下所示命令的提示与选项。

> 命令：C
> 指定圆的圆心或 ［三点（3P）/两点（2P）/切点、切点、半径（T）］：
> 指定圆的半径或 ［直径（D）］：

1）三点（3P）：通过指定圆周上的三个点来画圆。

2）两点（2P）：基于圆直径上的两个点来画圆。

3）切点、切点、半径（T）：通过指定与圆相切的两个其他对象上的切点和半径画圆。

Circle 命令的这些选项和单击如图 2-7 所示"圆"按钮 下方的展开按钮后所显示的菜单项相对应。Circle 命令的默认选项是指定圆的圆心和半径画圆，已知直径时，可使用"直径（D）"选项；如图 2-7 所示菜单中的"相切、相切、相切"菜单项，本质上是命令的"三点（3P）"选项，只是在使用该菜单项时，同"切点、切点、半径（T）"选项一样，系统都会自动启动切点捕捉模式。

如图 2-8 所示，可先使用 Line 命令绘制 △ABC，然后使用 Circle 命令的"三点（3P）"选项，捕捉 A、B、C 三个端点绘制出 △ABC 的外接圆，如图 2-9a 所示。使用命令的"切点、切点、半径（T）"选项，如图 2-9b 所示，在直线 AC 上捕捉切点 1，在直线 BC 上捕捉切点 2，输入圆的半径"9"并按 <Enter> 键，即可绘制出半径为 9 的圆。单击菜单项"相切、相切、相切"，如图 2-9c 所示捕捉直线 AB 上切点 3，直线 BC 上的切点 4，R9 圆上的切点 5，即可绘制出与三个对象都相切的圆。

> 【提示与建议】
> 捕捉切点时，并不需要知道切点的准确位置，将光标悬停在相应对象上，当在光标处显示"递延切点"标记时，单击左键即可。

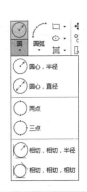

图 2-7　Circle 命令菜单项

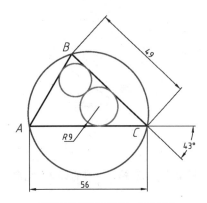

图 2-8　Circle 命令示例

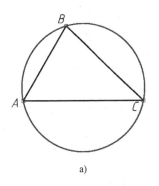

a)

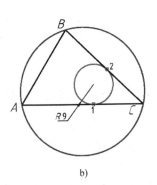

b)

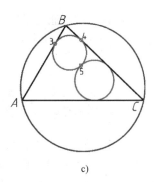

c)

图 2-9　Circle 命令示例绘图步骤

2. 圆弧

Arc 命令，可通过指定圆心、起点、端点、半径、角度、弦长和方向等各种组合方式来绘制圆弧。这些组合与单击如图 2-10 所示"圆弧"按钮下方的展开按钮后所显示的菜单项相对应。除"三点"画圆弧菜单项外，一般都通过单击这些菜单项来画圆弧。因此，Arc 命令的命令行选项此处不再给出。在 AutoCAD 所提供的 11 种画圆弧菜单项中，有一些画圆弧的方法已知条件相同，只是操作顺序不同，如"起点、圆心、端点"和"圆心、起点、端点"。因此，这些方法不再一一详细讲解，仅以图 2-11 所示的四个例子，讲解画圆弧的方法。

第一个例子，如图 2-11a 所示。Arc 命令的默认选项是"三点"画圆弧。在命令行中输入"A"，按 <Enter> 键，圆弧的起点捕捉点 1，第二个点捕捉点 2，端点捕捉点 3，即可绘制出通过 1、2、3 三点的圆弧。在命令行中输入"A"，按 <Enter> 键，再按 <Enter> 键，所绘圆弧会通过之前圆弧的端点 3，并与之前圆弧相切，再捕捉点 4，即可绘制出通过 3、4 两点且与之前所绘圆弧相切的圆弧。

第二个例子，如图 2-11b 所示。首先，设置极轴角为 30°，单击如图 2-10 所示菜单中的"起点、圆心、端点"菜单项，起点捕捉点 1，圆心捕捉点 2，移动光标，当系统显示出 30° 角极轴追踪线时，单击鼠标左键，即可绘制出该圆弧。

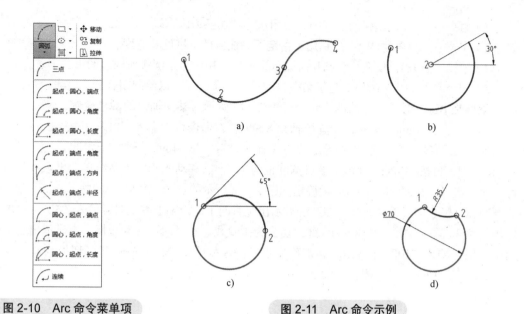

图 2-10 Arc 命令菜单项   图 2-11 Arc 命令示例

第三个例子，如图 2-11c 所示。先绘制过 1、2 两点上方的圆弧，单击 "起点、端点、方向" 菜单项，捕捉点 1 为圆弧的起点，点 2 为圆弧的端点，向上移动光标，当系统提示 "指定圆弧起点的相切方向" 时，输入 "45"，按 <Enter> 键。绘制 1、2 两点下方的圆弧，同样单击 "起点、端点、方向" 菜单项，捕捉点 1 为圆弧的起点，点 2 为圆弧的端点，向下移动光标，当系统提示 "指定圆弧起点的相切方向" 时，输入 "225"，按 <Enter> 键。

第四个例子，如图 2-11d 所示。先绘制过 1、2 两点的劣弧，单击 "起点、端点、半径" 菜单项，捕捉点 1 为起点，捕捉点 2 为端点，当系统提示 "指定圆弧的半径" 时，输入 "35"，按 <Enter> 键。绘制 1、2 两点的优弧，同样单击 "起点、端点、半径" 菜单项，捕捉点 1 为起点，捕捉点 2 为端点，当系统 "提示指定圆弧的半径" 时，输入 "-35"，按 <Enter> 键。

2.1.4 多段线

PLine 命令 ⌐⌐，用于绘制由多个线段所组成的单个对象。这些线段可以是直线，也可以包含圆弧，且各线段的宽度也可以不同。在命令行中，输入 "PL"，按 <Enter> 键，可以看到如下所示 PLine 命令所提供的提示与选项，这里仅解释常用选项的作用。

```
命令：PL
指定起点：
当前线宽为 0.0000
指定下一个点或 [圆弧 (A)/半宽 (H)/长度 (L)/放弃 (U)/宽度 (W)]：
  指定下一点或 [圆弧 (A)/闭合 (C)/半宽 (H)/长度 (L)/放弃 (U)/宽度 (W)]：
  指定圆弧的端点 (按住 <Ctrl> 键以切换方向) 或
  [角度 (A)/圆心 (CE)/闭合 (CL)/方向 (D)/半宽 (H)/直线 (L)/半径 (R)/第二个点
(S)/放弃 (U)/宽度 (W)]：
```

1）圆弧 (A)：在画直线的过程中，使用该选项切换为与上一直线段相切的圆弧。

2）直线 (L)：在画圆弧的过程中，使用该选项切换为画直线。

3）半宽 (H) 和宽度 (W)：分别用于指定下一线段的半宽度和宽度。

4）第二个点 (S)：仅在绘制圆弧时显示该选项，用于指定圆弧所通过的第二个点。

5）闭合 (C) 和闭合 (CL)：连接第一条和最后一条线段，以绘制闭合的多段线。

下面是 PLine 命令操作的两个示例。图 2-12a 所示为某一轴上的键槽轮廓，要求使用多段线绘制，线宽为 1mm。首先，设置极轴角为 90°，在命令行中输入"PL"并按 <Enter> 键，使用光标在绘图区任意位置单击指定起点。输入"W"按 <Enter> 键，指定起点宽度为 1，按 <Enter> 键，再按 <Enter> 键指定端点宽度也为 1，向右移动光标，当系统显示出水平的极轴追踪线时，输入"100"按 <Enter> 键确定如图 2-12b 所示的点 2。输入"A"按 <Enter> 键，切换为画圆弧，竖直向下移动光标，在系统显示出竖直向下的极轴追踪线时，输入"50"按 <Enter> 键确定点 3。输入"L"按 <Enter> 键，切换为画直线，水平向左移动光标，当显示出水平极轴追踪线时，输入"100"按 <Enter> 键确定点 4。输入"A"按 <Enter> 键，切换为画圆弧，输入"CL"按 <Enter> 键，闭合多段线。

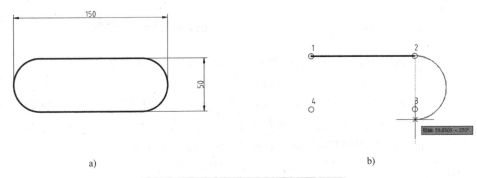

a)　　　　　　　　　　　　　　b)

图 2-12　PLine 命令示例 1- 键槽轮廓

如图 2-13a 所示，按 GB/T 17451—1998《技术制图 图样画法 视图》绘制旋转符号，旋转符号的箭头方向用于指明斜视图或斜剖视图的旋转方向。

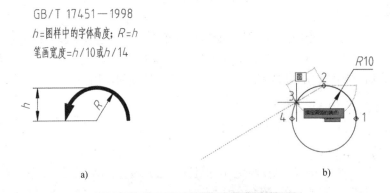

a)　　　　　　　　　　　　　　b)

图 2-13　PLine 命令示例 2- 旋转符号

假设图样中的字体高度 h=10mm，R=h，因此先使用 Circle 命令绘制出一个半径为 10 的圆；设置极轴角为 30°；在命令行中输入"PL"按 <Enter> 键，捕捉圆右侧的象限点 1 为起点，如图 2-13b 所示。输入"W"按 <Enter> 键，指定起点宽度为 1，按 <Enter> 键，再按 <Enter>

键指定端点宽度也为1。输入"A",切换为画圆弧,再输入"S",指定圆弧上的第二个点为圆上方的象限点2。圆弧端点捕捉极轴追踪线与圆的交点3;输入"L"并按 <Enter> 键,切换为画直线。输入"W"按 <Enter> 键,指定起点宽度为3,按 <Enter> 键;指定端点宽度为0,按 <Enter> 键;捕捉圆左侧的象限点4,按 <Enter> 键;完成旋转符号的绘制。

2.1.5 矩形和正多边形

1. 矩形

RECtang 命令 □,用于根据矩形的参数,如长度、宽度、旋转角度、面积等绘制矩形。命令还可绘制带有倒角或圆角的矩形。在命令行中,输入"REC"按 <Enter> 键,可以看到如下所示命令的提示与选项,这里仅给出常用选项的作用。

> 命令:REC
> 指定第一个角点或 [倒角 (C)/标高 (E)/圆角 (F)/厚度 (T)/宽度 (W)]:
> 指定另一个角点或 [面积 (A)/尺寸 (D)/旋转 (R)]:

1)倒角(C):指定矩形的倒角距离,绘制带有倒角的矩形,如图 2-14a 所示。

2)圆角(F):指定矩形的圆角半径,绘制带有圆角的矩形,如图 2-14b 所示。

3)尺寸(D):指定矩形的长和宽绘制矩形。

4)面积(A):使用面积与长度或宽度绘制矩形。

5)旋转(R):按指定的旋转角度绘制矩形。

RECtang 命令,默认情况下通过指定矩形的两个角点来绘制矩形。假设矩形的长为 80,宽为 60,在第一个角点指定后,使用相对直角坐标 @80,60 指定另一个角点是最常用的方法。另外,绘制带有倒角的矩形,如果两个倒角距离不等,需要注意指定倒角距离的次序。第一个倒角距离是指先指定的那个角沿 *Y* 方向的距离,如图 2-14a 所示,如果先指定右下角点,此时第一个倒角距离为 15;如果先指定左下角点,则第一个倒角距离为 5。

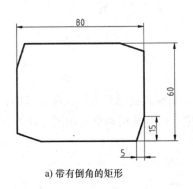

a) 带有倒角的矩形

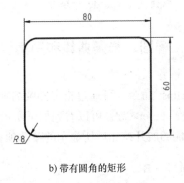

b) 带有圆角的矩形

图 2-14 RECtang 命令示例

2. 正多边形

POLygon 命令 ⬡,用于根据边数、边长、内接于圆还是外切于圆来绘制正多边形。在命令行中,输入"POL"按 <Enter> 键,可以看到如下所示命令的提示与选项。

```
命令：POL
输入侧面数 <4>:
指定正多边形的中心点或 [边 (E)]:
输入选项 [内接于圆 (I)/外切于圆 (C)] <I>:
指定圆的半径：
```

POLygon 命令首先要求指定正多边形的侧面数，即正多边形的边数，确认后，通过指定多边形的中心点或者边来绘制正多边形。正多边形总是和一个圆相关联，圆心就是正多边形的中心。正多边形要么内接于圆，如图 2-15a 所示的正六边形，多边形的顶点都在此圆周上，此时可使用命令的"内接于圆（I）"选项，指定圆的半径绘制正六边形；要么外切于圆，如图 2-15b 所示的正八边形，此时可使用命令的"外切于圆（C）"选项，指定圆的半径也即正多边形中心到各边中点的距离，绘制正八边形。如果已知的是正多边形的边长，可使用命令的"边（E）"选项，绘制如图 2-15c 所示的正五边形。

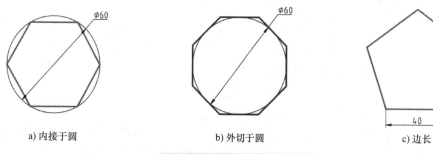

a) 内接于圆　　　　　　　　b) 外切于圆　　　　　　　　c) 边长

图 2-15　POLygon 命令示例

【提示与建议】

　　使用 RECtang 命令和 POLygon 命令所绘制的对象，在 AutoCAD 中是一种多段线；多段线可以使用 eXplode 命令分解为直线或圆弧（如果多段线包含圆弧）。

2.1.6　椭圆、样条曲线和图案填充

1. 椭圆

ELlipse 命令，可通过指定椭圆的轴端点或中心点来绘制椭圆或椭圆弧。在命令行中，输入"EL"按 <Enter> 键，可以看到如下所示命令的提示与选项。这些选项和单击如图 2-16 所示"椭圆"右侧的展开按钮后所显示的菜单项相对应。

```
命令：EL
指定椭圆的轴端点或 [圆弧 (A)/中心点 (C)]:
```

ELlipse 命令默认通过指定轴端点来绘制椭圆。例如，可先指定如图 2-17 所示椭圆左侧的轴端点 B，再指定轴的另一个端点 D，最后指定另一条半轴的长度 16，即可绘制出椭圆。命令的"中心点（C）"选项要求先指定椭圆的中心点 O，再指定一个轴端点，如上方的轴端点 A，最后指定另一条半轴的长度 25，来绘制椭圆。"圆弧（A）"用于绘制椭圆弧。

图 2-16　ELlipse 命令菜单项

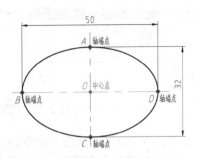

图 2-17　椭圆的轴端点和中心点

2. 样条曲线

SPLine 命令用于绘制非均匀有理 B 样条曲线 (NURBS)，简称为样条曲线。在命令行中输入 "SPL" 按 <Enter> 键，可以看到如下所示命令的提示与选项。

> 命令：SPL
> 当前设置：方式 = 控制点　　阶数 =3
> 指定第一个点或 [方式 (M)/阶数 (D)/对象 (O)]：M
> 输入样条曲线创建方式 [拟合 (F)/控制点 (CV)] <拟合>：

SPLine 命令的默认选项是通过指定一系列的"拟合"点或"控制点"来绘制样条曲线，"方式（M）"选项，用于设置绘制方式是"拟合（F）"还是"控制点（CV）"。明确使用某种方式，可直接单击"绘图"面板上的"样条曲线拟合"按钮 或"样条曲线控制点"按钮 。默认情况下，拟合点与样条曲线重合，如图 2-18a 所示；控制点定义样条曲线的控制框，如图 2-18b 所示。这两种方法各有其优点，样条曲线绘制完成后，可选择样条曲线，通过拖动其上的夹点（夹点编辑可参看本章 2.4.3 节）或控制点来调整曲线的形状。SPLine 命令在工程图样中，主要用于绘制波浪线，除直接使用上述两种方式绘制波浪线外，命令的"对象 (O)"选项，可选择某一多段线，将其转化为样条曲线，如图 2-18c 所示。

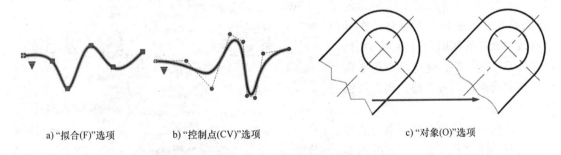

a)"拟合(F)"选项　　　　b)"控制点(CV)"选项　　　　　　　c)"对象(O)"选项

图 2-18　SPLine 命令示例

3. 图案填充

Hatch 命令 ，一般用于绘制工程图样中的剖面线。命令会打开如图 2-19 所示的"图案填充创建"上下文选项卡。

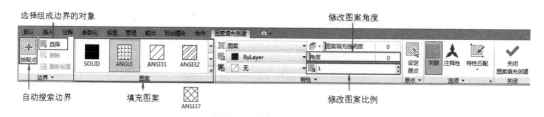

选择组成边界的对象   修改图案角度

自动搜索边界   填充图案   修改图案比例

图 2-19 "图案填充创建"上下文选项卡

在选项卡的"边界"面板上命令提供了两种确定图案填充边界的方法。"拾取点"，如图 2-20a 所示，在要填充图案的区域内部指定一个点，系统会围绕该点搜索出一个构成封闭区域的边界；"选择对象"，如图 2-20b 所示，通过选择组成边界的对象来确定图案填充的边界。

a) 拾取点   b) 选择对象

图 2-20 确定图案填充的边界

"图案"面板用于选择填充边界所使用的图案。常用的图案有 ANSI31，即金属材料所使用的 45° 剖面线。如果零件很薄，宽度 ≤ 2mm 允许涂黑，可以使用 SOLID 图案填充。另外，一些非金属材料零件如填料等，可以使用 ANSI37 网格线填充。

"特性"面板用于修改填充图案的比例或角度等特性。如图 2-20a 所示，使用 ANSI31 图案，其比例为 2，角度为 0°；如图 2-20b 所示，同样使用 ANSI31 图案，其比例为 4，角度为 90°。

需指出的是使用"选择对象"的方法来确定边界，不要求边界封闭，但如果使用"拾取点"的方法，默认情况下，要求边界必须封闭。如不封闭，系统会提示"无法确定闭合的边界"。在命令行中单击"设置（T）"选项，可打开如图 2-21 所示的"图案填充和渐变色"对话框，在其中修改"允许的间隙"公差值，如修改"公差"为"2"，这样小于等于两个单位的间隙都将被忽略，边界可被视为封闭。

默认时命令所填充的图案与边界相互关联，即边界改变，填充的图案也会随之改变。如果边界的内部有孤岛，图案填充时，可在如图 2-21 所示的对话框中，设置孤岛的显示样式为"普通""外部"或"忽略"。

图 2-21 "图案填充和渐变色"对话框

2.2 修改命令

在二维对象如直线、圆、多段线等绘制好之后，不可避免地需要对其进行修改操作，如删除、移动、复制、镜像和阵列等。AutoCAD 将二维修改命令按钮集中放置在功能区"默认"选项卡上的"修改"面板中，如图 2-22 所示。这些修改命令，也可在"修改"下拉菜单或"修改"工具栏中找到。

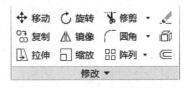

图 2-22 "修改"面板

2.2.1 删除和选择对象

Erase 命令 ，用于从图形中删除对象。启动命令后，十字光标会变为一个正方形的拾取框（pickbox），命令行中会显示提示"选择对象"。在绘图区选定对象后，按 <Enter> 键即可删除选定对象。如下所示，在命令提示"选择对象"时输入"?"并按 <Enter> 键，可以看到 AutoCAD 提供的多种选择对象的方式，这里仅介绍几种常用的选择对象方式。

> 命令：E
> 选择对象：?
> 需要点或窗口 (W)/上一个 (L)/窗交 (C)/框 (BOX)/全部 (ALL)/栏选 (F)/圈围 (WP)/圈交 (CP)/编组 (G)/添加 (A)/删除 (R)/多个 (M)/前一个 (P)/放弃 (U)/自动 (AU)/单个 (SI)/子对象 (SU)/对象 (O)

1）拾取对象：如图 2-23 所示，使用拾取框直接单击要选择的对象。可多次单击选择多个对象，系统会以醒目（高亮或变灰）的方式来显示选定的对象，用以表示这些对象被加入到选择集中。从选择集中去除对象，可按住 <Shift> 键选择要去除的对象。

2）窗口（W）：从左至右指定窗口的两个角点来选择对象，窗口边界为实线，默认时窗口呈淡蓝色，完全位于窗口内的对象会被选定，如图 2-24 所示。

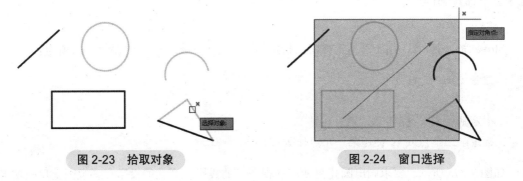

图 2-23 拾取对象　　　　　图 2-24 窗口选择

3）窗交（C）：从右至左指定窗口的两个角点来选择对象，窗口边界为虚线，默认时窗口呈淡绿色，完全位于窗口内或与之相交的对象会被选定，如图 2-25 所示。

4）圈交（CP）：与窗交（C）类似，可绘制一个不规则的封闭多边形来选择对象，多边形的边界为虚线，默认多边形呈淡绿色，完全位于多边形内或与之相交的对象会被选定。

5）全部（ALL）：在命令提示"选择对象"时，输入"ALL"并按 <Enter> 键，将选择模型空间或当前布局中除冻结或锁定图层上对象之外的所有对象。

6）上一个（L）：在命令提示"选择对象"时，输入"L"并按 <Enter> 键，将选择最后

（Last）生成的图形对象。

7）前一个（P）：在命令提示"选择对象"时，输入"P"并按 <Enter> 键，将选择前一个（Previous）选择集中的图形对象。

除上述常用选择对象的方式外，AutoCAD 还提供了快速选择 QSELECT 命令，可打开如图 2-26 所示的"快速选择"对话框，通过对象类型和特性过滤的方式来选择对象。例如，可以选择整个图形中直径 <20 的所有圆。

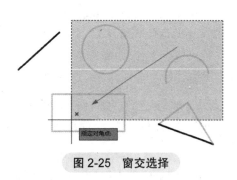

图 2-25　窗交选择

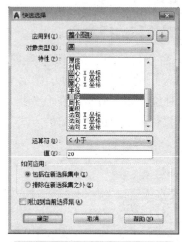

图 2-26　"快速选择"对话框

【提示与建议】

　　删除对象，也可在选择对象后，直接按键盘上的 <Delete> 键。

2.2.2　移动和复制

1. 移动

Move 命令 ✛ 移动，用于沿指定方向按指定的距离移动对象。命令的提示与选项为：

　　命令：M
　　选择对象：
　　指定基点或 ［位移（D）］ <位移>：
　　指定第二个点或 <使用第一个点作为位移>：

如图 2-27a 所示，要求画出圆孔在 A 向斜视图上的投影。圆孔的投影在斜视图上反映实形，是一个圆。可先在主视图上，参照现有几何对象画出该圆。如图 2-27b 所示，启动 Move 命令后，①选择圆，按 <Enter> 键；②指定基点（圆的圆心）；③指定第二个点，即目标点为半圆柱板的圆心，即可完成斜视图上圆孔投影的绘制。

命令的"位移（D）"选项，可通过输入三个坐标值如"2,3,0"来指定对象沿 X, Y, Z 三个方向移动的相对距离。

Move 命令在拼装装配图时很有用，以图 2-28a 所示管接头和管道的拼装为例，要求管接头旋入到管道中后，如图 2-28b 所示，A 面和 B 面的距离为 5mm。拼装可通过两次移动管接头来实现。

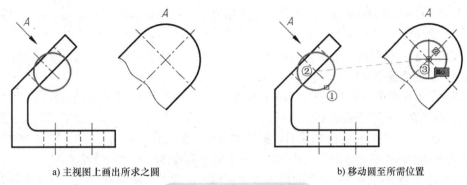

a) 主视图上画出所求之圆　　　　　　　　　　　b) 移动圆至所需位置

图 2-27　Move 命令示例

步骤 1：第一次移动，启动 Move 命令后，选择组成管接头的所有对象，以 A 面上的一点为基点，如图 2-28c 所示，移动到 B 面上。

步骤 2：第二次移动，按 <Enter> 键重复执行 Move 命令。当系统要求选择对象时，输入 "P" 并按 <Enter> 键，选择前一个选择集中的对象；再按 <Enter> 键确认；指定绘图区中的任意一点为基点；向上移动光标，如图 2-28d 所示，在系统显示出竖直的极轴追踪线时，输入 "5" 并按 <Enter> 键，完成移动。

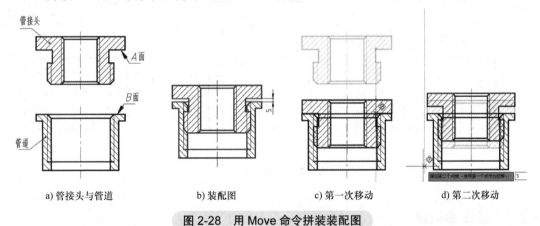

a) 管接头与管道　　　　b) 装配图　　　　c) 第一次移动　　　　d) 第二次移动

图 2-28　用 Move 命令拼装装配图

两次移动完成后，后续还需修剪掉管道被管接头遮挡住的图线，对两个零件螺纹旋合部分的图线进行整理，并重新绘制管道的剖面线，这些内容将在教材的第 7 章 "装配图" 中讲解，这里不再做详细叙述。

2. 复制

COpy 命令 🔳复制，用于沿指定方向按指定的距离复制对象。命令的提示与选项为：

命令：CO
选择对象：
当前设置：复制模式 = 多个
指定基点或 [位移 (D)/模式 (O)] <位移>：
指定第二个点或 [阵列 (A)] <使用第一个点作为位移>：
指定第二个点或 [阵列 (A)/退出 (E)/放弃 (U)] <退出>：

1）位移（D）：同 Move 命令，通过输入坐标值来指定对象沿 X，Y，Z 三个方向复制的相对距离。

2）模式（O）：控制命令是否自动重复，指定"多个（M）"选项，自动重复；指定"单个（S）"选项，将创建选定对象的单个副本，并结束命令。

3）阵列（A）：在单一方向上排列对象的副本。命令后续提示"输入要进行阵列的项目数"，该项目数包括源对象；随后要求指定"第二个点或 [布满（F）]"，如果指定第二个点，则基点和随后指定的第二个点将确定阵列项目的间距和方向；如选择"布满（F）"，则基点和第二个点，将确定阵列的总距离和方向，其他副本将在源对象和最终副本之间线性排列。

COpy 命令的操作和 Move 命令的操作基本相同。在选定要复制的对象后；指定基点，再指定第二点即目标点即可完成复制。默认情况下命令将重复，直至按 <Enter> 键结束命令。如图 2-29a 所示，以绘制底板上四个呈矩形分布的小孔为例。可首先在俯视图上，使用 Circle 命令画好其中的一个小孔的投影（圆），如图 2-29b 所示；启动 COpy 命令，选择圆，按 <Enter> 键确定；指定基点为圆的圆心；指定第二点为两中心线（细点画线）的交点，如图 2-29c 所示，复制出另外三个圆。

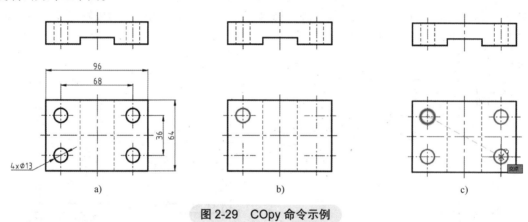

a)　　　　　　　　　　b)　　　　　　　　　　c)

图 2-29　COpy 命令示例

2.2.3　镜像和偏移

1. 镜像

MIrror 命令 ⚏ 镜像，用于创建选定对象的镜像副本。命令的提示与选项为：

```
命令:MI
选择对象：指定对角点：找到 10 个
指定镜像线的第一点：
指定镜像线的第二点：
要删除源对象吗? [ 是 (Y) / 否 (N) ] <否>：N
```

MIrror 命令的操作很简单，如图 2-30 所示。①选定要镜像的对象；②指定镜像线的第一点；③指定镜像线的第二点；命令的选项"是（Y）"和"否（N）"用于确定是删除还是保留镜像的源对象，即图 2-30a 所示选择的对象。

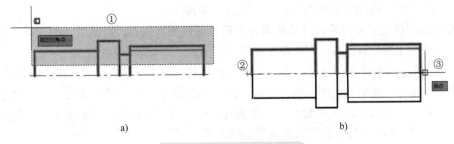

图 2-30 MIrror 命令示例

实际上，在如图 2-29 所示例子中，因涉及到圆的中心线，使用 MIrror 命令要比 COpy 命令更方便。默认情况下，镜像文字对象时，不更改文字的方向。如果要反转文字，可将系统变量 MIRRTEXT 的值设置为 1。

2. 偏移

Offset 命令可按指定距离偏移对象，用于创建平行线、同心圆或等距线。命令的提示与选项为：

```
命令：O
当前设置：删除源 = 否    图层 = 源   OFFSETGAPTYPE=0
指定偏移距离或 ［通过 (T) / 删除 (E) / 图层 (L)］ ＜通过＞:
选择要偏移的对象，或 ［退出 (E) / 放弃 (U)］ ＜退出＞:
指定要偏移的那一侧上的点，或 ［退出 (E) / 多个 (M) / 放弃 (U)］ ＜退出＞:
选择要偏移的对象，或 ［退出 (E) / 放弃 (U)］ ＜退出＞:
```

如图 2-31 所示，Offset 命令在操作时，①首先指定要偏移的距离；②选择要偏移的对象；③在要偏移的那一侧指定点即可。图 2-31b 所示为在三角形外指定点；图 2-31c 所示为在三角形内指定点。为使用方便，Offset 命令默认时将重复，直至按 ＜Enter＞ 键退出。

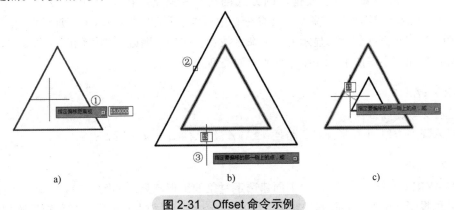

图 2-31 Offset 命令示例

命令其他选项的作用为：

1）通过（T）：可在选定对象后，指定对象所通过的点。

2）删除（E）：偏移后删除源对象。

3）图层（L）：用于确定将偏移对象放置在当前图层还是源对象所在的图层。

4）多个（M）：使用当前偏移距离，重复进行偏移操作。

偏移距离的指定除直接输入具体数值外，还可通过捕捉两点，以两点间的距离作为偏移距离。这个操作对于画三视图时，保证俯、左视图之间的"宽相等"非常有用。

图2-32a主、左视图所示立体，由一个水平底板和一个正面立板组成。在绘制其俯视图时，可先使用COpy命令复制出立体后端面的水平投影（直线）；启动Offset命令后，①捕捉立体底面上的后端点；②捕捉底面上的前端点；③选择后端面的水平投影；④向前移动光标单击指定偏移的一侧，按<Enter>键，完成底板前端面的水平投影。

按<Enter>键重复执行Offset命令。如图2-32b所示，⑤捕捉立板顶面上的后端点；⑥捕捉顶面上的前端点；⑦选择后端面的水平投影；⑧向前移动光标单击指定偏移的一侧，按<Enter>键，完成立板前端面的水平投影。最后如图2-32c所示，使用Line命令补画出立体左右两端面的水平投影，完成俯视图的绘制。

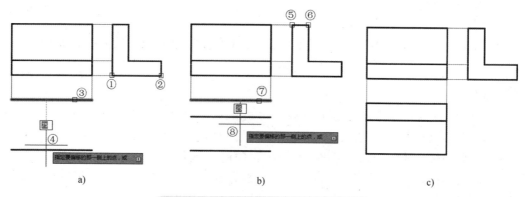

a)　　　　　　　　b)　　　　　　　　c)

图2-32　用Offset命令实现"宽相等"

2.2.4　阵列

ARray命令 ，用于按指定的方式创建对象副本。在命令行中，输入"AR"并按<Enter>键，在选定要阵列的对象后，在命令行中可以看到命令所提供的三种阵列类型。这三种阵列类型与单击展开按钮后所显示的三个命令按钮相对应。明确要创建的阵列具体类型，可直接单击相应按钮，不需使用ARray命令的阵列类型选项。

```
命令:AR
选择对象：找到 1 个
输入阵列类型 [矩形(R)/路径(PA)/极轴(PO)] <矩形>:
```

1. 矩形阵列

ARRAYRECT命令 ，用于创建选定对象的矩形阵列。如图2-33a所示，选择底板左下角圆孔的投影（圆）为要阵列的对象，按<Enter>键；系统会在绘图区显示矩形阵列的预览，在功能区显示如图2-34所示的"阵列创建-矩形"选项卡。

在选项卡的"列"面板中，指定列数为"2"，列间距为"68"；在"行"面板中，指定行数为"2"，行间距为"36"；单击"关闭阵列"按钮 ，即可创建出该圆的矩形阵列。

列间距和列的总距离之间的关系为：列的总距离＝列间距×（列数－1）。修改列间距，列的总距离对应修改，反之也然。行间距与行的总距离也有类似关系。

选项卡的"层级"面板用于指定层级数或称层数，层级是矩形阵列沿用户坐标系（UCS）Z 轴方向的扩展。层级数 >1，需切换到等轴测视图查看阵列效果，具体可参考教材 8.4.3 节"三维阵列和对齐"的相关内容。

在选项卡的"特性"面板中，"关联"按钮 用于指定阵列中的对象是关联的还是独立的，关联阵列的优点是便于修改。使用鼠标单击关联的矩形阵列，系统会显示相应夹点，将光标悬停在各个夹点上，系统会显示不同的快捷菜单，如图 2-33b 所示。可使用这些夹点或夹点上的快捷菜单来修改阵列的行数、列数、行间距、列间距和轴角度等内容。

矩形阵列中，阵列的方向可通过列间距和行间距的正负号来控制。列间距为正，则沿 X 轴的正方向阵列；为负，沿 X 轴的反方向阵列。行间距为正，沿 Y 轴的正方向阵列；为负，沿 Y 轴的反方向阵列。

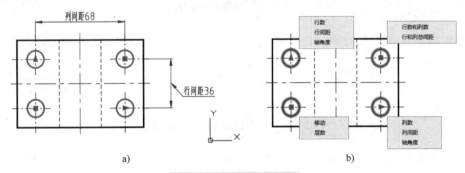

图 2-33 矩形阵列示例

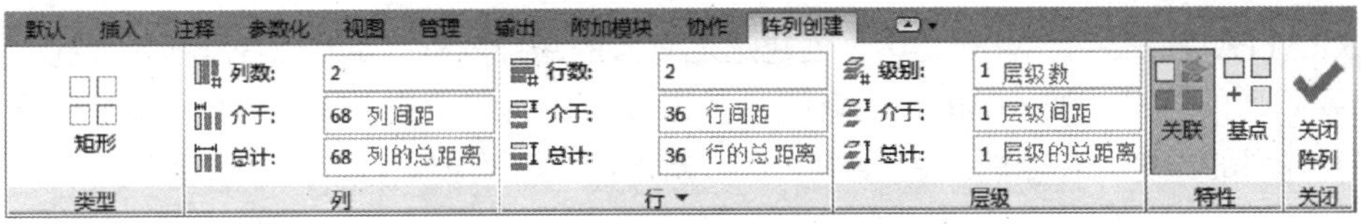

图 2-34 "阵列创建 - 矩形"选项卡

2. 环形阵列

ARRAYPOLAR 命令 环形阵列，用于创建选定对象的环形阵列。如图 2-35a 所示，①选择矩形为要阵列的对象，按 <Enter> 键确认；②指定阵列的中心点，按 <Enter> 键。系统会在绘图区显示环形阵列的预览，在功能区显示如图 2-36 所示的"阵列创建 - 极轴"选项卡。

在选项卡的"项目"面板中，指定阵列的项目数为"6"，按 <Enter> 键；默认的填充角度为 360°，此时项目间角度 =360°/ 项目数 =60°；单击"关闭阵列"按钮 ，即可创建出该矩形的环形阵列。如果填充角度非 360°，则填充角度 = 项目间角度 ×（项目数 −1）。修改项目间角度，填充角度（第一个和最后一个项目之间的角度）对应修改，反之也然。

选项卡的"行"面板，同矩形阵列，用于指定行数、行间距或行的总距离。图 2-35b 所示为行数等于 2，行间距为 60 的环形阵列。可以看出，行数对于环形阵列而言，是以阵列中心点为圆心，沿半径方向的扩展。"层级"面板同矩形阵列，是阵列沿 UCS Z 轴方向的扩展。

选项卡的"特性"面板中，"旋转项目"按钮 用于控制阵列时是否旋转项目，图 2-35a 所示为旋转项目；图 2-35b 所示为不旋转项目。"方向"按钮 用于切换阵列的旋转方向。

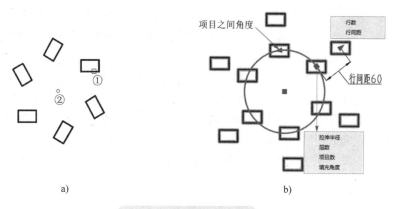

图 2-35 环形阵列示例

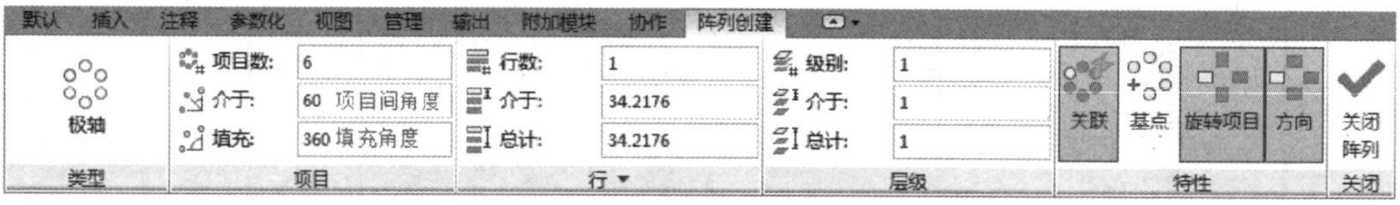

图 2-36 "阵列创建-极轴"选项卡

关联的环形阵列在创建完成后，可使用鼠标左键单击阵列，然后使用如图 2-35b 所示的夹点及其快捷菜单，修改项目之间的角度、项目数以及填充角度等内容。

3. 路径阵列

ARRAYPATH 命令路径阵列，用于创建选定对象的路径阵列。如图 2-37a 所示，①选择等腰梯形为要阵列的对象，按 <Enter> 键确认；②选择路径曲线，按 <Enter> 键。系统会在绘图区显示路径阵列的预览，在功能区显示如图 2-38 所示的"阵列创建-路径"选项卡。

图 2-37 路径阵列示例

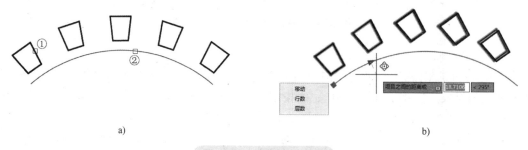

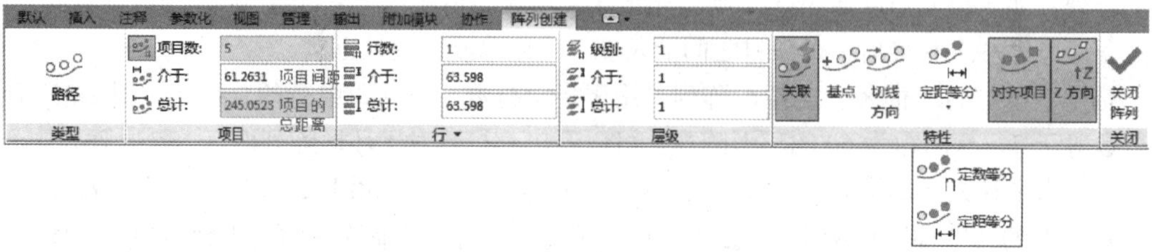

图 2-38 "阵列创建-路径"选项卡

路径阵列中，用作路径曲线的对象可以是直线、多段线、三维多段线、样条曲线、螺旋线、圆弧、圆或椭圆。

以特定间距，沿路径曲线分布对象，可单击"特性"面板上的"定距等分"按钮，然后在"项目"面板中指定项目间距。要沿整个路径曲线（长度）均匀地分布项目，可单击"特性"面板上的"定数等分"按钮，然后在"项目"面板中指定项目数。

选项卡中的"行"面板和"层级"面板，同矩形阵列。"特性"面板中的"对齐项目"按钮用于指定阵列中的项目是如图 2-37a 所示的沿路径对齐，还是如图 2-37b 所示的相互平行。

关联的路径阵列在创建完成后，可使用如图 2-37b 所示的夹点及其快捷菜单，修改项目之间的距离、行数或层数。

【提示与建议】

创建完成的关联阵列，可使用 eXplode 命令分解以取消关联；取消关联后的阵列项目，将成为一个个独立的对象。

---

4. 经典阵列

AutoCAD 的早期版本，ARray 命令使用对话框来创建对象的矩形或环形非关联阵列。命令现已改为 ARRAYCLASSIC，可打开如图 2-39 所示的"阵列"对话框。所需设置的选项与"阵列创建"选项卡基本相同，下面仅简要介绍对话框的使用方法。

（1）矩形阵列 在如图 2-39a 所示对话框中，首先单击"选择对象"按钮，在绘图区选择要阵列的对象，选择完成后，按 <Enter> 键返回对话框。指定矩形阵列的行数和列数；"行偏移"即行间距，"列偏移"即列间距，"阵列角度"即阵列的旋转角度，都可在对话框中通过输入具体数值确定；也可以单击"拾取行偏移"按钮、"拾取列偏移"按钮、"拾取两个偏移"按钮或"拾取阵列的角度"按钮，在绘图区通过指定两个点来确定。设置完成后，单击"确定"按钮，完成矩形阵列。

（2）环形阵列 在如图 2-39b 所示对话框中，首先单击"选择对象"按钮，在绘图区选择要阵列的对象，选择完成后，按 <Enter> 键返回对话框。单击"拾取中心点"按钮，在绘图区指定阵列的中心点；然后，指定用于定位环形阵列中对象的方法和数值，如"项目总数和填充角度"；视情况，选择或不选择"复制时旋转项目"复选框；单击"确定"按钮，完成环形阵列。

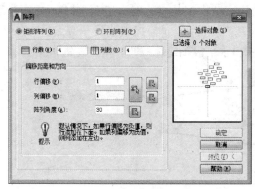

a) 矩形阵列

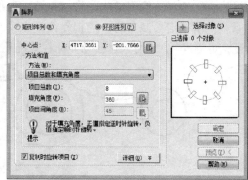

b) 环形阵列

图 2-39　ARRAYCLASSIC 命令

2.2.5 旋转和缩放

1. 旋转

ROtate 命令 ↻ 旋转，用于绕指定基点旋转图形中的对象。命令的提示与选项为：

> 命令：RO
>
> UCS 当前的正角方向：ANGDIR= 逆时针 ANGBASE=0
>
> 选择对象：
>
> 指定基点：
>
> 指定旋转角度，或 [复制 (C)/参照 (R)] <0>：

ROtate 命令的操作不复杂，如图 2-40a 所示。①选择圆柱板上圆孔的投影（图示小圆）为要旋转的对象，按 <Enter> 键确认；②指定基点即旋转中心点，这里为圆柱板投影大圆的圆心；③指定旋转角度，这里输入"-45"，按 <Enter> 键完成旋转，结果如图 2-40b 所示。

旋转的角度，如果通过输入具体数值来指定，应注意默认情况下是以逆时针为正，顺时针为负。旋转角度还可通过拖动光标来指定。命令其他选项的作用为：

1）复制（C）：用于创建要旋转对象的副本，如图 2-40c 所示。

2）参照（R）：将对象从指定的角度旋转到新的绝对角度。

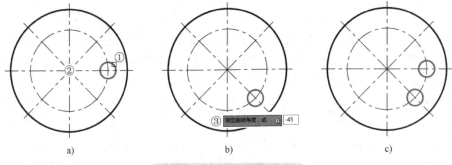

图 2-40　ROtate 命令示例

对于未知倾斜角度或倾角输入比较繁琐（倾角包含小数）的结构，可使用命令的"参照（R）"选项。如图 2-41 所示，要将零件右侧的倾斜结构旋转至水平，在启动 ROtate 命令后可做如下操作：①选择该倾斜结构，按 <Enter> 键确认；②指定基点，输入"R"并按 <Enter> 键；③在系统提示指定参照角时，捕捉斜线端点（与基点相同）；④捕捉斜线另一端点；⑤指定旋转角度，可输入 0，也可通过移动光标在系统显示出水平极轴追踪线时，单击左键指定。

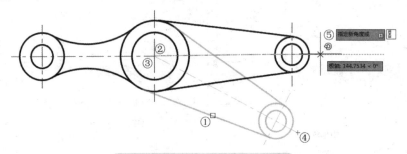

图 2-41　ROtate 命令 - 参照 (R)

2. 缩放

SCale 命令□缩放，用于放大或缩小选定的对象。命令的提示与选项和 ROtate 命令基本相同，这里不再给出。

SCale 命令在操作上也与 ROtate 命令类似。首先选择要缩放的对象，如图 2-42a 所示；然后指定基点，如图 2-42b 所示；最后指定比例因子。比例 >1 将放大对象，如图 2-42b 所示；介于 0~1 之间将缩小对象，如图 2-42c 所示。

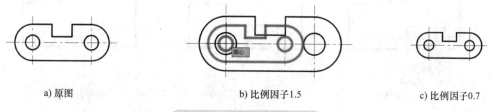

a) 原图　　　　　　　　b) 比例因子1.5　　　　　　　　c) 比例因子0.7

图 2-42　SCale 命令示例

缩放操作的基点是缩放对象的大小发生改变时，位置保持不变的点，如图 2-42b 所示的圆心。命令其他选项的作用为：

1）复制 (C)：用于创建缩放对象的副本。

2）参照 (R)：按参照长度和指定的新长度缩放所选对象。

如果缩放比例未知或输入繁琐，可考虑使用命令的"参照（R）"选项。如图 2-43a 所示，求图中五个相同大小圆的周长。可先设已知直径为 $\phi 60$，首先绘制出左下角的圆；用 COpy 命令复制出左上角的圆；使用 Circle 命令的"切点、切点、半径（T）"选项画出中间的圆；使用 MIrror 命令镜像出右侧的两个圆；使用 RECtang 命令绘制如图 2-43b 所示矩形，通过标注尺寸可知矩形的长为 163.92。可使用 SCale 命令将其缩放为长 120，启动 SCale 命令后，如图 2-43c 所示。①选择绘制好的图形（矩形和五个圆);②指定基点（矩形左下角点），输入"R"并按 <Enter> 键;③在系统提示指定参照长度时，捕捉矩形的左上角点；④捕捉矩形的右上角点；⑤指定新的长度为 120，按 <Enter> 键完成缩放。还可使用命令的"点（P）"选项，指定的两点间距离为"新的长度"。缩放完成后，使用 LIst 命令□选择其中一个圆，可知圆的周长为 137.9883。

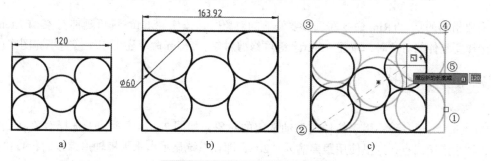

a)　　　　　　　　　　b)　　　　　　　　　　c)

图 2-43　SCale 命令 - 参照 (R)

2.2.6　修剪和延伸

1. 修剪

TRim 命令▽修剪，用于修剪掉多余的线段。TRim 命令在使用时应注意其操作顺序，命令的提示与选项不再给出。启动 TRim 命令后，如图 2-44a 所示，①先选择边界，边界选择完成按 <Enter> 键确认；如图 2-44b 所示②③④为选择要修剪的对象；完成后按 <Enter> 键结束命令。修剪结果如图 2-44c 所示。如果图形不复杂，可在启动 TRim 命令后，直接按 <Enter> 键，即选择命令的默认选项"全部选择"，即将所有对象用作边界；然后，选择要修剪的对象。

a) 选择边界　　　　　　　　b) 选择要修剪的对象　　　　　　　c) 修剪结果

图 2-44　TRim 命令示例

2. 延伸

EXtend 命令 →|延伸，用于延伸对象以与其他对象的边相接。其操作与 TRim 命令类似，如图 2-45a 所示，①先选择边界，边界选择完成按 <Enter> 键确认；②选择要延伸的对象；完成后按 <Enter> 键结束命令。延伸结果，如图 2-45b 所示。

EXtend 命令同样可在命令提示选择边界时按 <Enter> 键，选择所有显示的对象作为边界。

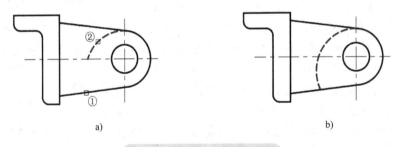

a)　　　　　　　　　　　　　　　　　　　b)

图 2-45　EXtend 命令示例

需要指出的是，TRim 命令在选择要修剪的对象时，按住 <Shift> 键可延伸对象；EXtend 命令在选择要延伸的对象时，按住 <Shift> 键可修剪对象。TRim 命令还可用于修剪填充图案。

2.2.7　拉伸和拉长

1. 拉伸

Stretch 命令 ▲拉伸，用于拉伸或移动选定的对象。如图 2-46a 所示，①选择对象；②指定基点；③指定第二点，这里使用距离输入"20"，即在系统显示出水平极轴追踪线时，直接输入距离值指定第二点。按 <Enter> 键结束命令，即可将凹槽长度由原来的 50 拉伸为 70，如图 2-46c 所示。

Stretch 命令在操作时应注意，需要以"窗交（C）"或"圈交（CP）"的方式来选择对象，完全包含在窗口内的对象会被移动，与窗口相交的对象会被拉伸。某些对象如圆、椭圆和块等，无法使用 Stretch 命令拉伸。

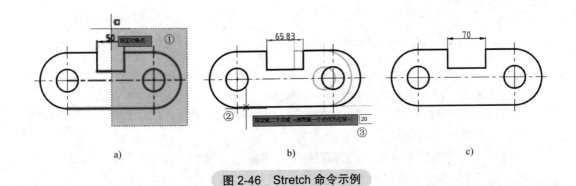

图 2-46 Stretch 命令示例

基点用于计算拉伸的偏移量，在本例中，可指定任意一点为基点。命令的"位移（D）"选项用于指定拉伸的相对距离和方向，在本例中使用该选项，可输入"20,0,0"以沿 X 轴方向拉伸 20 个单位。

2. 拉长

LENgthen 命令 ✏ 拉长，用于修改直线，圆弧的长度或圆弧的圆心角。在命令行中，输入 LEN 并按 <Enter> 键，可以看到如下所示命令的提示与选项。

> 命令:LEN
> 选择要测量的对象或 ［增量 (DE)/百分比 (P)/总计 (T)/动态 (DY)］ <增量 (DE)>:

1）选择要测量的对象：选择直线，命令行将显示直线的长度；选择圆弧，命令行将显示圆弧的长度和包角（圆心角）。

2）增量（DE）：以指定的增量修改对象的长度。增量从对象上离拾取框最近的端点处开始测量，正增量拉长对象，如图 2-47a 所示；负增量拉短对象。如果选择对象是圆弧，可使用"角度 (A)"选项，修改圆弧的包角，如图 2-47b 所示。

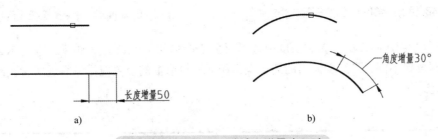

图 2-47 LENgthen 命令 - 增量（DE）

3）百分比（P）：通过指定对象总长度的百分数来修改对象的长度。输入的百分数，<100，如 50，拉短对象；>100，如 200，拉长对象。

4）总计（T）：将对象从离拾取框最近的端点拉长到指定的总长度或包角。

5）动态（DY）：打开动态拖动模式，通过拖动选定对象的一处端点来动态修改其长度，另一处端点的位置保持不变。

2.2.8 圆角和倒角

1. 圆角

Fillet 命令⌐圆角，用于以确定半径的圆弧连接两个对象。命令的提示与选项为：

```
命令：F
当前设置：模式 = 修剪，半径 = 0.0000
选择第一个对象或 [放弃 (U)/多段线 (P)/半径 (R)/修剪 (T)/多个 (M)]：R
指定圆角半径 <0.0000>：15
选择第一个对象或 [放弃 (U)/多段线 (P)/半径 (R)/修剪 (T)/多个 (M)]：
选择第二个对象，或按住 Shift 键选择对象以应用角点或 [半径 (R)]：
```

1）半径（R）：设置圆角的半径。初次使用 Fillet 命令半径值通常为 0，为两个对象创建半径为 0 的圆角会延伸或修剪对象以使其相交。创建半径不为 0 的圆角，一定注意使用该选项修改圆角的半径。即使当前圆角半径不为 0，按住 <Shift> 键选择第二个对象，同样可达到半径为 0 的效果，如图 2-48 所示。

2）修剪（T）：控制是否修剪选定的对象，后续将提示"修剪（T）/ 不修剪（N）"。

3）多段线（P）：使用该选项，选择二维多段线，将在二维多段线中两条线段相交的每个顶点处插入圆角，如图 2-49 所示。

4）多个（M）：连续为多组对象创建圆角。

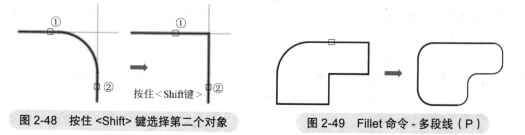

图 2-48 按住 <Shift> 键选择第二个对象　　　　图 2-49 Fillet 命令 - 多段线（P）

Fillet 命令创建圆弧的方向和长度由选择对象拾取框的位置确定。如图 2-50 所示，选择对象的拾取框位置不同，最终创建出的圆角也不相同。拾取框的位置应尽量靠近所希望绘制圆角端点的位置。

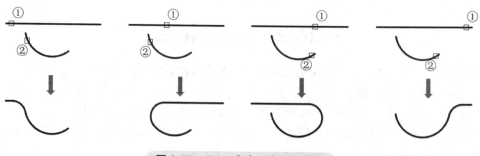

图 2-50 Fillet 命令 - 拾取框位置

　　为两个平行的直线创建圆角，Fillet 命令将忽略当前的圆角半径值，将以两平行直线距离的一半为圆角半径来创建圆角。

2. 倒角

　　CHAmfer 命令（⌐ 倒角，用于为两条不平行的直线创建倒角。命令的提示与选项为：

> 命令：CHA
> （"修剪"模式）当前倒角距离 1 = 0.0000，距离 2 = 0.0000
> 选择第一条直线或［放弃 (U)/多段线 (P)/距离 (D)/角度 (A)/修剪 (T)/方式 (E)/多个 (M)］：

　　CHAmfer 命令主要使用距离和角度两种方式来创建倒角。

　　选择"距离（D）"选项，如图 2-51a 所示，①指定第一个倒角距离 30；②指定第二个倒角距离 15；③选择第一条直线（水平线）；④选择第二条直线（竖直线），完成倒角。如果两个倒角距离不等，要注意选择第一条直线和第二条直线的顺序。

　　选择"角度（A）"选项，如图 2-51b 所示，①指定第一条直线的倒角长度 20；②指定第一条直线的倒角角度 30°；③选择第一条直线（水平线）；④选择第二条直线（竖直线），完成倒角。注意，指定的倒角角度是选择的第一条直线的倒角角度。

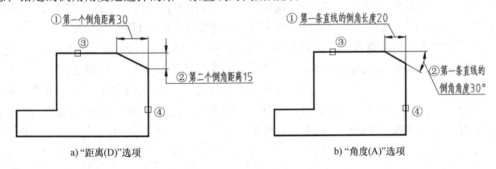

a)"距离(D)"选项　　　　　　　　　　　b)"角度(A)"选项

图 2-51　CHAmfer 命令示例

　　命令的"方式（E）"选项用于指定是使用距离方式还是角度方式。"多段线（P）""多个（M）"和"修剪（T）"选项，作用同 Fillet 命令。这其中"修剪（T）"选项对于创建孔的内倒角比较有用。例如，创建如图 2-52a 所示圆孔的倒角。使用"角度（A）"选项，指定第一条直线的倒角长度 5；指定第一条直线的倒角角度 60°。如使用"修剪（T）"选项，其结果如图 2-52b 所示，即零件右端的竖直轮廓线会被修剪掉一段，这会对圆孔下端的倒角产生不利影响。此时，可使用"不修剪（N）"选项，结果如图 2-52c 所示，再使用 TRim 命令修剪掉右侧两段多余的线段，使用 Line 命令补画出倒角圆的投影（直线），即可完成该圆孔的内倒角，结果如图 2-52d 所示。

　　Fillet 命令和 CHAmfer 命令还可为三维对象创建圆角和倒角，具体可参看教材 8.2.6 节"三维倒角和圆角"的相关内容。

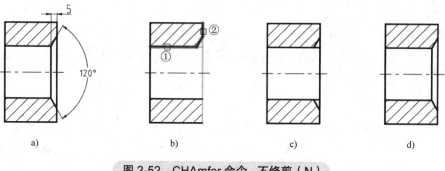

图 2-52 CHAmfer 命令 - 不修剪（N）

2.2.9 打断和分解

1. 打断

BReak 命令⌐凵，用于去除对象在两点之间的一部分或将对象在一点处打断为两个对象。命令的提示与选项为：

> 命令：BR
> 选择对象：
> 指定第二个打断点 或 [第一点（F）]：

BReak 命令在操作时应注意，默认拾取对象的点将作为打断的第一点，如图 2-53a 所示。命令的"第一点（F）"选项，可指定新点以替换拾取对象的点作为打断的第一点。

如果希望第二个打断点和第一个打断点重合，可在命令提示"指定第二个打断点"时，直接输入 @ 并按 <Enter> 键。此操作还可直接单击"打断于点"按钮⌐凵，如图 2-53b 所示，①选择竖直点画线；②捕捉圆心为第一个打断点；再次单击"打断于点"按钮⌐凵；③选择水平点画线；④捕捉圆心为第一个打断点。由此，可使两条点画线在相交处为线和线相交。打断于点，在拼装装配图时，对处理螺纹连接部分的图线也非常有用，具体可参考教材 7.2 节"装配图的拼装"相关内容。

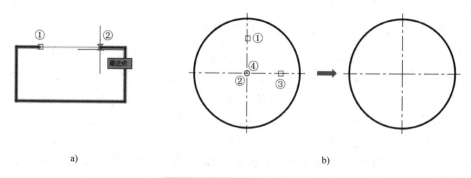

图 2-53 BReak 命令示例

2. 分解

eXplode 命令▱，用于将复合对象分解为其组成对象。启动命令后，选择对象并按 <Enter> 键，即可完成分解。可分解的对象包括多段线、多行文字（见第 3 章）、图块（见第 4 章）、面域（见第 8 章）和三维实体等。

任何分解对象的颜色、线型和线宽都可能会发生改变，其结果将根据分解的复合对象类型不同而有所不同。如图 2-54 所示，位于粗实线图层中的线宽为 5mm 的多段线，分解后为一直线对象和一圆弧对象，直线和圆弧的线宽将不再为 5mm，而为随层。

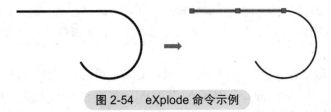

图 2-54　eXplode 命令示例

2.3　简单平面图形

AutoCAD 绘图命令的默认选项大多要求指定点，例如，Line 命令要求指定直线的第一个点，Circle 命令要求指定圆心，RECtang 要求指定角点，ELlipse 命令要求指定轴端点。精确绘图时，AutoCAD 提供的指定点的方法有：坐标输入、对象捕捉、对象追踪、直接距离输入和相对点偏移等。下面以图 2-55 所示的一个简单平面图形为例对这些方法进行说明。

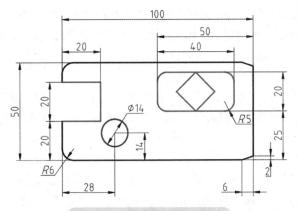

图 2-55　简单平面图形示例

分析该平面图形可知，其外部轮廓是一个长 100，宽 50 的矩形框，矩形框左侧有两个 R6 的圆角，右侧有两个距离为 6 和 2 的倒角；矩形框内部，左侧是一个 20×20 的矩形凹槽，底部有一 ϕ14 的圆，右侧上方是一 40×20 并具有 R5 圆角的矩形，该矩形内部还有一正方形。内部的几何图形以矩形的底边和左右两个侧边为定位基准，该平面图形可按图 2-56a 中所示字母的顺序来绘制。

a) 基本步骤　　　b) 直接距离输入　　　c) 相对点偏移

图 2-56　简单平面图形绘图方法 1

51

步骤1：使用RECtang命令绘制外部轮廓的矩形框。第一个角点A可在绘图区合适的位置，单击鼠标左键指定；另一个角点B可使用相对直角坐标指定，启用"动态输入"状态按钮■ ■，可直接输入"100,50"省略@。

步骤2：使用RECtang命令绘制左侧20×20的矩形凹槽。其第一个角点C使用直接距离输入的方法来指定，具体操作为移动光标使其经过A点，再竖直向上移动光标，在显示出竖直的追踪线时直接输入距离"20"，如图2-56b所示，按<Enter>键即可指定C点；另一个角点D的指定方法同上，可动态输入"20,20"。

步骤3：使用Circle命令绘制φ14的圆。其圆心E可使用相对点偏移的方法来指定。具体操作为当系统提示"指定圆的圆心"时输入"FROM"并按<Enter>键，此时系统要求指定基点，捕捉A点，系统要求输入偏移，如图2-56c所示，输入"@28,14"按<Enter>键即可指定E点；再输入圆的半径"7"，按<Enter>键完成圆的绘制。

步骤4：使用RECtang命令绘制40×20的矩形。选择命令的"圆角（F）"选项，设置圆角半径为"5"；第一个角点F，如图2-56a所示，可使用对象捕捉的方法，捕捉外部轮廓矩形框的几何中心；另一个角点G，可动态输入"40,20"指定。

步骤5：使用POLygon命令绘制矩形内部的正方形。首先输入多边形的边数"4"，并按<Enter>键；正多边形的中心点捕捉之前所绘矩形的几何中心；选择"内接于圆(I)"选项；向上移动光标捕捉追踪线与矩形上边线的交点K，点K如图2-56a所示。

步骤6：使用TRim命令，修剪掉20×20的矩形槽和外部轮廓矩形在左侧相重合的边线；分别使用Fillet命令和CHAmfer命令绘制出外部轮廓矩形左侧的两个圆角和右侧的两个倒角，具体操作不再详述。

使用直接距离输入法指定点时，要注意启用状态栏上的"对象捕捉"和"对象捕捉追踪"按钮，该方法只能沿一个方向通过输入距离指定点的位置。要沿两个方向通过距离指定点，除使用相对点偏移法外，还可使用命令修饰符TRACKING，通过一系列临时点来定位点。以绘制如图2-55所示φ14的圆为例，在启动Circle命令后，输入"TK"并按<Enter>键；捕捉A点（在A点上单击鼠标左键），并向右移动光标（系统自动启用正交模式）输入距离"28"，按<Enter>键；向上移动光标，输入距离"14"，按<Enter>键；再按<Enter>键结束追踪，即指定出圆心位置。TRACKING追踪可指定一系列临时点，每个点均来自上一点的两个方向偏移。

【提示与建议】

使用相对点偏移法指定点时，可按住<Ctrl>键或<Shift>键，然后单击鼠标右键，在系统显示的快捷菜单中选择"自（F）"菜单项，相对直角坐标要注意输入"@"，即使启用动态输入模式，@也不能省略。沿两个方向通过距离指定点还可使用TT追踪，即在命令要求指定点时，输入"TT"并按<Enter>键，有兴趣的读者可自行按命令行提示操作一下。

二维绘图过程中，也常使用Offset命令偏移出几何对象的定位参考线或其轮廓线。仍以图2-55所示的简单平面图形为例。首先，使用步骤1所述方法绘制出外部轮廓的矩形框，使用eXplode命令将矩形分解为四条直线。

如图2-57a所示，使用Offset命令，指定偏移距离28，①选择左侧轮廓线，向右偏移，按<Enter>键重复偏移操作，指定偏移距离14；②选择底部轮廓线，向上偏移；使用Circle命令，捕捉两条偏移产生参考线的交点为圆心，指定圆的半径为7，画出φ14的圆。之后，使用

Erase 命令，删除两条偏移产生的参考线。

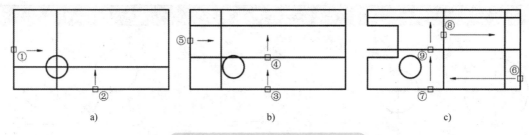

图 2-57　简单平面图形绘图方法 2

　　如图 2-57b 所示，使用 Offset 命令，指定偏移距离 20，③选择底部轮廓线，向上偏移；④选择偏移产生的参考线，向上偏移；⑤选择左侧轮廓线，向右偏移。之后，即可使用 TRim 命令，对相应图线进行修剪，绘制出 20×20 的矩形槽。

　　如图 2-57c 所示，使用 Offset 命令，指定偏移距离 50，⑥选择右侧轮廓线，向左偏移，按 <Enter> 键重复偏移操作，指定偏移距离 25；⑦选择底部轮廓线，向上偏移，按 <Enter> 键重复偏移操作，指定偏移距离为矩形的长 40；⑧选择偏移产生的竖直参考线，向右偏移，按 <Enter> 键重复偏移操作，指定偏移距离为矩形的宽 20；⑨选择偏移产生的水平参考线，向上偏移。之后，即可使用 Fillet 命令，设置圆角半径为 5，为矩形倒出四个圆角。

　　剩余的图形对象，其绘图方法与之前所述方法相同，不再重复叙述。

2.4　复杂平面图形

2.4.1　圆弧连接的基本知识

　　复杂平面图形通常包含有圆弧连接，即用一个已知半径的圆弧将两个已知线段（直线或圆弧）光滑（即相切）地连接起来。手工绘制具有圆弧连接的平面图形，需要找到连接弧的圆心和切点。在 AutoCAD 中绘制圆弧连接会变得非常简单，通常使用 Fillet 命令或 Circle 命令的"切点、切点、半径 (T)"选项即可，AutoCAD 绘制圆弧连接见表 2-1。

　　虽然使用 AutoCAD 画圆弧连接不需要像手工绘图找连接弧的圆心和切点，系统会根据所选对象自动计算出圆心和切点，但工程图学课程中，关于圆弧连接的基本作图知识仍然必不可少。

　　如图 2-58a 所示，当连接弧与已知直线相切时，连接弧的圆心轨迹是一条与已知直线平行，距离为 R 的直线；切点为从连接弧的圆心向已知直线所作垂线的垂足。

　　如图 2-58b 所示，当连接弧与已知弧相外切时，连接弧的圆心轨迹是已知弧的同心圆，其半径 $R_2=R+R_1$；切点为连接弧与已知弧圆心连线与已知弧的交点。

　　如图 2-58c 所示，当连接弧与已知弧相内切时，连接弧的圆心轨迹是已知弧的同心圆，其半径 $R_2=R_1-R$；切点为连接弧与已知弧圆心连线的延长线与已知弧的交点。

　　如图 2-59a 中所示为半径 R12 的连接弧，其与半径为 R40 的已知弧相外切，且通过由尺寸 52 所确定的 a 点。这种情况就无法使用 Fillet 命令或 Circle 命令的"T"选项画出 R12 的连接弧。

　　根据图 2-59a 所示的几何关系，连接弧过 a 点，因此其圆心在以 a 点为圆心，半径为 12 的圆上；连接弧与 R40 已知弧相外切，其圆心还在已知弧的同心圆上，即以 b 点为圆心，半径为 40 + 12=52 的圆上，两圆的交点 c 即为连接弧的圆心，如图 2-59b 所示。

表 2-1　AutoCAD 绘制圆弧连接

与两圆相外切	与两直线相切	与直线相切与圆相外切
与两圆相内切	与两圆混合相切	与直线相切与圆相内切

注：使用 Circle 命令"T"选项时，捕捉切点的位置应尽可能靠近实际的切点位置。

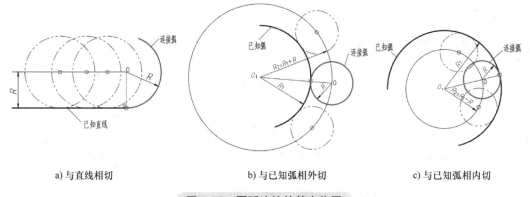

a) 与直线相切　　　　　　　b) 与已知弧相外切　　　　　　　c) 与已知弧相内切

图 2-58　圆弧连接的基本作图

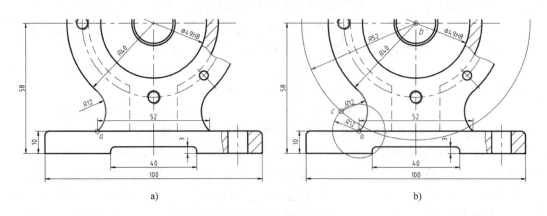

a)　　　　　　　　　　　　　　　b)

图 2-59　圆弧连接作图示例

2.4.2 平面图形的分析

构成平面图形的线段，通常会形成若干封闭的线框。每一封闭线框，一般由若干线段（直线或圆弧）所组成，相邻的线段彼此相交或相切。这些线段的形状、长度及彼此之间的相对位置都要靠所标注的尺寸来确定。平面图形的分析，应首先分析图形中所标注的尺寸，其次，根据所注尺寸对各线段进行分析，以便确定作图的先后次序。

根据尺寸在平面图形中所起的作用，平面图形的尺寸分为定形尺寸和定位尺寸两种。

1）定形尺寸　用来确定平面图形中各封闭线框或线段形状和大小的尺寸。

2）定位尺寸　用来确定各封闭线框或线段之间相对位置的尺寸。

在平面图形中，封闭线框或线段需要在两个方向上定位。在每个方向上，标注尺寸的起点或线称为尺寸基准。以图2-60所示手柄的平面图形为例，图中所示端面Ⅰ是长度方向的尺寸基准，水平对称中心线Ⅱ是高度方向的尺寸基准。

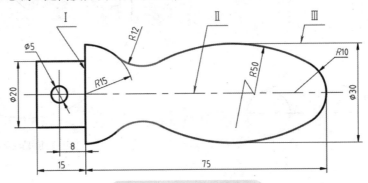

图 2-60　手柄的平面图形

整个手柄平面图形上下对称，端面Ⅰ的左方有一个矩形（圆柱的投影）和一个圆（圆孔的投影），矩形定形尺寸为 $\phi20$ 和 15；不需要定位，因为在高度方向上矩形对称，在长度方向上矩形的右边线正好在尺寸基准上。圆的定形尺寸是 $\phi5$，高度方向正好在尺寸基准上，长度方向有定位尺寸8。端面Ⅰ右方 R15 的圆弧，其圆心在两个尺寸基准的交点上；最右方 R10 的圆弧，其定形尺寸是 R10，定位尺寸是 75。这种定形尺寸和定位尺寸都齐全的线段称为已知线段。

手柄的平面图形中 R50 的圆弧，其定形尺寸是 R50，但定位尺寸只有一个 $\phi30$。以上方的 R50 圆弧为例，圆弧和尺寸 $\phi30$ 上方的尺寸界线即如图2-60所示的线Ⅲ相切，因此上方 R50 圆弧的圆心在一条与线Ⅲ平行，距离为50的直线上。类似这种有定形尺寸，但定位尺寸不完全的线段称为中间线段。中间线段虽然定位尺寸不全，但仍能够根据线段与相邻线段的连接关系，通过几何作图确定。例如，R50 的圆弧与右方 R10 的圆弧相内切，因此其圆心还在以 R10 圆弧的圆心为圆心，半径为两个半径之差即50-10=40的圆上。

手柄的平面图形中 R12 的圆弧只有定形尺寸，没有确定其圆心位置的定位尺寸。这种只有定形尺寸，而不必注出定位尺寸的线段称为连接线段。连接线段同样能够根据线段与相邻线段的连接关系，通过几何作图确定。

通过以上分析，可以得出如下的绘图步骤：先画出尺寸基准线，随后依次画出各已知线段，各中间线段，最后画连接线段。使用 AutoCAD 绘制手柄的平面图形，同样需要遵循上述步骤，如图2-61所示。绘图步骤中，图2-61d所示为使用Circle命令的"T"选项绘制 R50 的圆；图2-61f所示为使用Fillet命令在 R15 和 R50 两圆弧之间倒出 R12 的圆角。

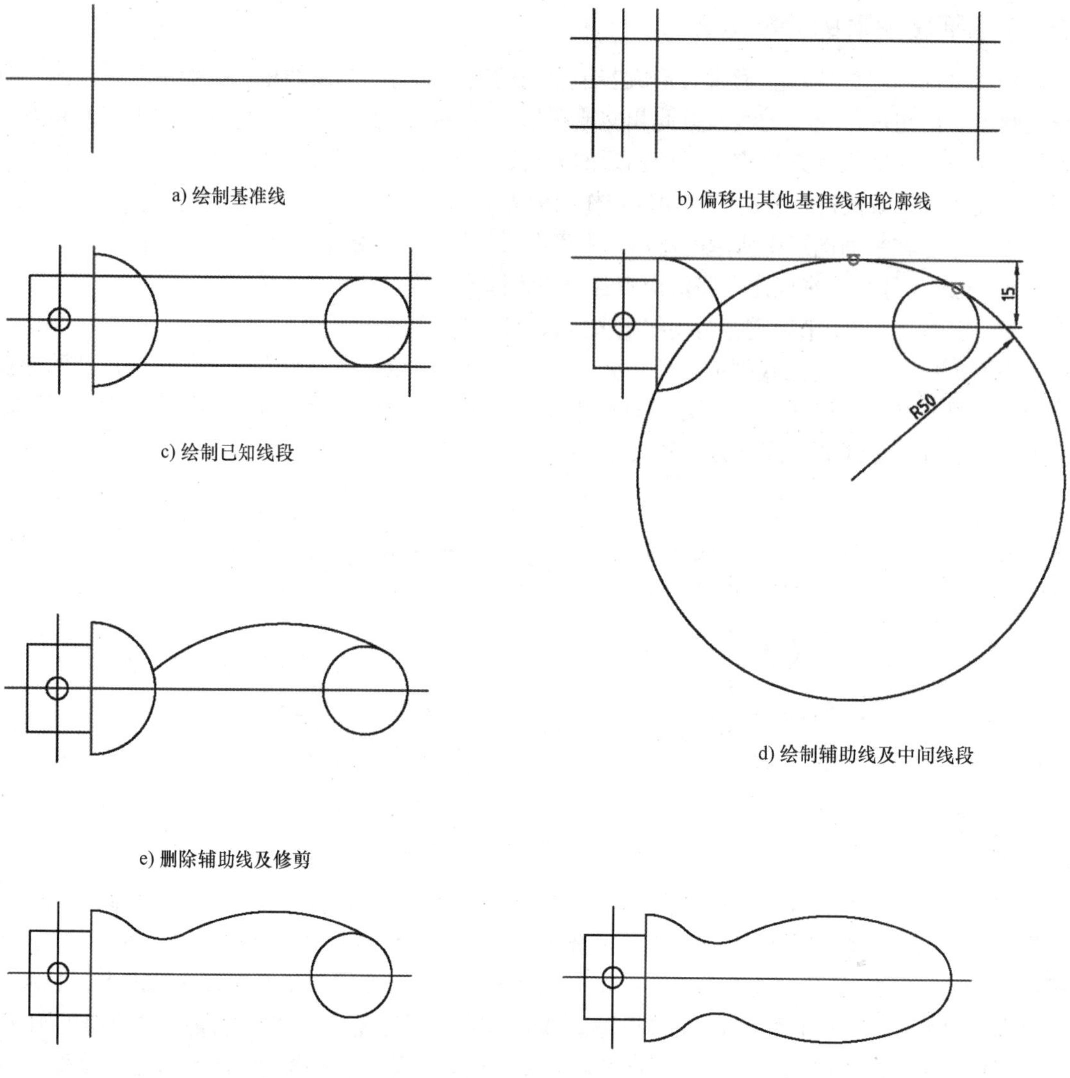

a) 绘制基准线　b) 偏移出其他基准线和轮廓线　c) 绘制已知线段　d) 绘制辅助线及中间线段　e) 删除辅助线及修剪　f) 绘制连接线段　g) 镜像及修剪

图 2-61　使用 AutoCAD 绘制手柄的平面图形

需要指出的是在 AutoCAD 中，为避免频繁的切换图层，类似于图 2-61 所示的图形对象都可在“02 细实线”图层中绘制。要将某对象放置在某个图层中，可先使用鼠标左键选择这些对象，然后在“图层”面板的下拉列表中，选择要将这些对象放置到的图层。

2.4.3　平面图形对象的编辑

对平面（二维）图形对象进行编辑，除使用修改命令外，还可使用特性匹配、“特性”选项板和夹点编辑，以提高绘图速度。

1. 特性匹配

单击“特性”面板上的“特性匹配”按钮即启动 MAtchprop 命令，如图 2-62a 所示，先选择源对象；如图 2-62b 所示，再选择目标对象，即可使目标对象的特性（颜色、线型、线宽等）与源对象保持一致。命令的作用类似于 Word 中的"格式刷"。

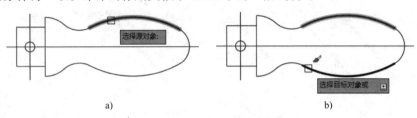

a)   b)

图 2-62 MAtchprop 命令示例

2. "特性"选项板

"特性"选项板除可用于修改对象的特性外，还可用于修改对象的几何数据，如直线的起点和端点坐标；圆的圆心位置、半径和周长等。

在命令行中输入"PRoperties"并按 <Enter> 键或按 <Ctrl+1> 快捷键，都可打开"特性"选项板。在绘图区选择一个对象，如手柄平面图形中的圆，即可在如图 2-63 所示的"特性"选项板中，将圆的直径由 5 改为 10。注意，选择对象的类型不同，在"特性"选项板的"几何图形"面板中，所显示的内容也不同。

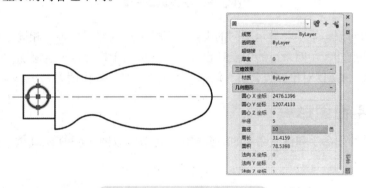

图 2-63 "特性"选项板示例

3. 夹点编辑

在绘图区选择图 2-64a 所示直线，在直线上会显示三个默认为蓝色的夹点。单击直线中点处的夹点，夹点颜色默认会变为红色，说明进入夹点编辑状态，此时拖动光标可实现直线的平移，如图 2-64b 所示。将光标悬停在直线起点或端点处的夹点上，会显示如图 2-64c 所示的快捷菜单，选择"拉长"菜单项，拖动光标可实现在不改变直线倾角的状态下拉长或拉短直线，该操作类似于 LENgthen 命令的"动态（DY）"选项，如图 2-64d 所示。选择"拉伸"菜单项，拖动光标可改变直线在该点处的位置，如图 2-64e 所示。这个操作可不使用"拉伸"菜单项，直接单击夹点，拖动光标即可。

圆弧有四处夹点，如图 2-65a 所示。其中，单击圆心处的夹点，拖动光标可实现圆弧的平移，如图 2-65b 所示。将光标悬停在圆弧中点处的夹点上，会显示图 2-65c 所示的快捷菜单，选择"半径"菜单项，拖动光标可实现在不改变圆弧圆心位置的情况下，修改圆弧半径，如图 2-65d 所示。与直线类似，将光标悬停在圆弧起点或端点处的夹点上，会显示"拉长"和"拉伸"两个菜单项，图 2-65e 所示为拉长圆弧的情况。拉伸圆弧同样可不使用"拉伸"菜单项，直接单击夹点，拖动光标即可。

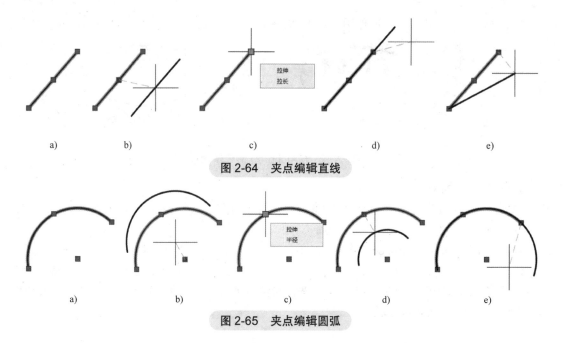

图 2-64　夹点编辑直线

图 2-65　夹点编辑圆弧

　　选择不同的对象，系统会显示不同的夹点，每处夹点的作用也各不相同。例如，矩形除在四个顶点处有夹点外，在四条边的中点处也有夹点，可用于拉伸矩形、添加顶点或将该边转换为圆弧。由于 AutoCAD 对象种类繁多，篇幅所限这里不再一一说明。

2.5　综合平面图形

　　作为对二维绘图命令和修改命令的综合应用，本节将以图 2-66 所示轴承座为例，讲解其三视图的绘制方法。

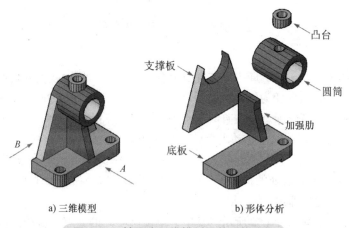

a) 三维模型　　　　　b) 形体分析

图 2-66　轴承座三维模型及其形体分析

2.5.1　绘图前的分析准备工作

　　和手工绘图一样，使用 AutoCAD 绘制三视图也需要先对绘制对象进行形体分析、表面相对位置分析、选择主视图的投射方向、选择长宽高三个方向的定位基准，以确定出简洁、清晰、合理的绘图步骤，然后灵活使用各种绘图工具，快速准确地绘制三视图。

1. 形体分析

首先对图 2-66a 所示轴承座进行形体分析。很明显，如图 2-66b 所示，它由底板、圆筒、凸台、支撑板和加强肋五个部分组成。

2. 表面相对位置分析

组合体（具体概念见教材 8.6 节）表面的相对位置，一般可分为相交、相切、平行和平齐四种情况。在如图 2-66 所示轴承座中，加强肋的左右端面与圆筒的外圆柱面相交，（截）交线为直线；支撑板的前端面与圆筒的外圆柱面相交，（截）交线为圆弧；在三视图中应注意画出这些交线的投影。

支撑板的左右侧棱面与圆筒的外圆柱面相切，相切属于光滑过渡，故在视图中不应画出切线的投影，但应注意在三个视图中找到切点的位置。

支撑板的后端面与底板的后端面平齐，即两平面处于同一平面上，不应画出两平齐平面在接触处的轮廓线。实际上，组合体（零件）是一个不可分割的整体，只是为了帮助分析其形体特点，采用形体分析法，人为划分形体才出现了两平面平齐的情况。

另外，凸台的外圆柱面与圆筒的外圆柱面相交，凸台的内圆孔面与圆筒的内圆孔面相交，在相交处产生有相贯线，在视图中还应注意画出相贯线的投影。

3. 视图选择

组合体的视图选择主要是主视图的选择，主视图确定后，其他两个视图（左视图和俯视图）也随之确定。选择主视图可以考虑以下三个方面的要求：

1）由形体稳定和画图方便确定组合体的安放状态。通常使组合体的底板朝下，主要表面平行于正立投影面（V 面）。

2）以能反映组合体形状特征的方向作为主视图的投射方向。

3）使各视图中不可见的形体最少。

根据上述三个方面的要求，选择轴承座的安放状态为：底板在下，底面水平；主视图的投射方向选择如图 2-66a 所示的 A 向。图中 B 向相比 A 向，不能反映支撑板和圆筒的形状特征，故 B 向不宜作为主视图的投射方向。

4. 布置视图

手工画图中，布置视图就是根据各视图的最大轮廓尺寸和视图间应留有的距离，在图纸上均匀布置各视图的位置，画出确定各视图在两个方向上的绘图基准线。使用 AutoCAD 画图，视图之间的间隔并不是很重要，因为可以使用 Move 命令，轻松调整视图之间的距离。但仍需要首先找到并画出绘图基准线。

由于轴承座上、下不对称，所以高度方向以底板的底面为绘图基准，如图 2-67a 所示；由于轴承座左、右对称，所以长度方向以左右对称平面为绘图基准，如图 2-67b 所示；又因为前、后不对称，故以后端面为宽度方向的绘图基准，如图 2-67c 所示。可以看出，这三个方向的绘图基准，也是轴承座三视图标注尺寸的尺寸基准。

绘图基准线可用细实线也可用细点画线画出，对于使用 AutoCAD 绘图而言，区别不大。为贴近手工绘图，这里设置"05 细点画线"图层为当前图层，如图 2-68 所示画出基准线。在绘制基准线时，要注意查看系统在绘图区给出的长度提示，类似 极轴 230.8884 < 90°，依据组合体的总体尺寸来绘制，基准线绘制的太长或太短都会对后续绘图造成不必要的麻烦。

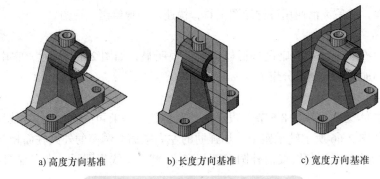

a) 高度方向基准　　　　　b) 长度方向基准　　　　　c) 宽度方向基准

图 2-67　轴承座三视图绘图基准的选择

　　为了方便起见，这里以图 2-69 所示轴测图的形式，给出轴承座的所有尺寸。当然，使用 AutoCAD 具体绘图前，还有其他方面的一些准备工作，如图层的设置等。以第 1 章 "实践训练" 中所创建的 "GB_A3.dwt" 样板文件来新建图形文件，可省去这些重复性工作。

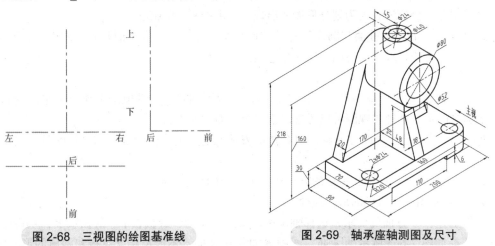

图 2-68　三视图的绘图基准线　　　　　图 2-69　轴承座轴测图及尺寸

2.5.2　分形体绘制三视图

　　手工绘图时，在视图布置好之后，要求用细实线绘制各视图的底稿。AutoCAD 绘图没有这种限制，但绘图所遵循的原则基本一致。即先形体、后交线，由大形体到小形体，由主要形状到细部形状，分形体逐个画出三个视图。对每一个基本体，应从具有形状特征的视图画起，而且要三个视图相互联系起来画。

1. 底板

　　如图 2-70a 所示，底板的基体是一个长 200，宽 90，高 30 的长方体，长方体的前端有两处 R20 的圆角；底板下方的中间位置开有一个前后贯通的矩形槽，槽长 110，槽深 6；底板上，左右对称还开有两个 φ24 的圆孔，孔的长度方向定位尺寸为 160，宽度方向定位尺寸为 70。俯视图反映底板的形状特征，具体绘图步骤为：

　　如图 2-70b 所示，①使用 Offset 命令，设置偏移距离 100，分别选择俯、主视图上左右对称平面位置处的基准线，向左右两侧偏移；②按 <Enter> 键，重复 Offset 命令，设置偏移距离 90，选择俯、左视图后方的基准线，向前偏移；③按 <Enter> 键，重复 Offset 命令，设置偏移距离 30，选择主、左视图下方的基准线，向上偏移。

　　如图 2-70c 所示，④⑤⑥设置"01 粗实线"图层为当前图层，使用 RECtang 命令，参照偏移出的参考基准线绘制出长方体在三个视图上的投影；⑦启动 Fillet 命令，输入"R"按 <Enter> 键，输入圆角半径"20"按 <Enter> 键，选择俯视图上矩形左方和前方的轮廓线倒出左端圆角；选择右方和前方的轮廓线，倒出右端圆角。注意，此处不要使用 Fillet 命令的"多段线 (P)"选项，该选项会为矩形倒出四个圆角。绘制完成后，删除偏移出的参考基准线，并使用 eXplode 命令分解三个矩形。

　　注意，如图 2-70 所示及后续绘图步骤图中所标注的尺寸，只为说明绘图方法。轴承座三视图的尺寸标注，可参考教材 3.6 节"组合体三视图的尺寸标注"。

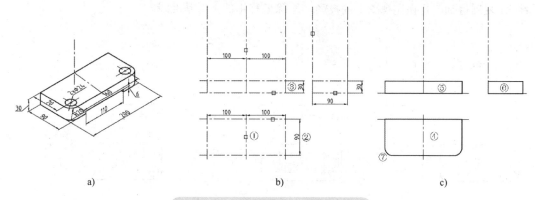

图 2-70　底板基体及其圆角的绘制

　　如图 2-71a 所示，①使用 Offset 命令，设置偏移距离 55，分别选择主、俯视图上左右对称平面位置处的基准线，向左右两侧偏移；②按 <Enter> 键，重复 Offset 命令，设置偏移距离 6，选择主视图长方体底部轮廓线和左视图下方的基准线，向上偏移。

　　如图 2-71b 所示，③选择俯、左视图上偏移出的直线（矩形槽的投影），使用夹点编辑或 TRim 命令，修改（剪）其长度至底板轮廓线，并放置到"04 细虚线"图层，结果如图 2-71c 所示俯视图；④启动 Fillet 命令，先选择偏移出的水平粗实线，按住 <Shift> 键再选择左侧偏移出的竖直点画线（应用角点）倒圆角；使用相同方法，处理得到矩形槽在主视图上右侧投影，并将点画线放置到"01 粗实线"图层，结果如图 2-71c 所示主视图。

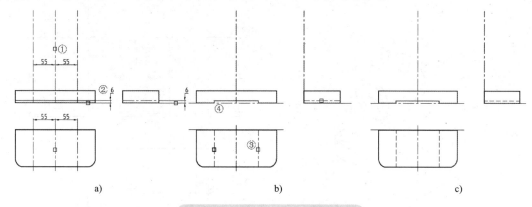

图 2-71　底板下方矩形槽的绘制

如图 2-72a 所示，①使用 Offset 命令，设置偏移距离 80，分别选择主、俯视图上左右对称平面位置处的基准线，向左侧偏移；②按 <Enter> 键，重复 Offset 命令，设置偏移距离 70，分别选择主、左视图后方的基准线，向前偏移。

如图 2-72b 所示，③使用 Circle 命令，在俯视图上绘制出左侧圆孔的投影；④使用 Line 命令，按投影关系绘制出左侧圆孔在主视图上的投影，并放置到"04 细虚线"图层（或使用 MAtchprop "特性匹配"命令）；⑤选择主、俯视图表示左侧圆孔轴线和位置的点画线，使用夹点编辑修改其长度。

如图 2-72c 所示，⑥使用 MIrror 命令，选择左侧圆孔在主、俯视图上的投影（包括点画线），镜像得到右侧圆孔的投影；⑦使用 COpy 命令，选择右侧圆孔在主视图上的投影（包括点画线），复制得到圆孔在左视图上的投影；删除偏移出的参考基准线。

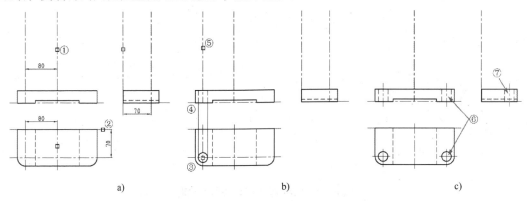

a)　　　　　　　　　　　　b)　　　　　　　　　　　　c)

图 2-72　底板左右两侧圆孔的绘制

2. 圆筒

如图 2-73 所示，圆筒是一直径为 80 的空心圆柱，内部圆孔的直径为 52；圆筒轴线位于左右对称平面上，距离底板的底面 160，其前后端面分别与底板的前后端面平齐。主视图反映圆筒的形状特征，其绘图步骤如图 2-74 所示，①使用 Offset 命令，设置偏移距离为 160，分别选择主、左视图上底部的基准线，向上偏移；②按 <Enter> 键，重复 Offset 命令，设置偏移距离 90，选择左视图后方的基准线，向前偏移。

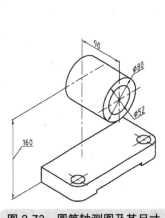

图 2-73　圆筒轴测图及其尺寸

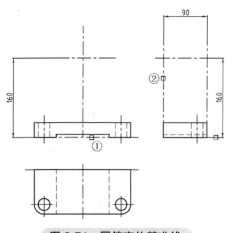

图 2-74　圆筒定位基准线

如图 2-75a 所示，①使用 Circle 命令，绘制圆筒在主视图上的投影；②③使用 Line 命令，按投影关系在俯视图上绘制圆柱和圆孔的最左轮廓线，在左视图上绘制其最上轮廓线；④⑤使用 MIrror 命令，选择俯视图上圆柱和圆孔的最左轮廓线，镜像到其最右轮廓线；选择左视图上圆柱和圆孔的最上轮廓线，镜像到其最下轮廓线。

如图 2-75b 所示，⑥⑦使用 Line 命令，补全圆筒前后端面的投影；并将俯、左视图上圆孔的轮廓线放置到"04 细虚线"图层。删除左视图上偏移出的参考基准线；删除视图上如图 2-75a 所示位于底板处的绘图基准线。

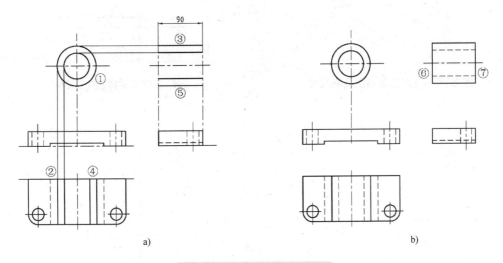

a)   b)

图 2-75　圆筒三视图的绘制

3. 支撑板

如图 2-76 所示，支撑板用于连接底板和圆筒，是一个截面形状类似于等腰梯形的四棱柱，底部长 170，两个侧棱面与圆筒的外圆柱面相切，板厚 20。支撑板的后端面与底板的后端面平齐，主视图反映其形状特征，其绘图步骤如图 2-77 所示，①选择左视图上圆筒后端面的投影（直线），使用夹点编辑将其拉长至底板的上端面；②启动 Line 命令，在系统提示"指定第一个点"时，将光标经过主视图上的 a' 点以获取该点（该点处会显示一个小加号），在系统显示出水平追踪线时输入距离"85"确定 b' 点；系统提示"指定下一点"时，捕捉主视图上大圆的切点，按 <Enter> 键结束命令；③使用 MIrror 命令，镜像出支撑板右侧轮廓线；④使用 Offset 命令，设置偏移距离为 20，选择俯、左视图后端面的轮廓线，向前偏移。

如图 2-78a 所示，①②使用 Line 命令，按投影关系绘制出俯视图上支撑板的左右轮廓线；③使用 TRim 命令（或夹点编辑）修剪掉支撑板前端面左右两段长出轮廓线的直线段；④⑤使用 Line 命令绘制辅助线，从主视图上按投影关系找到切点在俯、左视图上的投影。

如图 2-78b 所示，⑥使用 TRim 命令修剪掉圆筒的外圆柱面在俯视图上支撑板处的最左和最右轮廓线，及在左视图上的最下轮廓线与支撑板重合的部分。⑦单击"打断于点"按钮，在俯视图上左、右两切点处，打断支撑板前端面投影（直线），并将两切点之间的直线段，放置到"04 细虚线"图层；⑧使用 TRim 命令修剪掉左视图上支撑板前端面投影长出切点上方的直线段。删除掉④⑤使用 Line 命令绘制的辅助线。

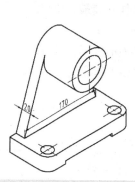

图 2-76　支撑板轴测图及其尺寸

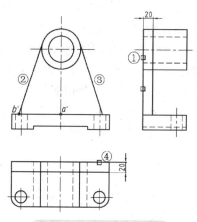

图 2-77　支撑板的定位

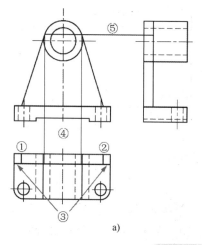

a)

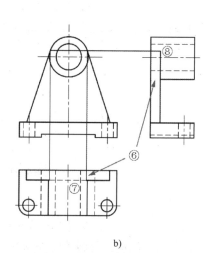

b)

图 2-78　支撑板三视图的绘制

4. 加强肋

如图 2-79 所示，加强肋是一个起固定、加强作用，厚度为 18 的薄板。加强肋位于底板上方，圆筒下方，支撑板的前方，左视图反映其形状特征。其绘图步骤如图 2-80 所示，①使用 Offset 命令，设置偏移距离 9，分别选择主、俯视图上左右对称平面位置处的基准线，向左右两侧偏移；②按 <Enter> 键，重复 Offset 命令，设置偏移距离 70，选择主、左视图底板上端面的投影，向上偏移；③按 <Enter> 键，重复 Offset 命令，设置偏移距离 48，选择俯、左视图支撑板前端面的投影，向前偏移。

如图 2-81a 所示，①使用 Line 命令，参照偏移出的参考线绘制出加强肋在主视图上的投影，删除主视图上偏移出的参考线；②使用 TRim 命令，修剪出加强肋在俯视图上的投影，注意修剪掉箭头所指位置处原来的那段虚线（加强肋和支撑板为一体，此处无虚线）；③使用 Line 命令，由主视图上加强肋左右两端面与外圆柱面的交点位置作投影连线高平齐到左视图，得到加强肋与外圆柱面交线的侧面投影；④使用 Line 命令，绘制出加强肋侧垂面在左视图上的投影（斜线）。

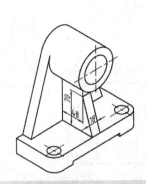

图 2-79 加强肋轴测图及其尺寸

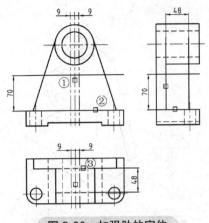

图 2-80 加强肋的定位

如图 2-81b 所示，⑤使用 TRim 命令，修剪出加强肋在左视图上的投影；删除辅助线和多余的线段。注意，箭头处加强肋左端面与外圆柱面的交线与圆柱的最下轮廓线不在同一条直线上。删除投影连线和其他多余的线段。

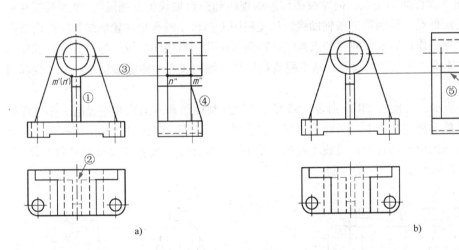

a)   b)

图 2-81 加强肋三视图的绘制

5. 凸台

如图 2-82 所示，凸台是一个直径为 40 的空心小圆柱，内部小圆孔的直径为 24；凸台位于圆筒的上方，其轴线在左右对称平面上，且距离后端面 45，凸台的上端面距离底面 218，距离圆筒轴线为 218-160=58。俯视图反映凸台的形状特征，其绘图步骤如图 2-83 所示，①使用 Offset 命令，设置偏移距离 58，分别选择主、左视图上水平点画线，向上偏移；②按 <Enter> 键，重复 Offset 命令，设置偏移距离 45，分别选择俯、左视图支撑板后端面的投影，向前偏移；③选择之前步骤偏移出的两条粗实线，使用夹点编辑修改其长度，并放置到"05 细点画线"图层。

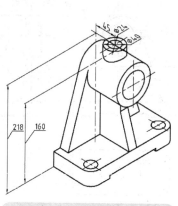

图 2-82 凸台轴测图及其尺寸

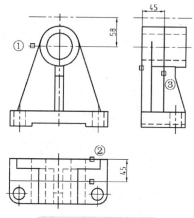

图 2-83 凸台的定位

如图 2-84a 所示，①使用 Circle 命令，绘制凸台在俯视图上的投影（两个同心圆）；②使用 Line 命令，按投影关系绘制出凸台在主视图上的投影；③使用 COpy 命令，选择凸台在主视图上的投影，复制到左视图上；④使用 Line 命令，绘制第一条辅助线，从主视图上凸台小圆柱最左轮廓线与圆筒外圆柱面的交点，向左视图作投影连线到凸台轴线（点画线），得到两圆柱相贯线侧面投影的最低点；绘制第二条辅助线，从主视图上凸台小圆孔最左轮廓线与圆筒内圆孔面的交点，向左视图作投影连线同样到点画线，得到两圆孔相贯线侧面投影的最低点；⑤使用 Arc 命令，默认选项"三点"画圆弧，画出两条相贯线的侧面投影。删除偏移出的参考线和两条辅助线。

如图 2-84b 所示，⑥使用 TRim 命令，修剪掉圆筒外圆柱面和内圆孔在左视图上相贯线处的最上轮廓线；修剪掉左视图上，凸台小圆柱面和小圆孔长出圆筒外圆柱面和内圆孔最上轮廓线的部分；将左视图上两圆孔的相贯线（圆弧）及小圆孔轮廓线，放置到"04 细虚线"图层。到此为止，即完成轴承座三视图的绘制。

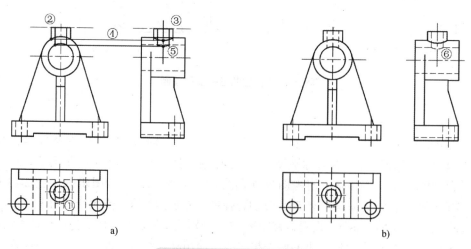

a)   b)

图 2-84 凸台三视图的绘制

2.6　实践训练

2.6.1　单选题

1. 下列哪种快捷方式可打开 / 关闭"对象捕捉"状态按钮＿＿＿＿＿。

A. <F10>　　　　　　B. <F8>　　　　　　C. <F2>　　　　　　D. <F3>

2. 使用 Line 命令在指定第一点后，移动光标，系统在光标附近显示"极轴：21.5324<30°"，此时使用键盘输入"20"按两次 <Enter> 键所绘制的直线，＿＿＿＿＿。

A. 长度不确定　　　　　　　　　　　B. 长度为 21.5324

C. 长度为 20，角度为 30°　　　　　　D. 长度为 21.5324，角度为 30°

3. 绘制一条倾角为 38° 的直线，下列方法不可行的是＿＿＿＿＿。

A. 使用相对极坐标　　　　　　　　　B. 设置增量角为 38°

C. 绘制水平线，然后旋转 38°　　　　D. 使用 Offset 偏移命令

4. 绘制已知直线的平行线，下列方法不可行的是＿＿＿＿＿。

A. 使用 Offset 偏移命令　　　　　　　B. 使用 Move 移动命令

C. 使用 COpy 复制命令　　　　　　　D. 使用"平行"捕捉

5. 如图 2-85 所示直角三角形的内切圆半径（使用 LIst 命令查询）是＿＿＿＿＿。

A. 16.7156　　　　B. 16.7516　　　　C. 16.7165　　　　D. 16.7615

6. 如图 2-86 所示直角三角形的内切圆半径是＿＿＿＿＿。

A. 17.5800　　　　B. 17.5700　　　　C. 17.8500　　　　D. 17.7500

图 2-85　直角三角形 1　　　　　　　　图 2-86　直角三角形 2

7. 如图 2-87 所示，所注尺寸 L 的数值（使用 DIst 命令查询）为＿＿＿＿＿。

A. 78.3546　　　　B. 80.0000　　　　C. 76.3262　　　　D. 70.0000

8. 如图 2-88 所示，所注尺寸 M 的数值为＿＿＿＿＿。

A. 47.5630　　　　B. 47.6503　　　　C. 47.5603　　　　D. 47.6530

图 2-87　平面图形 1

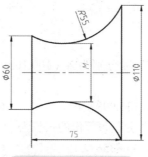

图 2-88　平面图形 2

"两弹一星"功勋科
学家：王大珩
SZD-002

9. 已知两圆的半径分别为 10 和 15，圆心距离为 50，则两圆的外公切线长度为_____。

A. 49.9474   B. 49.9484   C. 49.7944   D. 49.7494

10. 使用 RECtang 命令绘制如图 2-89 所示矩形，以下说法正确的是_____。

A. 设置第一个倒角距离为 10，第二个倒角距离为 5，从哪个角开始画均可

B. 从右下角开始绘制矩形，应设置第一个倒角距离为 10

C. 从右上角开始绘制矩形，应设置第一个倒角距离为 10

D. 从左下角开始绘制矩形，应设置第一个倒角距离为 10

11. 如图 2-90 所示，*R*5 圆弧（共 12 个）的弧长（使用 LIst 命令查询）为_____。

A. 15.3687   B. 15.6387   C. 15.8367   D. 15.7368

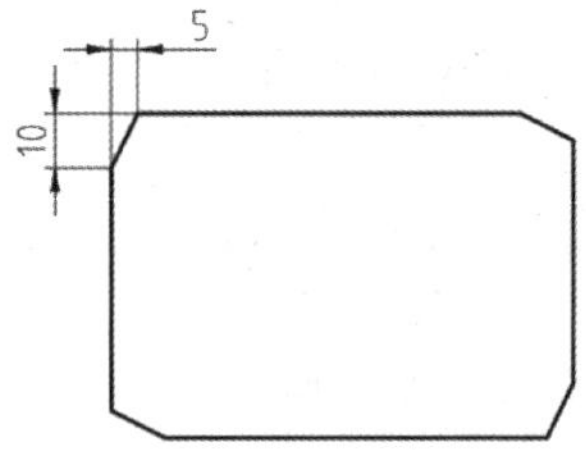

图 2-89　带倒角矩形

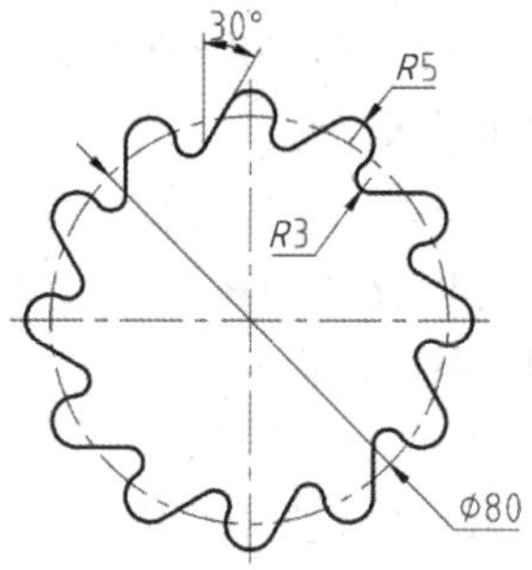

图 2-90　平面图形 3

12. 边长为 15 的正五边形的外接圆半径（使用 LIst 命令查询）为_____。

A. 12.7859   B. 12.7958   C. 12.7589   D. 12.7598

13. ARray 命令进行矩形阵列时，阵列的方向由_____确定。

A. 行、列的数量   B. 列间距和行间距的正负 C. 阵列角度   D. 系统给定

14. 关于 TRim 命令，以下说法正确的是_____。

A. 可以用不相交的线作为边界   B. 不可以修剪正多边形对象

C. 可以把某条线既作为边界又作为修剪对象   D. 必须选择某图线作为边界

15. 使用 Stretch 命令拉伸对象，完全在交叉窗口中的对象会被_____。

A. 移动   B. 拉伸   C. 拉长   D. 比例缩放

16. 使用 Hatch 命令填充图案，以下说法正确的是_____。

A. 边界不一定要封闭   B. 使用"拾取点"选项，边界必须要封闭

C. 使用"选择对象"选项，边界必须要封闭   D. 不封闭，得不到正确的剖面线

17. 使用夹点编辑不能_____。

A. 移动直线、圆等对象   B. 改变圆的大小

C. 旋转直线   D. 改变图形对象的颜色

18. 三角形顶点的绝对坐标分别为 *A*（100,100）、*B*（200,200）、*C*（150,300），则三角形 *BC* 边上的高为_____。

A. 134.1641   B. 135.0987   C. 134.0001   D. 133.9780

19. 将半径为 50 的圆 9 等分，每等份的弧长为_____。

A. 44.8799   B. 45.8356   C. 34.9066   D. 44.1256

20. 金属的剖面线即 45° 斜线的填充图案为_____。

A. ANSI37   B. ANSI30   C. ANSI31   D. ANSI32

2.6.2 绘图题

1. 打开在第 1 章 "实践训练" 中所建立的图形样板文件 "GB_A3.dwt"，如图 2-91 所示，建立图层，并保存文件。

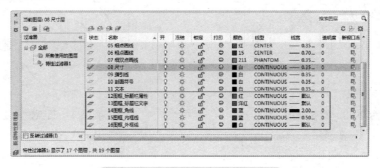

图 2-91 建立图框中的相关图层

2. 打开图形样板文件 "GB_A3.dwt"，绘制 GB/T 10609.1—2008《技术制图 标题栏》推荐的标题栏，如图 2-92 所示（不标注尺寸）。其中，标题栏的外框线绘制在 "15 图框 _ 内框线" 层；标题栏中右下角的投影符号，绘制在 "15 图框 _ 内框线" 和 "05 细点画线" 层；标题栏的其他图线都绘制在 "16 图框 _ 外框线" 层。绘制完成后，保存文件。

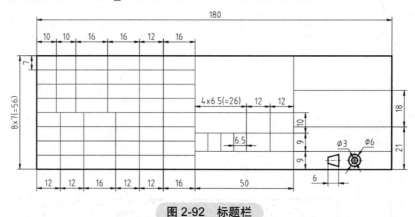

图 2-92 标题栏

3. 以 "GB_A3.dwt" 为样板新建图形文件，绘制如图 2-93 所示图形。

4. 以 "GB_A3.dwt" 为样板新建图形文件，绘制如图 2-94 所示图形。

5. 以 "GB_A3.dwt" 为样板新建图形文件，绘制如图 2-95 所示支架的三视图，并以 "支架三视图 .dwg" 为文件名保存。

6. 以 "GB_A3.dwt" 为样板新建图形文件，绘制如图 2-96 所示轴承座的三视图，并以 "轴承座三视图 .dwg" 为文件名保存。

7. 以 "GB_A3.dwt" 为样板新建图形文件，绘制如图 2-97 所示销轴的零件图，并以 "销轴零件图 .dwg" 为文件名保存。

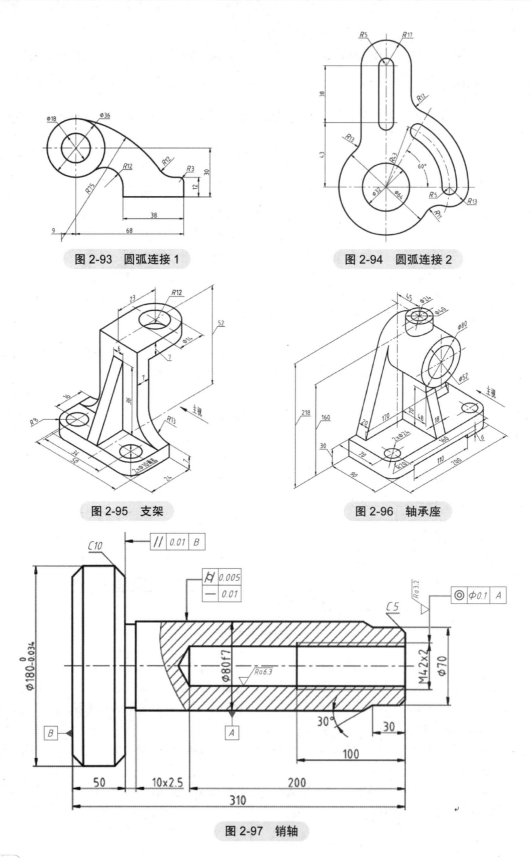

图 2-93 圆弧连接 1

图 2-94 圆弧连接 2

图 2-95 支架

图 2-96 轴承座

图 2-97 销轴

8. 以"GB_A3.dwt"为样板新建图形文件，绘制如图 2-98 所示轴支座的零件图，并以"轴支座零件图 .dwg"为文件名保存。

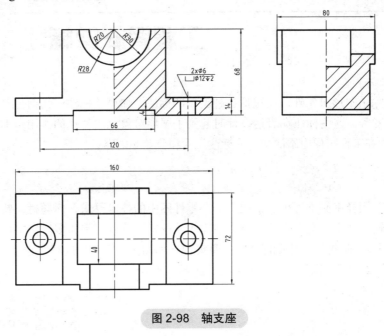

图 2-98 轴支座

第3章

工程图样的标注

工程图样除了图形对象外，还包括各种类型的标注，如尺寸标注、几何公差、表面结构要求、锥度和斜度等。这些标注在表达设计时起到了图形对象无法替代的作用。本章将讲解如何使用 AutoCAD 在工程图样中添加文字、标注尺寸和公差等内容。

3.1 文字

文字是工程图样中必不可少的组成部分。零件图中的技术要求、标题栏，装配图中序号和明细表都需要输入文字。文字主要涉及文字样式的设置、单行文字和多行文字命令以及一些常用符号和特殊符号的输入，相关的命令主要集中在如图 3-1 所示"注释"选项卡上的"文字"面板中和如图 3-2 所示"默认"选项卡上的"注释"面板中。

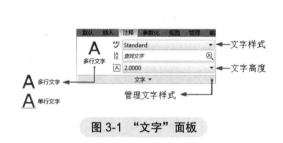

图 3-1 "文字"面板

图 3-2 "注释"面板

3.1.1 文字样式的设置

要正确的设置文字样式，需要了解国标对工程图样中字体的要求。GB/T 14691—1993《技术制图 字体》规定了汉字、字母和数字的结构形式和基本尺寸，主要内容有：

1）图样中的字体高度是一个系列值，即 1.8、2.5、3.5、5、7、10、14、20。字体高度用 h 来表示，同时代表了字体的号数。例如，10 号字的字高为 10mm。

2）汉字应写成长仿宋体，汉字的高度应不 <3.5mm，图 3-3 所示为国标中给出的汉字示例。

3）图样中的字母和数字可使用斜体或直体（正体）。斜体字的字头向右倾斜，与水平基准线成 75°。字母和数字分为 A 型和 B 型。同一张图样上，只允许选用一种形式的字体。

4）用作指数、分数、极限偏差和脚注等的数字及字母，一般采用小一号字体。

对于字母和数字，A 型字体笔画细一些，是字体高度的十四分之一；B 型字体的笔画粗一些，是字体高度的十分之一。图 3-4 所示为国标中给出的 A 型拉丁字母和数字，斜体与直体的示例。

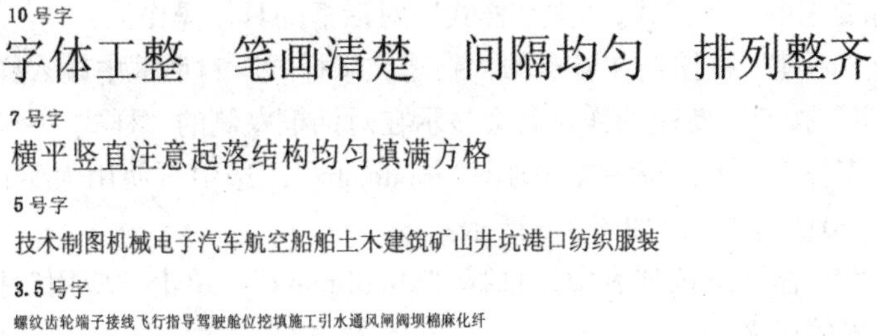

10号字
字体工整　笔画清楚　间隔均匀　排列整齐
7号字
横平竖直注意起落结构均匀填满方格
5号字
技术制图机械电子汽车航空船舶土木建筑矿山井坑港口纺织服装
3.5号字
螺纹齿轮端子接线飞行指导驾驶舱位挖填施工引水通风闸阀坝棉麻化纤

图 3-3　GB/T 14691—1993 汉字示例

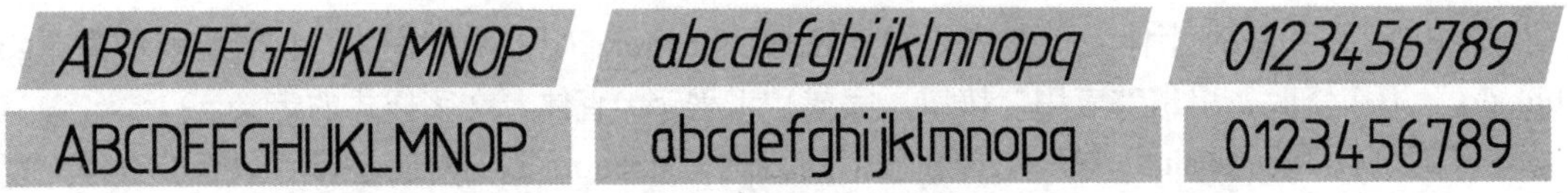

ABCDEFGHIJKLMNOP
abcdefghijklmnopq
0123456789
ABCDEFGHIJKLMNOP
abcdefghijklmnopq
0123456789

图 3-4　GB/T 14691—1993 拉丁字母和数字（A 型）示例

需要指出的是 GB/T 14665—2012《机械工程 CAD 制图规则》给出了字体与图纸幅面之间的选用关系，见表 3-1。但经测试，A0 图幅选用 5 号字体，图样中所标注的尺寸，尺寸数字会显的太小。因此，本教材建议，可依据 GB/T 14691—1993《技术制图 字体》根据图纸幅面选择合适的字体高度。

表 3-1　字体与图纸幅面的选用关系

字符类别	图幅				
	A0	A1	A2	A3	A4
	字体高度 *h*/mm				
字母与数字	5		3.5		
汉字	7		5		

注：*h*= 汉字、字母和数字的高度。

在 AutoCAD 中定义文字样式，可单击“文字”面板右下角的对话框按钮 ↘，对应命令 STyle，将打开如图 3-5 所示的“文字样式”对话框。

文字样式
当前文字样式：工程字-斜体
样式(S)：
Standard
工程字-斜体
工程字-直体
置为当前
重命名
删除
字体
SHX 字体(X)：
gbenor.shx
大字体(B)：
gbcbig.shx
使用大字体(U)
大小
注释性(I)
使文字方向与布局匹配(M)
高度(T)
0.0000
所有样式
效果
颠倒(E)
反向(K)
垂直(V)
宽度因子(W)：
1.0000
倾斜角度(O)：
0
AaBb123
置为当前(C)
新建(N)...
删除(D)
应用(A)
关闭(C)
帮助(H)

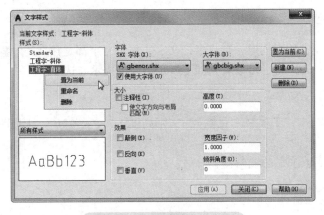

图 3-5　“文字样式”对话框

建立符合国标要求的文字样式，"文字样式"对话框的具体操作为：

步骤1：单击"新建"按钮，在显示的"新建文字样式"对话框中输入样式名为"工程字 - 斜体"，单击"确定"按钮。新建的样式名会显示在对话框左侧的"样式"列表框中。

步骤2：在"字体"下拉列表中，选择"gbeitc.shx"，选中"使用大字体"复选框，此时"字体"会显示为"SHX 字体"，如图3-5所示。

步骤3：在"大字体"下拉列表中，选择"gbcbig.shx"，单击"应用"按钮，完成"工程字 - 斜体"文字样式的定义。

步骤4：单击"新建"按钮，在"新建文字样式"对话框中输入样式名"工程字 - 直体"，单击"确定"按钮。

步骤5：在"SHX 字体"下拉列表中，选择"gbenor.shx"，"大字体"下拉列表仍为"gb-cbig.shx"不作修改，单击"应用"按钮，完成"工程字 - 直体"文字样式的定义。

SHX 字体"gbeitc.shx"对应字母和数字的斜体；"gbenor.shx"对应字母和数字的直体；"大字体"是 AutoCAD 为亚洲语言定义的字体，"gbcbig.shx"对应中文简体；"chineset.shx"对应中文繁体。

在"文字样式"对话框中，字体"高度"可设置为0。高度为0，在创建单行文字时，系统会提示"指定文字高度"，否则，将使用"文字样式"对话框中指定的"高度"。"宽度因子"为1，保持默认即可。这是因为 SHX 字体，已经对字体的高宽比作了处理，不需要再进行设置。一般情况下，字体的"倾斜角度"，保持默认0即可。除非一些特殊情况，如为轴测图标注尺寸时，需要定义字体的倾斜角度为 +30° 或 −30°。

如图3-5所示，在"样式"列表框中右键单击某一文字样式，从显示的快捷菜单中可选择"置为当前""重命名"和"删除"菜单项。创建文字时将使用当前文字样式，在"文字"面板的"文字样式"下拉列表中选择相应文字样式可将其置为当前，如图3-1所示。

> **【提示与建议】**
>
> 图形文件都包含有无法删除的"STANDARD"文字样式，应尽量定义自己的文字样式，而不要对"STANDARD"文字样式进行满足要求的设置；当前文字样式和已经使用的文字样式无法删除。

3.1.2 单行文字

TEXT 命令 A 单行文字，用于创建一行或多行文字，每行文字都是独立的对象。在命令行中，输入"TEXT"并按 <Enter> 键，可以看到如下所示命令的提示与选项。

```
命令：TEXT
当前文字样式："工程字 - 直体"  文字高度：2.5000  注释性：否  对正：左
指定文字的起点 或 [对正 (J) / 样式 (S)]：
指定高度 <2.5000>：5
指定文字的旋转角度 <0>：
```

TEXT 命令首先要求指定文字的起点，可直接在绘图区上单击或捕捉一个点作为文字的起点。如果当前文字样式的字体高度为 0，可在"指定高度"的提示下输入文字高度，再指定文字的旋转角度，即可在绘图区输入文字。文字输入完成后，按两次 <Enter> 键结束命令。

1）对正（J）：用于选择文字的对正方式。启用动态输入功能，该选项会显示如图 3-6 所示的快捷菜单，从中可以选择单行文字的哪个点与所指定的文字起点对正。单行文字上的点包括左下、中间、右上等，如图 3-7 所示。

2）样式（S）：输入样式名，以指定当前的文字样式。

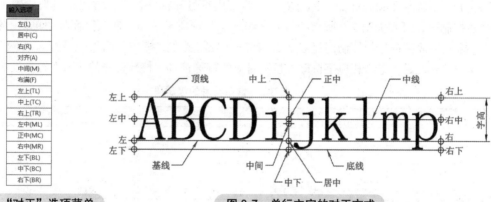

图 3-6 "对正"选项菜单　　　　图 3-7 单行文字的对正方式

在如图 3-6 所示的"对正（J）"选项菜单中，"对齐（A）"选项可使单行文字对齐指定的两个点，文字的高度按比例调整，文字越多，字高越矮；"布满（F）"选项，同样使单行文字对齐指定的两个点，但文字的高度固定，宽度按比例调整，即文字越多，字宽越窄。

3.1.3　多行文字

MText 命令 **A** 多行文字，用于创建由若干文字段落组成的多行文字对象。命令首先要求指定两个角点以定义一个矩形区域，矩形区域的宽度定义了多行文字对象的宽度；两个角点定义好之后，系统会在绘图区显示如图 3-8所示的在位文字编辑器以指定初始格式，输入文字。

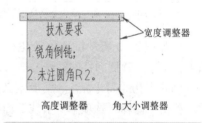

图 3-8 在位文字编辑器（多行文字）

同时系统会在功能区显示如图 3-9 所示的"文字编辑器"选项卡。使用选项卡上的命令按钮或控件，可定义多行文字的文字样式、格式、段落，并可对多行文字进行插入符号、拼写检查等操作。多行文字输入完成后，可在在位文字编辑器外单击鼠标左键或单击 按钮，结束命令。

MText 命令多使用"文字编辑器"选项卡创建和修改多行文字对象，因此其命令行选项很少使用，这里不再给出。

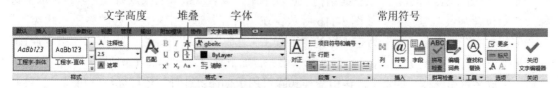

图 3-9 "文字编辑器"选项卡

【提示与建议】

　　单行文字和多行文字在创建好后，都可使用鼠标左键双击对象，使用系统显示的在位文字编辑器对文字内容进行修改。可使用 TXT2MTXT 命令将单行文字转化为多行文字，使用 eXplode 分解命令将多行文字转化为单行文字。

3.1.4　常用符号和特殊符号

　　TEXT 命令和 MText 命令都可输入一些常用符号和特殊符号。常用符号需要输入控制码。这些控制码，可在如图 3-9 所示的"文字编辑器"选项卡中的"插入"面板中单击"符号"按钮@插入。常用符号的控制码见表 3-2。特殊符号需要在"格式"面板中设置 gdt.shx 字体，在字体设置好之后，输入相应字符即可显示对应的特殊符号，特殊符号的输入字符见表 3-3。

表 3-2　常用符号的控制码

控制码	作用	示例	显示结果
%%d	°（度符号）	45%%d	45°
%%p	±（正负公差符号）	%%p0.2	± 0.2
%%c	φ（直径符号）	%%c10	φ 10
%%%	%（百分号）	20%%%	20%

表 3-3　特殊符号的输入字符

输入字符	作用	显示结果	输入字符	作用	显示结果
v	沉孔或锪平	⌴	y	锥度	▷
w	埋头孔	∨	a	斜度	∠
x	深度	↓	o	正方形	□

　　注：符号的大小可通过修改文字高度调整。

　　以如图 3-10 所示沉孔的简化标注为例，说明多行文字、常用和特殊符号的插入方法。

　　创建沉孔的简化标注，需要定义多重引线样式。单击"注释"选项卡"引线"面板右下角的对话框按钮 ↘ ，或在命令行中直接输入"MLS"并按 <Enter> 键，可打开"多重引线样式管理器"对话框。单击"新建"按钮，输入新样式名为"常用引线"，单击"继续"按钮，打开"修改多重引线样式：常用引线"对话框。在对话框的"引线格式"选项卡中，选择"箭头"的"符号"

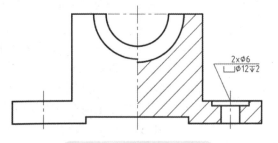

图 3-10　沉孔的简化标注

为"无"，如图 3-11a 所示；在"引线结构"选项卡中，设置"最大引线点数"为"3"，取消选择"自动包含基线"复选框，如图 3-11b 所示；在"内容"选项卡中，选择"多重引线类型"为"多行文字"，"文字样式"为定义好的"工程字 - 直体"，"文字高度"为"5"，"引线连接"为"水平连接"，"连接位置"左和右都选择"第一行加下划线"，如图 3-11c 所示。单击"确定"按钮，完成多重引线样式的定义。该引线样式除可用于标注沉孔外，还可标注倒角尺寸、英制螺纹的公称直径。因此，将其样式名定义为"常用引线"。

a)"引线格式"选项卡

b)"引线结构"选项卡

c)"内容"选项卡

图 3-11 "常用引线"多重引线样式

单击"引线"面板上的"多重引线"按钮 ⌐ 或在命令行中输入"MLEADER"并按 <Enter>
键，按图 3-10 所示，指定引线箭头的位置、下一点和引线基线的位置；在多行文字的在位文
字编辑器中输入"2×%%c6"，按 <Enter> 键换行，输入"v%%c12x2"。选择字母"v"，在如
图 3-9 所示的"文字编辑器"选项卡中的"格式"面板上选择"gdt.shx"字体即可显示出沉孔
符号，在"样式"面板上输入文字高度为"3.5"，按 <Enter> 键调整符号大小。使用相同方法，
设置字母"x"以显示深度符号，关闭在位文字编辑器。标注完成后，使用夹点编辑可调整多
行文字在引线上的位置；标注文字两行之间的间距可使用 PRoperties 命令，即在选择对象后按
<Ctrl+1> 快捷键，使用"特性"选项板对其行间距进行修改。

3.2 表格

表格在工程图样中很常见。例如，齿轮或弹簧的零件图，通常都会在图样的右上角，使用
表格列出齿轮或弹簧的参数；装配图中明细栏也称为明细表，在 AutoCAD 中也可以使用表格
创建。表格的命令按钮，主要集中在如图 3-12 所示"注释"选项卡上的"表格"面板中。本
节以图 3-13 所示 GB/T 10609.2—2009《技术制图 明细栏》附录 A 中规定的装配图明细栏为例，
讲解表格样式的设置和表格的创建。

图 3-12 "表格"面板

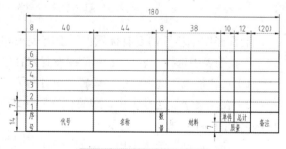
图 3-13 装配图明细栏

3.2.1 表格样式的设置

在插入表格前，首先要定义表格样式。在命令行中输入命令"TABLESTYLE"或单击"表格"面板右下角的对话框按钮 ↘，打开如图 3-14 所示的"表格样式"对话框。AutoCAD 提供的 Standard 表格样式有三种单元样式：标题、表头和数据，如图 3-15 所示。一般情况下，使用这三种单元样式即可创建满足各种要求的表格样式。

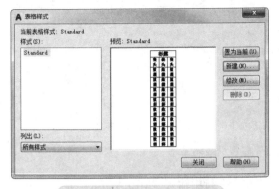

图 3-14　"表格样式"对话框

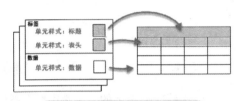

图 3-15　标题、表头和数据

在"表格样式"对话框中单击"新建"按钮，在打开的"创建新的表格样式"对话框中输入"新样式名"为"装配图明细栏"，单击"继续"按钮。在打开的如图 3-16a 所示的"新建表格样式"对话框中，按国标规定的装配图明细栏，首先设置"表格方向"为"向上"。

a)"常规"选项卡

b)"文字"选项卡

c)"边框"选项卡

图 3-16　"新建表格样式"对话框

装配图明细栏不需要有标题但需要有表头和数据。在如图 3-16a 所示的对话框的"单元样式"下拉列表中选择"表头"，相应的设置内容包括：

1）在"常规"选项卡中，设置"对齐"为"正中"；水平和垂直的"页边距"都为"0"。

2）在"文字"选项卡中，设置"文字样式"为定义好的"工程字 - 直体"，其他选项保持默认，如图 3-16b 所示。

3）在"边框"选项卡中，从如图 3-13 所示装配图明细栏中可以看到，由表头组成的两行都为粗实线，假设图样中粗实线的宽度为 0.7mm，在"线宽"下拉列表中选择"0.7mm"，然后单击"所有边框"按钮 ⊞，其他选项保持默认，如图 3-16c 所示。

在"单元样式"下拉列表中选择"数据"。"常规"和"文字"选项卡中各选项的设置与"表头"相同。从如图3-13所示装配图明细栏中可以看到,"数据"单元的左、右边框都为粗实线。因此,在"边框"选项卡中,选择"线宽"为"0.7mm",然后单击"左边框"按钮囲,再单击"右边框"按钮囲。这样,表格样式就设置好了。

需要指出的是由于单元格的行高由字体高度和垂直页边距决定,如果字体高度加上两个垂直页边距的高度大于想要设置的单元格行高,会导致系统不允许修改行高的情况出现。因此,这里将单元样式的页边距都设置为0。

3.2.2 表格的创建

新建的表格样式,系统会自动设置为当前。在命令行中输入"TABLE"或单击"表格"面板上的"表格"按钮,都可打开如图3-17所示的"插入表格"对话框。

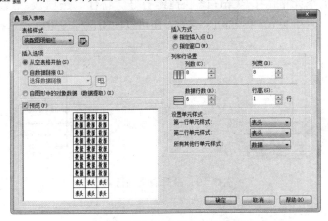

图3-17 "插入表格"对话框

一般情况下,都选择"从空表格开始"插入表格。"插入方式"有:

1)指定插入点:如果表格方向向下,指定的插入点将确定表格的左上角点;表格方向向上,插入点将确定表格的左下角点。

2)指定窗口:指定的窗口将确定表格的大小和位置。

注意:在"插入表格"对话框中指定的是数据行数,而不是表格的总行数。如果表格的总行数为n,则数据行数为$n-2$,"数据行数"不包括对话框下方要指定的表格第一行和第二行;对话框中的"行高"也不是行高的具体值,而是通过指定行数来确定行高。

依据如图3-13所示的装配图明细栏,设置表格的"列数"为"8";"列宽"设置为明细栏中最短一列的宽度"8";"数据行数"设置为"6";"行高"为"1"行;"第一行单元样式"和"第二行单元样式"都选择"表头";"所有其他行单元样式"选择"数据"。单击"确定"按钮。在绘图区合适的位置,指定表格的插入点。此时,系统要求输入表格的内容,这里先不输入内容,在表格外单击鼠标左键,退出单元格内容的设置。

1.设置表格的列宽和行高

设置表格各列的宽度,可沿插入表格的左边线画一条竖直的辅助线,使用Offset命令,按图3-13所示尺寸偏移出其他辅助线,如图3-18所示。之后,从右至左依次使用鼠标左键拖动表格上用于更改列宽的夹点■到相应辅助线。

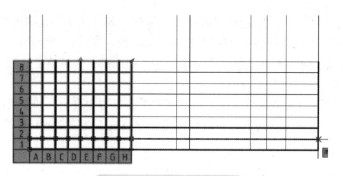

图 3-18　设置表格的列宽

设置表格各行的高度，如图 3-19 所示，使用鼠标左键单击表格上的 H1 单元格，按住 <Shift> 键再单击 H8 单元格，按 <Ctrl+1> 快捷键打开"特性"选项板，修改"单元高度"为 "7"。要选择多个单元格，除使用 <Shift> 键外，还可以使用鼠标左键拖动选择多个单元格。

图 3-19　设置表格的行高

2. 合并单元格

如图 3-19 所示，使用鼠标左键拖动选择 A1 和 A2 两个单元格。选定单元格后，系统会显示如图 3-20 所示的"表格单元"选项卡。在"合并"面板上，单击"合并单元"按钮，选择 "合并全部"（也可选择"按列合并"），合并 A1 和 A2 两个单元格。使用相同方法，按图 3-13 所示合并其他单元格。

图 3-20　"表格单元"选项卡

"表格单元"选项卡，常用的功能主要有：

● "行"面板：选定单元格，单击"从上方插入"或"从下方插入"按钮，可在单元格的上方或下方插入行；单击"删除行按钮"，将删除单元格所在的行。

● "列"面板：同"行"面板，用于在选定单元格的左侧或右侧插入列或删除单元格所在的列。

● "合并"面板：将选定的单元格合并到一个大单元中。可选择"合并全部""按行合并"或"按列合并"；"取消合并单元"按钮用于取消之前的合并。

● "匹配单元"按钮：用于将选定单元格的特性应用到其他单元格。

● "对齐"选项 ⊟ ：将单元格的内容按图 3-21 所示的选项对齐。

● "编辑边框"按钮 ⊞ 编辑边框 ：单击将打开如图 3-22 所示的"单元边框特性"对话框。可选择不同的"线宽""线型"和"颜色"，然后单击相应按钮，如"所有边框"按钮⊞ 或"内部垂直边框"按钮 || 等，将这些特性应用到所选边框。

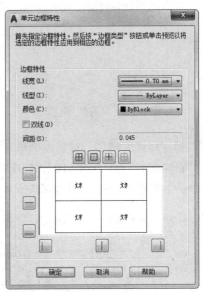

图 3-21 "对齐"选项菜单　　　　图 3-22 "单元边框特性"对话框

3. 输入表格内容

在表格的样式设置完成后，即可双击某个单元格，按图 3-13 所示向单元格中输入内容。在单元格内换行的操作和 EXCEL 相同，需要按住 <Alt> 键再按 <Enter> 键；一个单元格的内容输入完成后，可按键盘上的方向键切换到下一个单元格。

3.3　尺寸标注

在工程图样中，一组视图用于表达设计对象的形状、结构等内容，设计对象的大小必须依据所标注的尺寸。尺寸标注要求正确、完整、清晰、合理，GB/T 4458.4—2003《机械制图 尺寸注法》和 GB/T 16675.2—2012《技术制图 简化表示法 第 2 部分：尺寸注法》对于尺寸标注的方法都作出了详细的规定。

AutoCAD 将与尺寸标注相关的命令都组织在"注释"选项卡上的"标注"面板中，如图 3-23 所示。在 AutoCAD 中标注尺寸的操作非常简单，使用一个标注命令 DIM 即可标注出如图 3-24 所示平面图形的所有尺寸。但是，使用 AutoCAD 标注尺寸，必须要对标注样式进行符合国标要求的设置。

3.3.1　标注样式的设置

在命令行中输入命令"DIMSTY"或单击"标注"面板右下角的按钮 ↘ ，可打开如图 3-25 所示的"标注样式管理器"对话框。下面以设置符合国标要求的标注样式为例，来讲解标注样式设置的主要选项。

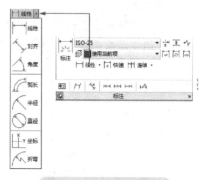

图3-23　"标注"面板

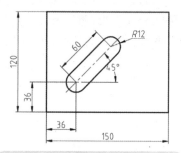

图3-24　平面图形尺寸标注示例

在"标注样式管理器"对话框中单击"新建"按钮，在打开的"创建新标注样式"对话框中输入"新样式名"为"GB-h10"，该样式名表示字体高度为10mm，其他选项如图3-26所示。单击"继续"按钮，会打开如图3-27所示的"创建新标注样式"对话框。

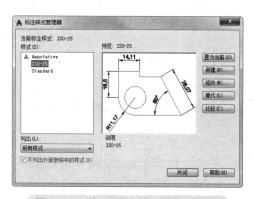

图3-25　"标注样式管理器"对话框

图3-26　"创建新标注样式"对话框

1. 尺寸线和尺寸界线的设置

"新建标注样式"对话框的"线"选项卡，如图3-27所示，用于设置尺寸线和尺寸界线。由于标注的尺寸通常放置在08尺寸层中，因此可将尺寸线和尺寸界线的"颜色""线型"和"线宽"都设置为"ByLayer"。当然，尺寸线和尺寸界线也可明确指定为Continuous线型和细实线对应线宽而不使用ByLayer。

1）超出标记：指尺寸线超出尺寸线的距离。由于机械图样中的箭头为"实心闭合"箭头，因此这里不能也没必要设置超出标记的大小。

2）基线间距：指采用基线标注（DIMBASE）时，两条尺寸线之间的距离，如图3-28所示。通常，这个距离可以设置为比图样中的文字高度大两号的字体高度。由于字体高度为10mm，所以基线间距设置为20。

3）超出尺寸线：尺寸界线超出尺寸线的距离，如图3-28所示。根据国标尺寸界线应超出尺寸线2~3mm，因此这里设置超出尺寸线为3。

4）起点偏移量：定义标注的点到尺寸界线起点之间的距离，如图3-28所示。根据国标起点偏移量应设置为0。

图 3-27 "线"选项卡

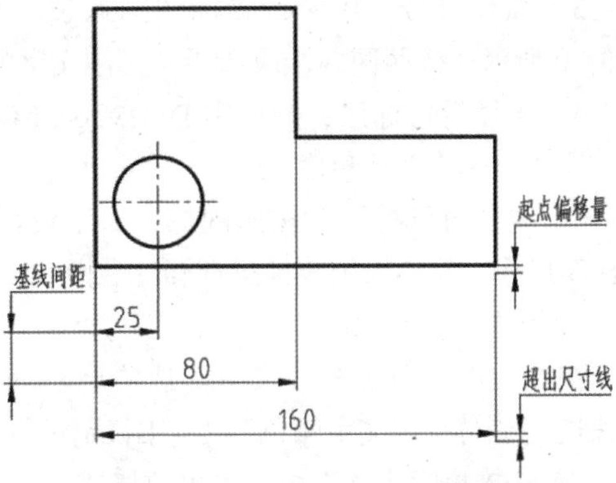

图 3-28 "线"选项卡选项示例

5）隐藏：对应有四个复选框：尺寸线 1、尺寸线 2、尺寸界线 1 和尺寸界线 2。图样中绝大多数的尺寸都不需要隐藏尺寸线和尺寸界线。因此，这四个复选框都不选择；个别需要隐藏一侧尺寸线和尺寸界线的尺寸，可使用"特性"选项板设置隐藏。

6）固定长度的尺寸界线：图样中尺寸界线的长度大多都是根据实际情况变化的，因此不选择该复选框。

2. 符号和箭头的设置

在如图 3-29 所示的"符号和箭头"选项卡上，选择三个箭头都为"实心闭合"；按照国标规定箭头的宽度为 $1b$（b 为图样中粗实线的宽度），箭头的长度应 $\geqslant 6b$，这里将"箭头大小"设置为"7"，即比图样中字体高度小一号的字体高度，基本可以满足要求。

1）圆心标记：指使用 DIMCENTER 命令，为圆心添加的标记。可采用"标记"和"直线"两种形式，如图 3-30 所示。可以看到这两种形式都不符合国标，因此将圆心标记设置为"无"。

图 3-29 "符号和箭头"选项卡

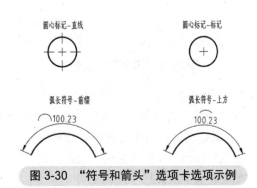

图 3-30 "符号和箭头"选项卡选项示例

2）折断大小：指使用 DIMBREAK 命令打断尺寸线或尺寸界线时，默认的打断距离。按照国标，尺寸线或尺寸界线应尽量不要与其他对象相交，即使相交也不需要打断（轴测图的个别尺寸标注除外）。因此，该选项保持默认即可。

3）弧长符号：用于设置标注圆弧长度时，弧长符号是在标注文字的前方还是上方，如图 3-30 所示。按照国标，应选择"标注文字的前缀"。

4）半径折弯标注：指使用 DIMJOGGED 命令对半径尺寸进行折弯标注时所采用的折弯角度，该选项保持默认角度 45°。

5）线性折弯标注：按照国标，对于较长杆件采用断开缩短的简化画法，但仍需标注实际的长度尺寸，而不采用线性折弯标注。因此，该选项保持默认即可。

3. 尺寸数字的设置

在如图 3-31 所示的"文字"选项卡上，选择"文字样式"为定义好的"工程字 - 直体"或"工程字 - 斜体"；"文字颜色"为"ByLayer"；填充颜色"为"无"；"文字高度"为"10"。

1）分数高度比例：由于主单位格式为"小数"，因此这里不能也不必设置分数高度比例。

2）绘制文字边框：在文字的外围显示一个矩形的边框，不选择该复选框。

3）文字位置：由于采用 ISO-25 标注样式为基础样式，默认的选项都符合国标。其他选项，读者可选择设置一下，在对话框右上角的预览框中可查看这些选项的效果。

4）从尺寸线偏移：指尺寸数字和尺寸线之间的距离，如图 3-32 所示，可设置为"2"。

5）文字对齐：可选择"水平""与尺寸线对齐"和"ISO 标准"。其中，仅当标注角度的尺寸时才选择"水平"。当尺寸数字在尺寸界线内时，"与尺寸线对齐"和"ISO 标准"两者效果相同；当尺寸数字在尺寸界线外时，如图 3-32 所示，"ISO 标准"的尺寸数字水平，"与尺寸线对齐"的尺寸数字仍保持与尺寸线对齐。因此，这里可选择"ISO 标准"。

图 3-31 "文字"选项卡

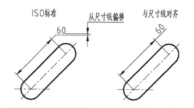

图 3-32 "文字"选项卡选项示例

4. 调整设置

在"调整"选项卡上，所有选项与 ISO-25 标注样式保持一致，如图 3-33 所示。

1）调整选项：用于设置当尺寸界线之间没有足够的空间用来放置文字和箭头时，首先从尺寸界线中移出"文字或箭头（取最佳效果）"、"箭头"、"文字"，还是"文字和箭头"都移出，或"始终将文字放在尺寸界线之间"。

2）文字位置：用于设置当文字不在默认位置时，将其放置在"尺寸线旁边""尺寸线上方，带引线"还是"尺寸线上方，不带引线"。

3）使用全局比例：如图 3-34 所示，如果将标注特征的全局比例设置为 0.5，则标注样式中所设置的"基线间距""文字高度""箭头大小"等都将乘以该比例。由此，如果图样中的文字高度为 7，在新建标注样式时可以 "GB-h10" 为基础样式，仅修改该比例为 0.7 即可。

4）优化：在标注尺寸时，通常不选择 "不手动放置文字"、而是选择 "在尺寸界线之间绘制尺寸线"。

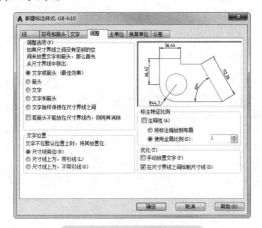

图 3-33　"调整" 选项卡

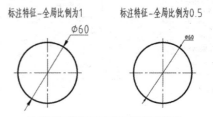

图 3-34　标注特征全局比例

5. 主单位设置

在如图 3-35 所示的 "主单位" 选项卡上，对于机械图样 "线性标注" 的 "单位格式" 选择 "小数"；"精度" 可以根据需要选择保留小数点的位数，这里选择保留小数点后两位；"小数分隔符"，注意应修改为 "句点"，而不使用 "逗号" 或 "空格"；"舍入" 保持默认 0。

1）测量单位比例：如图 3-36 所示，修改该比例为 2，则一个实际大小为 $\phi60$ 的圆，在标注直径时，其尺寸将显示为 $\phi120$。因此，除非图样中有需要标注尺寸的局部放大图，一般情况下，不修改该比例。

2）消零：保持默认选项，不选择 "前导" 复选框，否则 0.5 将显示为 .5；但选择 "后续" 复选框，即 12.50 显示为 12.5。

3）角度标注：保持默认选项，必要时可设置不同的单位格式和精度。同样，不消除前导零，但消除后续零。

图 3-35　"主单位" 选项卡

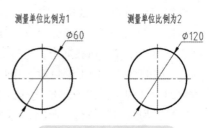

图 3-36　测量单位比例

6. 换算单位和公差设置

　　"换算单位"选项卡，如图 3-37 所示，用于设定标注尺寸时，换算单位的显示及其格式和精度等内容。在机械图样中，一般情况下，不需要显示换算单位，所以不选择"显示换算单位"复选框。该选项卡中的大部分选项作用与"主单位"选项卡相同，不再重复讲解。

　　"公差"选项卡，如图 3-38 所示，用于设定尺寸中公差的显示及格式。尺寸公差的标注，一般不在标注样式中进行设置，其具体标注方法，可参看教材 3.4.1 节。

图 3-37　"换算单位"选项卡　　　　　图 3-38　"公差"选项卡

7. 角度标注样式和样式替代

　　新建的"GB-h10"标注样式将用于所有标注，可以看到该标注样式还有一处不符合国标，即角度的尺寸数字。按照国标要求，角度的尺寸数字应水平注写。

　　在"标注样式管理器"对话框中单击"新建"按钮，在如图 3-26 所示的"创建新标注样式"对话框中，"新样式名"不作修改，在"用于"下拉列表中选择"角度标注"，单击"继续"按钮；在如图 3-31 所示的"文字"选项卡上，选择"文字对齐"为"水平"，单击"确定"按钮。完成整个标注样式的设置。

　　下面，通过一个实际的例子说明"标注样式管理器"对话框中"替代"按钮的作用。使用"GB-h10"标注样式标注如图 3-39a 所示的平面图形，当直径尺寸 φ144 在圆内时，将不显示完整的尺寸线。此时，可单击"标注样式管理器"对话框中的"修改"按钮，修改"GB-h10"标注样式。在如图 3-33 所示"调整"选项卡上，设置"调整选项"为"箭头"或"文字"，此时可以看到直径尺寸 φ144 显示出完整的尺寸线，但半径尺寸 R480 的尺寸线也会完整的显示出来（尺寸线延伸至圆心），这就产生了两种设置相互冲突的情况。此时，可单击"标注样式管理器"对话框中的"替代"按钮，设置"调整选项"为"箭头"或"文字"，在"标注样式管理器"对话框的"样式"列表框中，可以看到系统创建了"GB-h10"标注样式的"样式替代"。再标注 φ144 圆的直径，即可避免设置相互冲突的情况，如图 3-39b 所示。

　　在后续的标注中，如果不再使用样式替代，可选择原标注样式，单击"标注样式管理器"对话框中的"置为当前"按钮，此时，系统会提示"是否放弃样式替代"，单击"确定"按钮，"样式替代"将被删除。

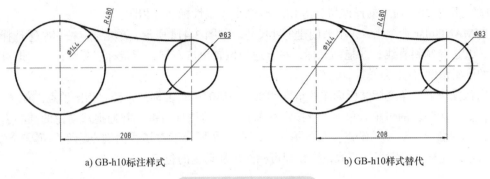

a) GB-h10标注样式　　　　　　　　b) GB-h10样式替代

图 3-39　标注样式替代

3.3.2　尺寸标注的创建

DIM 命令，可以创建多种类型的标注。除此之外，AutoCAD 还提供了相应命令以明确创建各种类型的标注，这些命令按钮都在如图 3-23 所示的"标注"面板上；另外，在"默认"选项卡的"注释"面板上，也可以找到这些命令按钮。

1. 线性标注

DIMLINear 命令 ⊢ 线性，主要用于标注尺寸线水平或竖直的尺寸。以圆柱的尺寸标注为例。如图 3-40a 所示，单击 ⊢ 线性 按钮，①捕捉圆柱投影矩形的左下角点；②捕捉矩形的右下角点；③拖动光标，在合适的位置单击鼠标左键确定尺寸线的位置，即可标注出圆柱的长度。除了捕捉参考点外，DIMLINear 命令还可通过选择对象的方式来标注尺寸。

如图 3-40b 所示，单击 ⊢ 线性 按钮，①直接单击鼠标右键，此时系统要求"选择标注对象"，选择矩形的左边线；②按键盘上的 <↓> 方向键，选择"多行文字（M）"选项，按 <Enter> 键，使用多行文字在位编辑器在尺寸数字 100 的前方输入"%%c"，在编辑器外单击鼠标左键，完成前缀 φ 的添加；③拖动光标，在合适的位置单击鼠标左键，即可标注出圆柱的直径。

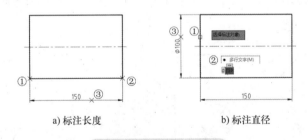

a) 标注长度　　　　　　b) 标注直径

图 3-40　线性标注示例

DIMLINear 命令，除提供"多行文字（M）"选项外，命令其他选项的作用为：

1）文字（T）：可在命令提示下自定义标注文字，同样可为尺寸数字添加前缀或后缀。

2）角度（A）：用来修改标注文字的角度。

3）水平（H）和垂直（V）：分别用来创建尺寸线水平和尺寸线竖直的尺寸。

4）旋转（R）：用来标注尺寸线呈一定角度的尺寸。

2. 对齐标注和角度标注

DIMALIgned 命令 ⟍ 对齐，通常用来标注尺寸线倾斜的尺寸。如图 3-41a 所示槽的深度尺寸

50 和宽度尺寸 20。命令的操作与 DIMLINear 命令（线性标注）相同。

DIMANGular 命令△角度，用来创建角度尺寸。如图 3-41a 所示，单击△角度按钮，①选择水平直线；②选择倾斜直线；③拖动光标，在合适的位置单击左键，指定标注弧线位置，即可标注出槽的倾斜角度。

默认操作下，角度标注所标注的角度<180°；>180°的角度标注，需要指定顶点。如图 3-41b 所示，标注从动轮的包角。单击△角度按钮，①直接单击鼠标右键，并捕捉从动轮的圆心为角的顶点；②捕捉上方切线的端点为角的第一个端点，③捕捉下方切线的端点为角的第二个端点；④向右拖动光标，指定标注弧线位置，即可标注出从动轮的包角。

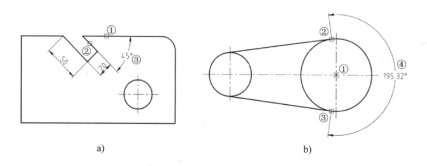

a)　　　　　　　　　　　　　　b)

图 3-41　倾斜标注和角度标注示例

角度标注命令还可以选择圆弧，标注出圆弧的圆心角。

3. 半径、直径和弧长标注

DIMRADius 命令⌒半径，用来标注圆或圆弧的半径；DIMDIAmeter 命令◯直径，用来标注圆或圆弧的直径；DIMARC 命令⌒弧长，用来标注圆弧的弧长，如图 3-42 所示。这三个命令的操作相同，在启动命令后，先选择圆或圆弧，再指定尺寸的放置位置即可。需要注意的是，按国标要求圆心角 ≤ 180° 的圆弧应标注半径；圆心角 > 180° 的圆弧或整圆应标注直径。

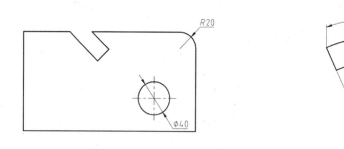

图 3-42　半径、直径和弧长标注示例

4. 半径折弯标注

DIMJOGGED 命令⌒折弯，用来创建尺寸较大圆弧的半径折弯标注。如图 3-43 所示，在启动命令后，①选择圆弧；②指定图示中心位置，图示中心位置是指新圆心位置，用来代替圆弧的实际圆心；③指定尺寸线位置；④指定折弯位置，完成半径折弯标注。

上述对齐、角度、半径、直径、弧长等标注命令，都包含有"多行文字（M）""文字（T）"和"角度（A）"选项，这些选项的作用同 DIMLINear 线性标注命令。

5. 连续标注和基线标注

DIMCONTinue 命令 ⊢⊣连续，用于标注同一个方向上一组彼此首尾相接的链式尺寸。DIM-BASEline 命令 ⊢⊣基线，用于标注同一个方向上从同一个基准注起的坐标式尺寸。

连续标注和基线标注都需要有一个基准，在标注如图 3-44 所示的尺寸时，可先使用线性

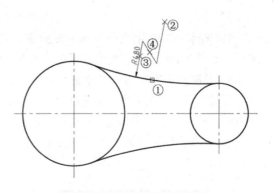

图 3-43　半径折弯标注示例

标注命令标注出尺寸 32，再单击 ⊢⊣连续 按钮，从左向右依次捕捉四个大圆和一个小圆竖直中心线的端点，按两次 <Enter> 键结束命令。标注如图 3-45 所示的尺寸，操作与连续标注相同。

在进行连续标注或基线标注的过程中，如果系统给出的基准不是想要的基准，此时可按 <Enter> 键，选择基准。标注如图 3-44 所示尺寸时，连续标注需选择尺寸 32 右侧的尺寸界线；标注如图 3-45 所示尺寸时，基线标注需选择尺寸 32 左侧的尺寸界线。

连续标注和基线标注还可用于角度标注和坐标标注。

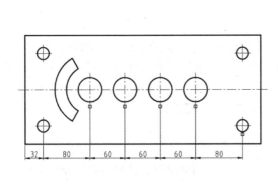

图 3-44　连续标注示例

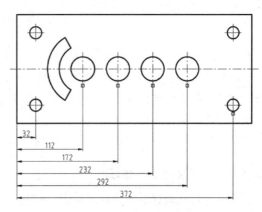

图 3-45　基线标注示例

6. 快速标注

QDIM 命令 ⊢⊣快速，可通过一次选择多个对象，同时标注出多个相同类型的尺寸。QDIM 命令，在命令行中的提示与选项为：

命令：QDIM
选择要标注的几何图形：
    指定尺寸线位置或　[连续 (C)/并列 (S)/基线 (B)/坐标 (O)/半径 (R)/直径 (D)/基准点 (P)/编辑 (E)/设置 (T)]<连续>：

1）连续（C）和基线（B）：为所选对象快速生成连续标注和基线标注。

2）半径（R）和直径（D）：为所选的圆或圆弧生成半径和直径标注。

3）并列（S）：生成尺寸线以恒定增量相互偏移的并列标注，如图 3-46a 所示。

4）坐标（O）：生成一系列坐标标注，其中元素以单个尺寸界线以及 x 坐标或 y 坐标进行注释，如图 3-46b 所示。坐标值相对于基准点测量。

5）基准点（P）：为基线标注和坐标标注设置新的基准点。如图 3-46b 所示，进行坐标标注时，可选择矩形的左下角点为基准点。

6）编辑（E）：编辑选择对象后所确定的标注点，可删除或添加标注点。

7）设置（T）：设置关联标注的优先级，可选择"端点"优先或"交点"优先。

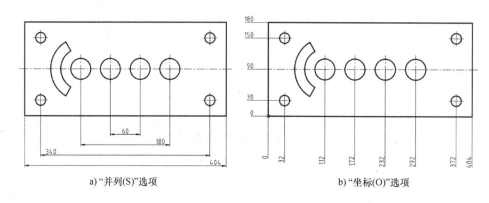

a)"并列(S)"选项　　　　　　　　　　　　b)"坐标(O)"选项

图 3-46　快速标注示例

7. DIM 命令

DIM 命令，可在同一命令任务中创建多种类型的标注。命令支持的标注类型包括线性标注、对齐标注、角度标注、半径标注、直径标注、折弯半径标注、弧长标注、基线标注和连续标注。将光标悬停在标注对象上时，系统将根据对象类型显示所支持标注类型的预览，DIM 命令的具体操作与所支持标注类型的操作基本相同，这里不再重复讲解。

3.3.3　尺寸标注的修改

尺寸标注在创建好之后还可对其进行修改。主要的命令和操作有：倾斜标注、修改标注文字、调整标注间距以及使用夹点编辑。

1. 倾斜标注

标注尺寸时，尺寸界线应与尺寸线垂直。当尺寸界线过于靠近轮廓线时，如图 3-47a 所示，允许倾斜。要倾斜标注，可单击"标注"面板上的"倾斜"按钮，选择尺寸 60 和 40；确认后输入倾斜角度 −30°，按 <Enter> 键即可完成倾斜标注。之后，可使用夹点编辑，调整尺寸数字的位置，结果如图 3-47b 所示。倾斜角度是以用户坐标系的 X 轴为基准进行测量的，可在绘图区通过指定两个点来确定倾斜角度。

需要指出的是，倾斜标注实际上是 DIMEDit 命令的"倾斜（O）"选项，由于该命令的其他选项很少使用到，这里不再对其进行讲解。

2. 修改标注文字

修改标注文字包括文字内容、文字角度和文字位置的修改。

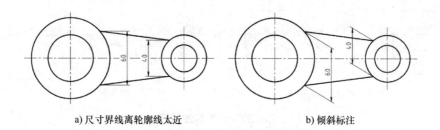

a) 尺寸界线离轮廓线太近　　　　　　　　b) 倾斜标注

图 3-47　倾斜标注示例

修改文字内容，可使用 TEXTEDIT 命令。启动命令后，选择标注的尺寸，即可使用多行文字的在位文字编辑器对尺寸数字进行修改。TEXTEDIT 命令的快捷方式是直接在标注尺寸上双击鼠标左键。例如，使用鼠标左键双击如图 3-48 所示尺寸 100，即可使用在位文字编辑器为其添加前缀"ϕ"，添加后缀公差带代号"f7"。如果不小心删除了原有的尺寸数字，可以输入尖括号（<>），重新显示出尺寸数字。实际上，在单行文字或多行文字对象上双击鼠标左键，对文字对象进行修改，启动的也是 TEXTEDIT 命令。

修改尺寸标注的文字角度可使用 DIMTEDit 命令的"角度（A）"选项。该选项可直接单击"文字角度"按钮，选择某个标注尺寸。如图 3-48 所示尺寸 198，然后指定标注文字的角度 30°，按 <Enter> 键，即可完成修改。通常，不需要修改尺寸数字的角度。

修改文字位置，除使用夹点编辑外，还可使用 DIMTEDit 命令的"左对齐（L）"选项（对应"左对正"按钮），"居中（C）"选项（对应"居中对正"按钮）和"右对齐（R）"选项（对应"右对正"按钮），来修改标注文字的位置，如图 3-49 所示。

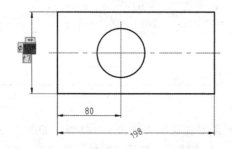

图 3-48　修改标注文字的内容和角度

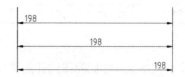

图 3-49　修改标注文字位置

3. 调整标注间距

DIMSPACE 命令，用于调整线性尺寸和角度尺寸之间的间距。启动命令后，如图 3-50a 所示，①选择"基准标注"；②③选择"产生间距的标注"；确认后，默认为"自动"选项，系统将依据标注文字高度的两倍自动计算间距。也可输入具体间距的数值，如图 3-50b 所示，间距为 0，可对齐标注。

4. 使用夹点

尺寸标注的夹点主要有两处：如图 3-51a 所示的文字夹点，主要用于调整尺寸数字在尺寸线上的位置；如图 3-51b 所示的尺寸线夹点，主要用于调整尺寸线的位置。将光标悬停在这两处夹点上，会显示相应的快捷菜单，其作用见表 3-4。

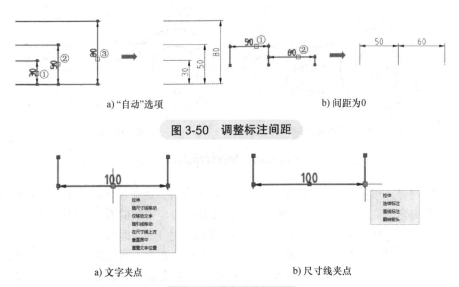

a) "自动"选项　　　　　　　　　　　b) 间距为0

图 3-50　调整标注间距

a) 文字夹点　　　　　　　　　　　b) 尺寸线夹点

图 3-51　调整标注间距

表 3-4　文字和尺寸线夹点快捷菜单项作用

文字夹点		尺寸线夹点	
拉伸	如果文字放置在尺寸线上, 拉伸将移动尺寸线, 使其远离或靠近正在标注的对象	拉伸	拉伸尺寸界线以移动尺寸线, 使其远离或靠近所标注的对象
随尺寸线移动	将文字放置在尺寸线上, 然后将尺寸线远离或靠近被标注对象	连续标注	调用 DIMCONTinue 命令
仅移动文字	定位标注文字而不移动尺寸线	基线标注	调用 DIMBASEline 命令
随引线移动	将带有引线的标注文字定位到尺寸线	翻转箭头	翻转标注箭头的方向
垂直居中	定位标注文字, 以使尺寸线穿过垂直居中的文字		
重置文字位置	将标注文字移回其默认的位置		

5. 隐藏尺寸线和尺寸界线

在半剖视图上, 非圆视图圆孔的直径尺寸, 有时需要隐藏尺寸线和尺寸界线, 如图 3-52 所示的尺寸 $\phi 33$。此时, 可先标注出该尺寸。按 <Ctrl+1> 快捷键, 打开"特性"选项板。使用鼠标左键选择尺寸, 在"特性"选项板中, 关闭相应的尺寸线和尺寸界线。

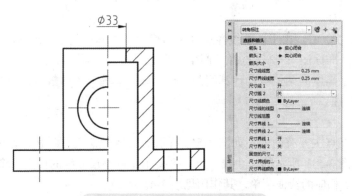

图 3-52　隐藏尺寸线和尺寸界线

3.4　公差的标注

3.4.1　尺寸公差的标注

在加工过程中，零件的尺寸不可能做到绝对准确，而且也无此必要。因此，在设计零件时，应根据其要求并考虑加工的可能性和经济性，给零件的尺寸一个允许的变动量，这个变动量称为尺寸公差。在 AutoCAD 中，尺寸公差的标注可采用文字堆叠的方式实现。

尺寸公差在零件图中的标注有三种形式，具体可参考工程图学教材。这里以图 3-53a 所示公称尺寸后标注上、下极限偏差数值的形式为例，讲解其标注过程。启动线性标注 DIMLINear 命令后，捕捉圆孔左下角点，捕捉圆孔的右下角点；输入"M"并按 <Enter> 键，在多行文字的在位文字编辑器中为尺寸数字 100 添加前缀 φ，添加后缀 +0.035^ 0（注意 0 前方有一空格），使用鼠标拖动选择"+0.035^ 0"，单击"格式"面板上的"堆叠"按钮 ；关闭文字编辑器，结束文字的修改；拖动光标，在合适的位置单击鼠标左键指定尺寸线位置，完成标注。

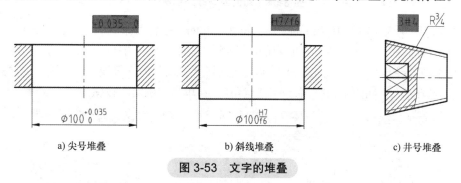

a) 尖号堆叠　　　　　　　b) 斜线堆叠　　　　　　　c) 井号堆叠

图 3-53　文字的堆叠

尺寸公差在装配图中需在公称尺寸后标注出配合代号，配合代号用孔、轴公差带代号组合成分数的形式表示，分子为孔的公差带代号，分母为轴的公差带代号，如图 3-53b 所示。在标注时可采用斜线堆叠，即 H7 和 h6 之间为斜线，具体操作同上述尖号堆叠。

在标注英制管螺纹的公称直径时，应从螺纹大径上用引线引出标注，公称直径的单位是英寸，其数值如果是分数常采用斜线的形式，如图 3-53c 所示。其标注可使用多重引线 MLEAD-ER 命令。多重引线的样式可参考教材 3.1.4 节的常用引线的相关内容；在多行文字的在位文字编辑器中，于 3 和 4 之间插入 # 字符进行堆叠。

3.4.2　几何公差的标注

零件在加工过程中，除尺寸误差外，还会出现形状误差和位置误差。所谓形状误差是指加工后零件上的实际要素（线、圆、平面、圆柱面等）相对于理想形状的误差；位置误差是指零件的各表面之间、轴线之间或表面与轴线之间的实际相对位置对理想相对位置的误差。形状误差和位置误差统称为几何误差，用几何公差来控制。

有基准要求的几何公差，其标注由公差框格和基准符号两部分组成，如图 3-54a 所示的平行度以及图 3-54b 所示的同轴度。公差框格部分可采用快速引线标注；基准符号部分可采用多重引线标注。下面以图 3-54a 为例，讲解相关命令的使用方法。

1. 公差框格

快速引线 qLEader 命令 ，用于创建引线和引线注释。

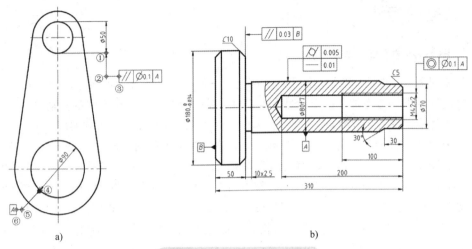

a)   b)

图 3-54　几何公差标注示例

在命令行中输入"LE"按 <Enter> 键，再按 <Enter> 键启用命令的"设置"选项，可打开"引线设置"对话框。在如图 3-55a 所示的"注释"选项卡上，选择"注释类型"为"公差"；在如图 3-55b 所示的"引线和箭头"选项卡上，选择"引线"为"直线"，"点数"为"3"，"箭头"为"实心闭合"，"角度约束"都为"任意角度"；单击"确定"按钮。

a)"注释"选项卡　　　　　　　　　　　b)"引线和箭头"选项卡

图 3-55　"引线设置"对话框

如图 3-54a 所示，①指定第一个引线点为尺寸 $\phi 50$ 下方的点；②③为指定下一点；注意①②所指定两点的连线应与尺寸 $\phi 50$ 的尺寸线对齐，用以指明被测要素为 $\phi 50$ 圆孔的轴线，②③所指定两点的连线应水平。此时系统会打开如图 3-56 所示的"形位公差"对话框，单击"符号"下方的黑色方框，在如图 3-57 所示"特征符号"对话框中选择"平行度"符号；在"公差 1"下方的文本框中输入公差数值"0.1"，单击 0.1 前方的黑色方框插入直径符号（直径符号也可在公差数值 0.1 的前方直接输入"%%c"来添加）；在"基准 1"下方的文本框中输入基准代号"A"；单击"确定"按钮，完成公差框格的标注。

另外，如果单击公差数值 0.1 后方的黑色方框，将打开如图 3-58 所示"附加符号"对话框，用以为公差数值添加包容条件符号。

2. 基准符号

几何公差的基准符号可采用多重引线标注。在命令行中输入"MLS"并按 <Enter> 键，在打开的"多重引线样式管理器"对话框中，单击"新建"按钮，输入新样式名为"基准符号 - 水平"，单击"继续"按钮。在如图 3-59a 所示对话框的"引线格式"选项卡中，选择箭头的"符号"为"实心基准三角形"，"大小"可设置为比文字高度小一号的字体高度"7"。如图 3-59b 所示，在"引线结构"选项卡中设置"最大引线点数"为"3"，取消选择"自动包含基线"复选框。如图 3-59c 所示，在"内容"选项卡中，选择"多重引线类型"为"多行文字"，"文字样式"为定义好的"工程字-直体"，"文字高度"为"10"，选中"文字边框"复选框，"引线连接"为"水平连接"，"连接位置"左和右都选择"第一行中间"，"基线间隙"可设置为 3，增大该间隙可使得文字边框和文字的间隙变大。单击"确定"按钮，完成多重引线样式的定义。

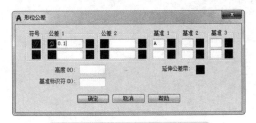

图 3-56 "形位公差"对话框

图 3-57 特征符号

图 3-58 附加符号

a)"引线格式"选项卡   b)"引线结构"选项卡   c)"内容"选项卡

图 3-59 "基准符号-水平"多重引线样式设置

单击"多重引线"按钮，如图 3-54a 所示，④指定引线箭头的位置；⑤指定下一点；⑥指定引线基线的位置；在文字编辑器中输"A"，关闭文字编辑器，完成基准符号的标注。在标注时应注意，④⑤所指定两点的连线应与尺寸 $\phi 90$ 的尺寸线对齐，以指明基准要素为 $\phi 90$ 圆孔的轴线。

标注如图 3-54b 所示同轴度的基准符号，可定义"基准符号-竖直"多重引线样式，在"内容"选项卡中，设置"引线连接"为"垂直连接"，"连接位置"上和下都选择"居中"。

标注如图 3-54b 所示倒角尺寸 C1 和 C2 可使用"快速引线"命令，"注释类型"选择"多行文字"；在"引线和箭头"选项卡上，"箭头"选择"无"，"角度约束"可设定"第一段"为"45°"，"第二段"为"水平"；在"附着"选项卡上，选中"最后一行加下划线"复选框。倒角尺寸也可使用"多重引线"命令标注，引线样式可使用 3.1.4 节图 3-11 中定义的"常用引线"样式，也可单独定义，可在如图 3-59b 所示的"引线结构"选项卡上，将约束引线的"第一段角度"设为"45"，"第二段角度"设为"0"。

3.5 中心线

如图 3-60 所示，工程图样中的圆柱或圆孔，在图样中应绘制出表示其圆心位置的细点画线，圆心位置要求线与线相交；在非圆视图上，应绘制出表示其轴线的细点画线，细点画线应超出轮廓线 2~5mm。

CENTERMARK 命令⊕，可用于为选定的圆或圆弧，在其圆心处创建关联的圆心标记，如图 3-60 所示圆柱的俯视图。在使用该命令前，应设置与其相关的系统变量，如图 3-61 所示，以使创建的中心线满足要求。这些系统变量的作用为：

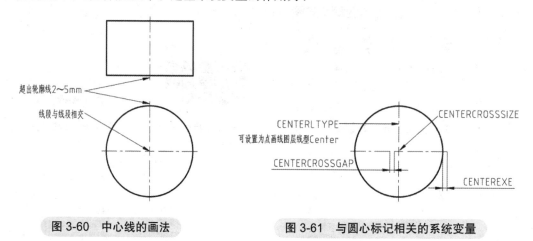

图 3-60　中心线的画法　　　　图 3-61　与圆心标记相关的系统变量

1）CENTERCROSSSIZE：确定中心标记的大小，默认为圆直径的十分之一。

2）CENTERCROSSGAP：确定中心标记与其中心线之间的间隙，默认为圆直径的二十分之一。以上两个系统变量使用默认值即可，都可不必修改。

3）CENTERLTYPE：用于指定圆心标记和中心线的线型，默认为"Center2"，可设置为"05 细点画线"图层的线型"Center"，以使图样中所有点画线的外观保持一致。

4）CENTEREXE：用于控制中心线超出轮廓线的距离，该系统变量可设置为 5。

CENTERLINE 命令≡，可用于创建与选定直线或多段线相关联的中心线。如图 3-60 所示圆柱的主视图，在启动命令后，选择圆柱的最左轮廓线为第一条直线；选择圆柱的最右轮廓线为第二条直线，即可绘制出表示圆柱轴线的中心线。

圆心标记和中心线都是关联对象，可使用夹点编辑。修改如图 3-60 所示俯视图中圆的大小或主视图中圆柱轮廓线的位置，与其关联的圆心标记和中心线将进行相应的调整。使用 CENTERLINE 命令，还可创建两条相交直线的角平分线。

3.6 组合体三视图的尺寸标注

标注样式的设置以及使用 AutoCAD 的标注命令，能够使所标注的尺寸符合国家标准的要求，但标注的尺寸要满足正确、完整、清晰以及合理的要求，还要掌握组合体尺寸标注的方法和步骤。组合体尺寸标注的方法和步骤，概括如下：

1）形体分析，将组合体划分为由若干基本形体组合而成。如果是挖切式形体，则要"还原"其基本体的形状，然后确定挖切部分的相对位置。

2）确定尺寸基准，在长、宽、高三个方向上至少确定一个主要基准。对称结构的组合体，尺寸基准应选择在对称中心面上；具有重要回转结构的组合体，尺寸基准应选择在回转体的轴线上；另外，一些重要的端面也可以作为尺寸基准。

3）标注组成组合体的每一部分形体的定形尺寸和定位尺寸。

4）标注总体尺寸。总体尺寸的标注应做到不重复、不矛盾。

以教材第2章2.5节的图2-66所示轴承座为例，其尺寸标注的方法和步骤，如图3-62所示。

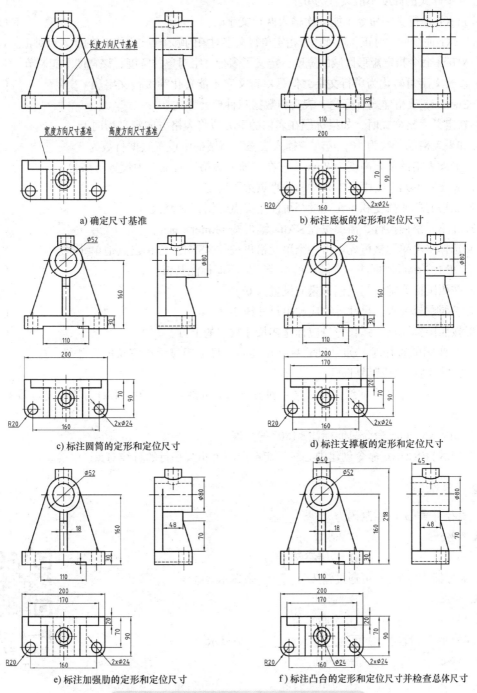

图 3-62　轴承座三视图的尺寸标注方法和步骤

3.7 实践训练

3.7.1 判断题

1. 当前正在使用的文字样式无法删除。 （　）

2. 文字样式的高度不能设置为 0。 （　）

3. TEXT 单行文字命令不能一次输入两行文字。 （　）

4. TEXT 命令的"对正"选项用于指定单行文字对象的哪个点与所指定的插入点对正。（　）

5. MText 命令指定矩形区域的宽度，定义了多行文字对象的宽度，该宽度不能调节。（　）

6. 多行文字可转化为单行文字，但是单行文字不能转化为多行文字。 （　）

7. Standard 表格样式有标题、表头和数据三种单元样式。 （　）

8. 在定义表格样式时，如果标题在表格的下方应将表格方向定义为向上。 （　）

9. 如果表格的行数为 10，应在"插入表格"对话框中设置数据行数为 8。 （　）

10. 如果表格的单元高度为 8mm，应在"插入表格"对话框中设置行高为 8。 （　）

11. 表格的单元高度由字体高度和垂直页边距决定。 （　）

12. 表格的单元高度和单元宽度都可使用夹点编辑任意修改。 （　）

13. 在单元格内换行，需要按住 <Alt> 键再按 <Enter> 键。 （　）

14. 选择多个单元格可先单击一个单元格再按住 <Shift> 键单击其他单元格。 （　）

15. DIM 命令可以标注一个圆弧的半径，但不能标注其弧长。 （　）

16. 按照国标要求，起点偏移量应设置为 0。 （　）

17. 按照国标要求，尺寸界线应超出尺寸线 2~3mm。 （　）

18. 按照国标要求，弧长符号应标注在尺寸数字的上方。 （　）

19. 标注圆的直径时，如果尺寸数字在圆内，且希望显示出完整的尺寸线，应选择"在尺寸界线之间绘制尺寸线"复选框。 （　）

20. 当尺寸数字在尺寸线内时，文字对齐"与尺寸线对齐"和"ISO 标准"选项没有区别。
（　）

21. DIMANGular 命令只能标注 <180° 的角度。 （　）

22. CENTERLINE 命令创建中心线只能选择两个相互平行的直线对象。 （　）

3.7.2 单选题

1. 直径符号 ϕ 的控制码为_____。

A. %%c　　　　　　　　B. %%d

C. %%p　　　　　　　　D. 希腊字符

2. 尺寸标注中的 ± 可通过输入_____来显示。

A. %%c　　　　　　　　B. %%d

C. %%p　　　　　　　　D. 希腊字符

3. 45° 的 °（度符号）可通过输入_____来显示。

A. %%c　　　　　　　　B. %%d

C. %%p　　　　　　　　D. 希腊字符

4. 在标注样式管理器中，"替换"按钮的作用是_____。

"两弹一星"功勋科
学家：王希季
SZD-003

A. 创建标注样式的临时替代   B. 新建标注样式以替代原有标注样式

C. 创建标注样式的永久替代   D. 修改标注样式以替代原有标注样式

5. 在绘图时使用 1:1 比例，在标注尺寸时如需按 2:1 比例标注，可设置_____。

A. 标注特征比例，使用全局比例为 2   B. 测量单位比例的比例因子为 2

C. 换算单位乘数为 2   D. 线性标注的精度为 2

6. $40_{+0.006}^{-0.012}$ 可使用_____堆叠。

A. / 斜线堆叠   B. \ 反斜线堆叠

C. # 井号堆叠   D. ^ 尖号堆叠

7. 装配图中轴孔的配合代号如 $\dfrac{H7}{f6}$ 可使用_____堆叠。

A. / 斜线堆叠   B. \ 反斜线堆叠

C. # 井号堆叠   D. ^ 尖号堆叠

8. 英制管螺纹的公称直径如 R $\frac{1}{2}$ 可使用_____堆叠。

A. / 斜线堆叠   B. \ 反斜线堆叠

C. # 井号堆叠   D. ^ 尖号堆叠

9. 使用快速引线 qLEeader 命令，当设置"注释类型"为"公差"时，该公差是指_____。

A. 尺寸公差   B. 几何公差   C. 表面结构   D. 以上都不是

10. 按照国标尺寸界线应与定义标注的点距离为 0，此时应设置_____为 0。

A. 基线间距   B. 超出尺寸线   C. 起点偏移量   D. 比例因子

11. 按照国标主单位小数点的分隔符，应设置为_____。

A. 句点   B. 逗点   C. 空格   D. 小数点

12. "修改标注样式"对话框中，基线间距是指_____。

A. 基线标注的尺寸界线之间的距离   B. 连续标注的尺寸线之间的距离

C. 连续标注的尺寸界线之间的距离   D. 基线标注的尺寸线之间的距离

3.7.3 绘图题

1. 打开第 2 章"实践训练"中所建立的文件"GB_A3.dwt"，参考教材 3.1.1 节，在样板文件中建立"工程字 - 直体"和"工程字 - 斜体"两种文字样式，完成后保存文件。

2. 打开"GB_A3.dwt"，设置"13 图框 _ 标题栏文字"为当前图层，"工程字 - 直体"为当前文字样式，使用 TEXT 单行文字命令，文字高度 5，如图 3-63 所示为标题栏添加文字，完成后保存文件。

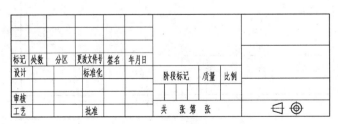

图 3-63 标题栏中的文字

3. 打开"GB_A3.dwt"，分别在"14 图框_角线""15 图框_内框线"和"16 图框_外框线"图层上，绘制如图 3-64 所示，符合 GB/T 14689—2008《技术制图 图纸幅面及格式》要求的 A3图框。图框的绘制技巧，可参考教材 6.5 节的相关内容。绘制完成后，保存文件。

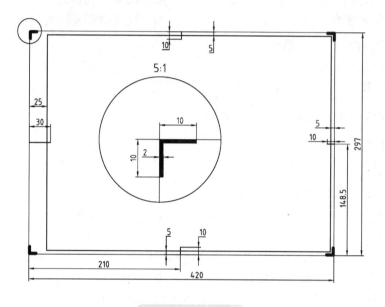

图 3-64　A3 图框

4. 以"GB_A3.dwt"为样板新建图形文件，按图 3-65 所示绘制 A2 图框的外框线和内框线，将 A3 图框的角线参照外框线的角点，复制到 A2 图框中，删除 A3 图框。完成后，另存为"GB_A2.dwt"图形样板文件。

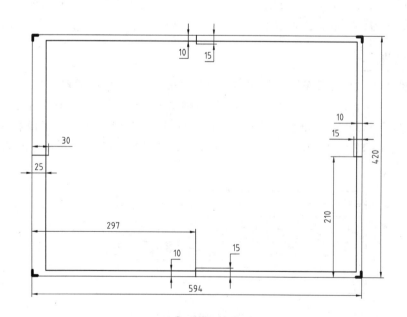

图 3-65　A2 图框

5. 打开 "GB_A2.dwt"，参考教材 3.2.1 节，在样板文件中建立 "装配图明细栏" 表格样式，完成后保存文件。

6. 以 "GB_A2.dwt" 为样板新建图形文件，以 "装配图明细栏" 为表格样式，创建如图 3-66 所示的表格，完成后以 "球阀装配图 .dwg" 为文件名保存。

13	GB/T6170—2015	螺母10	1	Q235A			
12	GB/T97.1—2002	垫片10	1	Q235A			
11	PZT1-11	手轮	1	HT100			
10	PZT1-10	压盖螺母	1	HT150			
9	PZT1-9	填料压盖	1	Q235A			
8	PZT1-8	填料	1	石棉			
7	PZT1-7	填料座	1	Q235A			
6	PZT1-6	阀盖	1	HT150			
5	PZT1-5	垫片	1	橡胶石棉板			δ2
4	PZT1-4	阀杆	1	20			
3	PZT1-3	卡环	1	Qsn6.5-0.4			d3
2	PZT1-2	阀门	1	ZCuZn40Pb2			
1	PZT1-1	阀体	1	HT150			
序号	代号	名称	数量	材料	单件	总计	备注
					质量		

图 3-66 球阀装配图明细栏

7. 打开 "GB_A3.dwt"，参考教材 3.3.1 节，在样板文件中建立 "GB-h10" 的标注样式，完成后保存文件。

8. 打开 "GB_A3.dwt"，再打开第 2 章 "实践训练" 中所建立的文件 "轴承座三视图 .dwg"，按 <Ctrl+2> 快捷键打开 "设计中心" 窗口，在 "打开的图形" 选项卡上，使用鼠标左键单击 "GB_A3.dwt" 下的 "文字样式"，将右侧内容区域中的 "工程字 - 直体" 和 "工程字 - 斜体" 两种文字样式拖动到 "轴承座三视图 .dwg" 的绘图区；单击 "标注样式"，将 "GB-h10" 和 "GB-h10$2" 标注样式拖动到绘图区。将 "GB-h10" 标注样式设置为当前，按图 3-62f 所示为轴承座三视图标注尺寸，完成后保存文件。上述使用设计中心共享文字样式、标注样式等命名对象的具体方法，可参考教材第 4 章 4.2 节的相关内容。

9. 打开第 2 章 "实践训练" 中所建立的文件 "支架三视图 .dwg"，采用上述方法使用设计中心共享 "GB_A3.dwt" 中的文字样式和标注样式。打开 "标注样式管理器" 对话框，将 "GB-h10" 标注样式设置为当前，单击 "修改" 按钮，在 "调整" 选项卡上，修改标注特征比例，将 "使用全局比例" 设置为 0.5。按图 3-67 所示为支架三视图标注尺寸，完成后保存文件。

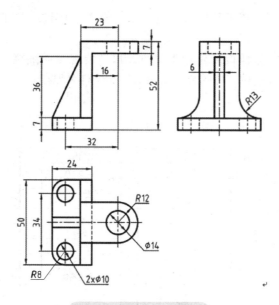

图 3-67　支架尺寸标注

10. 打开第 2 章 "实践训练"中所建立的文件 "销轴零件图 .dwg"，使用设计中心共享 "GB_A3.dwt"中的文字样式和标注样式，定义多重引线样式，按图 3-68 所示为销轴零件图标注尺寸和几何公差，完成后保存文件。

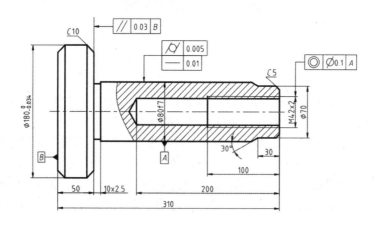

图 3-68　销轴尺寸和几何公差

11. 打开第 2 章 "实践训练"中所建立的文件 "轴支座零件图 .dwg"，使用设计中心共享 "GB_A3.dwt"中的文字样式和标注样式，修改标注特征比例，将 "使用全局比例"设置为 0.5。按图 3-69 所示为轴支座零件图标注尺寸，完成后保存文件。

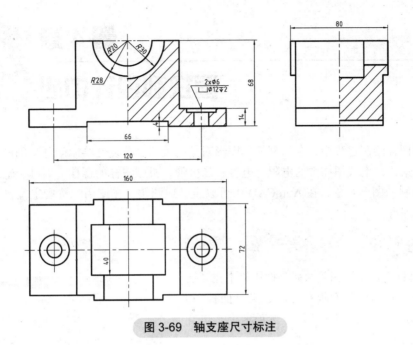

图 3-69 轴支座尺寸标注

第4章
图块和设计中心

在工程图样绘制过程中，会遇到简单图形对象的大量、重复性绘制问题。例如，建筑图样中的门窗、桌椅；电气图样中的电阻、电容、二极管；机械图样的螺栓、螺母、轴承等。这些需要重复绘制的图形对象，在 AutoCAD 中可以定义成图块，在使用时按指定位置、比例和旋转角度插入即可。

4.1 图块

AutoCAD 将与图块相关的命令按钮集中在"插入"选项卡上的"块"面板和"块定义"面板中，如图 4-1 所示。另外，在"默认"选项卡上，也有一个"块"面板。

图 4-1 "块"面板和"块定义"面板

4.1.1 图块的组成

图块简称为块，是定义好的并被赋予名称的一个对象集合。所谓对象集合是指块可以包含多个对象，这些对象作为一个集合被赋予了一个名称。AutoCAD 将对象集合作为一个对象来处理。

例如，可以将零件图中的表面结构要求代号定义成一个块，如图 4-2 所示。在这个块中，表面结构要求的完整图形符号，即四条直线是组成块的图形；表面结构要求的参数，如 Ra 即轮廓算术平均偏差，是组成块的文字；Ra 的值随零件的不同表面有不同的要求，对于变化的值，可使用属性来定义。

一般情况下，块由图形对象、文字和属性组成。当然，块也可以包含其他类型的对象如图案填充等；块可以包含不止一个属性，也可以不包含属性。在定义块之前，首先要将组成块的对象创建好。

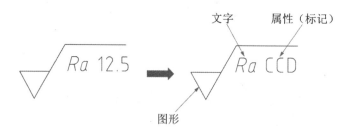

图 4-2 "表面结构"块的组成

4.1.2 图块的属性

属性是将数据附着到块上的标记。属性在块定义之前是以属性标记的形式存在，如图 4-2 中所示的"CCD"；在块定义好之后，插入块时属性的值将替换属性标记。例如，在插入"表面结构"这个块时，当给定属性"CCD"的值为"12.5"后，12.5 将替换 CCD 并在其位置上显示。因此，如果一个块包含有属性时，属性应定义在块定义之前。

ATTdef命令 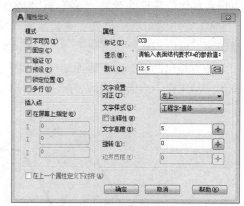，可打开如图 4-3 所示的"属性定义"对话框。该对话框中，"模式"选项组用于设置与块关联的属性值选项，包含有六个复选框。

1）不可见：选择该复选框，表示插入块后，属性值不显示，不打印。

2）固定：插入块时，属性值固定，不能改变。

3）验证：插入块时，提示验证属性值是否正确。

4）预设：插入块时，将属性设置为默认值而不显示提示。

5）锁定位置：用于锁定属性在块中的位置，不选择该复选框，则可使用夹点来修改属性的位置。

6）多行：指定属性值可以包含多行文字，并且允许指定属性的边界宽度。

图 4-3 "属性定义"对话框

这六个复选框，在定义如图 4-2 所示"表面结构"块时，可以都不选择。对话框中，"属性"选项组，用于设定属性数据。

1）标记：用于输入标识属性的名称，插入块后，该标记会被属性值替换。

2）提示：定义插入块时给定属性值时的提示。

3）默认：用于指定该属性的默认值。

对话框中的"插入点"选项组，用于指定属性相对于其他对象的位置，一般选择"在屏幕上指定"复选框。"文字设置"选项组，用于设定属性文字的对正、文字样式、文字高度和旋转角。

4.1.3 图块的创建

在组成块的对象都创建好之后，即可使用 Block 命令 来创建块。该命令会打开如图 4-4a 所示的"块定义"对话框。

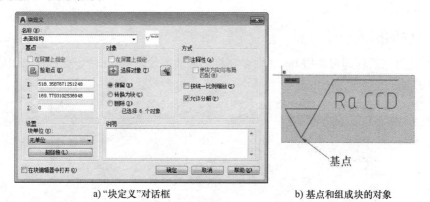

a)"块定义"对话框　　　　　　　　　　b) 基点和组成块的对象

图 4-4 "表面结构"块的创建

1）名称：该文本框用于指定块的名称。

2）基点：用于指定块的插入点，单击"拾取点"按钮 ，可以捕捉对象上的点作为块的基点。如图 4-4b 所示，创建"表面结构"块时，可捕捉两条斜线的交点为基点。

3）对象：单击"选择对象"按钮 ✛ 可在绘图区选择块所要包含的对象，在选择完对象后，可设置如何处理这些对象，可将这些对象"保留""转换成块"或"删除"。

4）在块编辑器中打开：选择该复选框，系统随后会进入到块编辑器界面。如果不是创建动态块，可以不选择该复选框。

需要指出的是，对于表面结构图形符号的形状 GB/T 131—2006《产品几何技术规范（GPS）技术产品文件中表面结构的表示法》给出了具体规定，如图4-5所示。

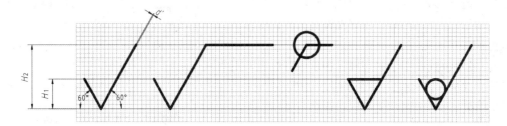

图4-5 表面结构图形符号的形状

表面结构图形符号的尺寸见表4-1。从表中的尺寸不难看出，如果图样中数字和字母的高度为 h，则 $d'=h/10$，H_1 为大一号的字体高度，$H_2=3h$。

表4-1 表面结构图形符号的尺寸 （单位：mm）

数字与字母的高度 h	2.5	3.5	5	7	10	14	20
符号的线宽 d'	0.25	0.35	0.5	0.7	1	1.4	2
数字与字母的笔画宽度 d	0.25	0.35	0.5	0.7	1	1.4	2
高度 H_1	3.5	5	7	10	14	20	28
高度 H_2（最小值）[①]	7.5	10.5	15	21	30	42	60

① H_2 取决于注写内容。

4.1.4 图块的插入

在块创建好之后，即可调用 Insert 命令在绘图区插入块。Insert 命令会打开如图4-6所示的"插入"对话框。

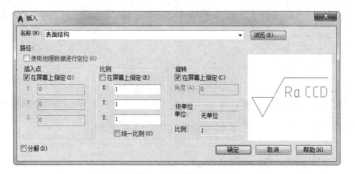

图4-6 "插入"对话框

1）名称：指定要插入块的名称，当前文件中定义好的图块可从下拉列表中选择。

2）插入点：通常要选中"在屏幕上指定"复选框，而不是在对话框中输入插入点的 X、Y、Z 坐标。

3）比例：用于指定插入块的缩放比例。通常，在对话框中指定比例。可以选择"统一比例"复选框，也可为块参照设置 X、Y、Z 三个方向的不同比例。

4）旋转：用于指定插入块参照的旋转角度。可选中"在屏幕上指定"复选框，也可以在对话框中指定角度。

如图4-7所示，单击"插入"按钮下方的展开按钮，在显示的菜单项中也可找到定义好的图块，鼠标单击相应的菜单项即可将其对应的块插入到图形中。此时，将不显示"插入"对话框，但可使用命令行中的选项来指定块的插入比例和旋转角度。

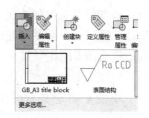

图4-7 "插入"菜单项

表面结构要求代号在插入时，要注意其图样上的标注方法应符合 GB/T 131—2006 的要求。以图4-8所示支座零件图表面结构要求标注为例，标注时总的原则是表面结构要求代号的注写和读取方向与尺寸的注写和读取方向一致。

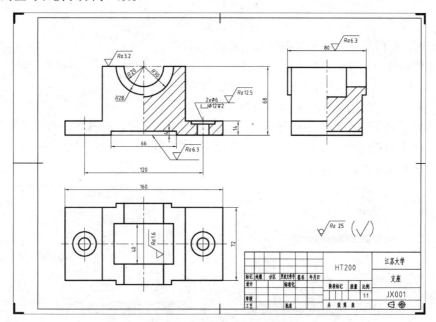

图4-8 支座零件图表面结构要求标注示例

例如，支座上端面的表面结构要求 $Ra3.2$，标注在上端面的轮廓线上，代号从材料外指向并接触表面；底面的表面结构要求 $Ra6.3$，由于是两个分离的表面，应用一条细实线将其连接起来，使用"快速引线"（qLEader）命令，设置引线的注释类型为"无"，画一条指向该细实线的指引线，然后将代号标注在该指引线上；前后两个半圆孔面，表面结构要求 $Ra1.6$ 的标注也是同样的道理，在俯视图上用一条细实线将其轮廓线连接起来，标注时设置旋转角度使其代号的尖端向右；沉孔和前后端面的表面结构要求代号，可注写在尺寸上。对于其余不加工表面，则用有相同表面结构要求的简化注法统一注写在标题栏附近。

【提示与建议】

　　WBLOCK 命令可将选定对象保存到指定的图形文件或将块转换为指定的图形文件；系统变量 ATTDIA 用于控制 Insert 命令是否使用对话框来输入属性值，该系统变量值为 0 时，使用命令行提示输入属性值；为 1 时使用"编辑属性"对话框输入属性值。

4.1.5　图块的修改

　　块的修改有两种情况。一种是对块定义的修改即对块重新进行定义；另一种是对块参照的修改。所谓块参照是指使用 Insert 命令插入的块实例。一个命名的块，定义只有一个，但基于该块定义插入的块参照可以有很多个。

1. 块定义的修改

　　块的重新定义，可使用 BEdit 命令，会打开如图 4-9 所示的"编辑块定义"对话框，从列表中选择要重新定义的块，单击"确定"按钮即可进入块编辑器环境，在其中可对组成块的图形、文字或属性进行重新定义。完成后，单击"块编辑器"上下文选项卡上的"保存块"按钮，然后单击"关闭块编辑器"按钮，即可退出块编辑器环境，完成块的重新定义。

　　如果仅对块的属性进行重新定义，可使用 BATT-MAN 命令，打开如图 4-10 所示的"块属性管理器"

图 4-9　"编辑块定义"对话框

对话框。先从"块"下拉列表中选择相应的块，再选择块所包含的属性，单击"编辑"按钮，即可打开如图 4-11 所示的"编辑属性"对话框，使用对话框的"属性""文字选项"和"特性"三个选项卡，对属性进行重新定义。

图 4-10　"块属性管理器"对话框

图 4-11　"编辑属性"对话框

　　一般情况下，对组成块的图形或属性进行重新定义后，当前图形中的所有块参照都将进行更新，以显示重新定义所做的修改。但是，如果重新定义块时增加或删除了一些属性，要想使得所有块参照更新显示，需使用 ATTSYNC 命令同步，将块定义中的属性更改应用于所有块参照。

2. 块参照的修改

　　由于 AutoCAD 将块参照作为一个对象来处理，因此可对其进行整体的移动、旋转、比例缩放、分解等操作。另外，使用如图 4-1 所示"块"面板上的"编辑属性"按钮，可以对块参照的属性进行"单个"或"多个"修改。所谓"单个",主要是指对于属性值的修改;所谓"多个",是指对属性的全局进行修改。

　　EATTEDIT 命令 ,首先要求在绘图区选择一个块参照,之后会打开如图 4-12 所示的"增强属性编辑器"对话框,使用该管理器即可修改块参照的属性值。实际上,直接在块参照的属性上双击鼠标左键,也可以打开"增强属性编辑器"对话框。

　　启动 -ATTEDIT 命令 后,按四次 <Enter> 键,直到系统要求选择属性,在选择某一块参照的属性并确认后,命令会显示如图 4-13 所示的菜单项(启用"动态输入"按钮)。使用该菜单项即可对该属性的"颜色""图层""样式""角度""高度""位置"和"值"进行全局修改。

图 4-12　"增强属性编辑器"对话框

图 4-13　属性全局修改选项

【提示与建议】

　　当一个块不止包含一个属性时,尽量为每个属性定义不同的标记和提示,以便于在插入块时知道为哪个属性给定属性值;ATTEDIT 和 -ATTEDIT 不是同一个命令,ATTEDIT 所打开"编辑属性"对话框,只能对属性值进行修改。

4.2　命名对象

　　在 AutoCAD 的图形文件中,除图形对象外,还有一类对象称为命名对象。命名对象用于描述存储图形文件中的各类非图形信息,如线型、图层、标注样式、文字样式、块定义、布局、视图和视口配置等。像图层、标注样式和块定义等命名对象,在图样绘制过程中有着非常重要的作用,通常可将命名对象保存在图形样板文件中,这样在新建图形文件时可避免重新定义的重复操作。

　　命名对象如果被引用,则无法删除。例如,定义了"GB-h10"标注样式,如果使用该样式对图形对象标注了尺寸,则不能删除该标注样式;创建了"表面结构"块定义,如果使用 Insert 命令,插入了该块定义的块参照,也无法再删除"表面结构"块定义。

　　大多数类型的命名对象都可通过其创建对话框进行重新命名。例如,可使用"文字样式"对话框对定义的"工程字 - 直体"文字样式进行重新命名;使用"标注样式管理器"对话框可对定义的"GB-h10"标注样式重新命名。块定义的重新命名,可使用 REName 命令。命令会打开如图 4-14 所示的"重命名"对话框,在对话框左侧的"命名对象"列表中选择"块",在右侧"项数"列表框中选择要重新命名的块,在文本框中输入新的块名,单击"重命名为"按钮或"确定"按钮即可。可以看到，"重命名"对话框，不仅可以对块进行重新命名，还可对其他的命名对象重新命名。

如果删除了命名对象的引用，可使用 PUrge 命令打开如图 4-15 所示的"清理"对话框对不使用的命名对象进行清理。启用 PUrge 命令也可单击"应用程序"按钮→图形实用工具→清理。

图 4-14　"重命名"对话框

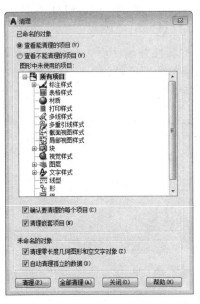

图 4-15　"清理"对话框

4.3　设计中心

除了样板文件外，AutoCAD 还提供了一个称为设计中心的工具，用于访问和共享文件中的图形对象和命名对象。

按 <Ctrl+2> 快捷键或在"视图"选项卡的"选项板"面板中，单击"设计中心"按钮，都可打开如图 4-16 所示的"设计中心"窗口。窗口除了顶部的一系列按钮外，主要由左侧的树状图和右侧的内容区域两部分组成。本节仅介绍"设计中心"窗口的一些常用操作。

a)"文件夹"选项卡

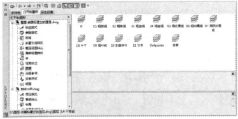

b)"打开的图形"选项卡

图 4-16　"设计中心"窗口

在"设计中心"窗口的左侧有"文件夹""打开的图形"和"历史记录"三个选项卡，这三个选项卡用来定位文件夹、图形文件或图形文件的命名对象，并将相应的内容加载和显示在窗口右侧的内容区域中。

1. 文件夹和图形文件

在"文件夹"选项卡上，使用窗口左侧的树状图定位到某一文件夹，在窗口右侧的内容区域中，将显示该文件夹所包含的图形文件，如图 4-16a 所示。对于经常访问的文件夹，可在其上单击鼠标右键，从显示的快捷菜单中选择"添加到收藏夹"或"设置为主页"。这样，单击"设计中心"窗口顶部的"收藏夹"按钮图或"主页"按钮☆，即可快速定位到该文件夹。

在窗口右侧的内容区域中，使用鼠标右键单击某个图形文件，将显示如图 4-17 所示的快捷菜单。

1）在应用程序窗口中打开：可以在 AutoCAD 中打开该图形文件。

2）插入为块：将打开"插入"对话框，通过设置插入点、比例和旋转，可将该图形文件作为一个图块，插入到当前图形中。实际上，这个功能也可以使用鼠标左键将该图形文件直接拖入到当前图形文件的绘图区中实现。

3）创建工具选项板：可创建一个以该文件名命名的包含有该图形文件中所有图块的工具选项板。

使用鼠标右键单击如图 4-16a 中所示的 Welding.dwg 文件，在系统显示的如图 4-17 所示快捷菜单中，选择"创建工具选项板"菜单项，以该图形文件中包含的所有图块创建的"Welding"选项板如图 4-18 所示。将图形文件中的图块创建为一个选项板，可在以后需要使用其中的图块时，按 <Ctrl+3> 快捷键，打开工具选项板，从其中的"Welding"选项板中选择相应的图块，拖入到当前图形中即可。

图 4-17　图形文件右键菜单

图 4-18　"Welding"选项板

注意，添加到工具选项板中的工具，如块或填充图案等与相应的图形文件是关联的，即如果图形文件被删除或挪动位置，即使工具选项板显示有该工具，也将无法使用。

2. 命名对象及其项目

在"文件夹"选项卡或"打开的图形"选项卡上，使用左侧的树状图定位到某一图形文件的命名对象，在窗口右侧的内容区域中将显示该图形文件中所定义的该类命名对象的项目。下面以图层为例，说明图形之间共享命名对象的操作方法。

如图 4-16b 所示，在左侧的树状图中定位到图层，内容区域中将显示该图形文件中所包含的所有图层。此时使用鼠标左键在内容区域中拖动选择多个图层或按住 <Ctrl> 键选择多个图层，然后将选定的图层拖入到当前图形文件的绘图区，即可为当前的图形文件添加选定的图层。

　　同样的操作还可以共享图形文件中的标注样式、表格样式、文字样式等其他命名对象。向图形中添加图块，除鼠标拖入绘图区的方式外，还可直接使用鼠标左键双击，使用"插入"对话框的方式添加。

　　注意，使用设计中心不能修改当前图形文件中具有相同名称的命名对象的设置。例如，当前的图形文件中包含有名称为"ISO-25"的标注样式，使用设计中心将其他图形文件中的"ISO-25"标注样式拖入到当前图形文件中，不会修改当前图形"ISO-25"标注样式的设置。

4.4　实践训练

4.4.1　单选题

1. 定义块的命令为＿＿＿＿＿＿＿。

A. Insert
B. Block 或 WBLOCK
C. MINSERT
D. ATTdef

2. 关于图块，以下说法正确的是＿＿＿＿＿＿＿。

A. 图块可包含图形、文本和属性
B. 先定义块，再定义块的属性
C. 块一旦定义就不能删除
D. 插入块后，其属性值不能修改

3. 对于插入块，以下说法正确的是＿＿＿＿＿＿＿。

A. 与块定义时的大小一致
B. 比例因子 ≥ 1
C. X 和 Y 方向的缩放比例应相同
D. X 和 Y 方向可设置不同的比例

4. 图块可以定义多个属性，关于这些属性，以下说法错误的是＿＿＿＿＿＿＿。

A. 可以为这些属性定义相同的属性值
B. 每个属性需定义不同的属性标记
C. 可以设置一些属性不可见
D. 定义属性时应尽量为每个属性定义提示

5. 关于属性定义中的插入点与块参照的插入点，以下说法正确的是＿＿＿＿＿＿＿。

A. 一般为同一点
B. 属性定义的插入点为属性标记的插入点
C. 块参照的插入点为属性值的起点
D. 块参照的插入点一定为线段的端点

6. 块是复杂实体，要变成简单实体可通过＿＿＿＿＿＿＿命令来实现的。

A. PEdit
B. Insert
C. CHANGE
D. eXplode

7. 关于命名对象以下说法错误的是＿＿＿＿＿＿＿。

A. 命名对象用于存储非图形信息
B. 命名对象一旦引用将不能删除
C. 不使用的命名对象可以清理
D. 块定义属于命名对象，但不能重新命名

8. 关于命名对象和设计中心，以下说法错误的是＿＿＿＿＿＿＿。

A. 可通过设计中心在不同的图形之间共享命名对象

B. 可通过设计中心将一个图形文件的所有块创建为一个工具选项板

C. 可通过设计中心修改两个具有相同名称的命名对象的设置

D. 可使用 PUrge 命令清理不使用的命名对象

9. "设计中心"窗口不包括以下＿＿＿＿＿＿＿选项卡。

A. 文件夹
B. 桌面
C. 打开的图形
D. 历史记录

10. 打开"设计中心"的快捷键是＿＿＿＿＿＿＿。

"两弹一星"功勋科学家：孙家栋
SZD-004

A. <Ctrl+1>　　B. <Ctrl+2>　　C. <Ctrl+3>　　D. <Ctrl+4>

4.4.2 绘图题

1. 分别打开第 3 章“实践训练”中所建立的文件“GB_A3.dwt”和“GB_A2.dwt”，将其中的图框定义成图块，图块的名称分别为“GB_A3 图框”和“GB_A2 图框”，基点为图框外框线的几何中心。完成后，保存文件。

2. 打开“GB_A3.dwt”，将“12 图框 _ 标题栏属性”设置为当前图层，“工程字 - 直体”为当前文字样式，如图 4-19 所示定义六个属性，并将标题栏定义为图块，图块的名称为“标题栏”，基点为标题栏的右下角点。完成后，保存文件。

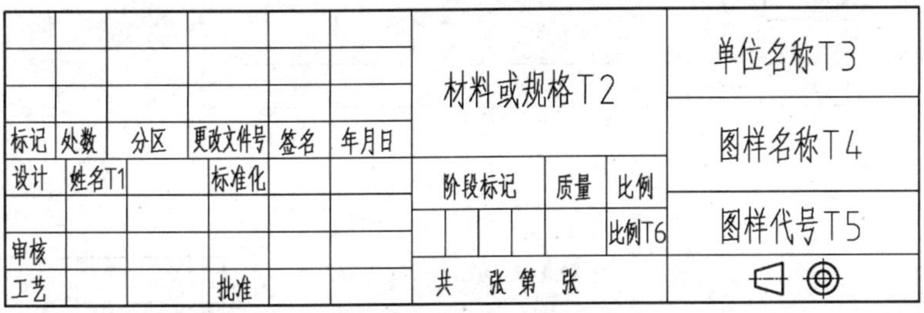

材料或规格T2
单位名称T3
图样名称T4
图样代号T5
标记
处数
分区
更改文件号
签名
年月日
设计
姓名T1
标准化
阶段标记
质量
比例
比例T6
审核
工艺
批准
共 张 第 张

图 4-19 标题栏图块中的属性

3. 打开“GB_A3.dwt”，按数字与字母的高度 h=5，参照表 4-1 表面结构图形符号的尺寸，定义表面结构要求图块。完成后，保存文件。

4. 打开第 3 章“实践训练”中所建立的文件“支座零件图 .dwg”，使用设计中心共享“GB_A3.dwt”样板文件中的所有图块，如图 4-8 所示，为支座零件图标注表面结构要求，并插入图框和标题栏。

5. 通过设计中心将“GB_A3.dwt”样板文件中的所有图块和“GB-h10”的标注样式，共享到“GB_A2.dwt”样板文件中，并将“GB_A2.dwt”样板文件中的所有图块，创建为如图 4-20 所示的“GB_A2”选项板。完成后，保存文件。

GB_A2
建模
约束
GB_A2图框
GB_A3图框
标题栏
表面结构
工具选项板 - 所有...

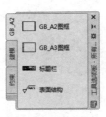

图 4-20 “GB_A2”选项板

6. 打开第 3 章“实践训练”中所建立的文件“销轴零件图 .dwg”，从“GB_A2”工具选项板中将“GB_A2 图框”和“标题栏”图块拖入到绘图区，为零件图添加图框和标题栏。如图 4-21 所示，为销轴标注表面结构要求，注意设置图块的插入比例为 2；添加文字技术要求。完成后，保存文件。

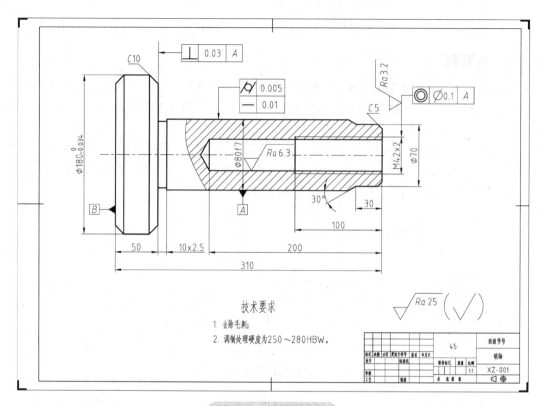

图 4-21 销轴零件图

第 5 章

5

AutoCAD 正等轴测图的绘制

　　轴测图是工程上常见的一种立体图。它具有立体感强、直观性好、容易看懂等优点，同时也有着不能同时反映形体各个表面真实形状和大小的缺点。因此，轴测图常用作多面正投影图的辅助图样，宏观地、概略地表达设计思想和说明问题，而不作为生产和制造的主要依据。轴测图在实际工作中，有助于设计人员进行空间构思，是一种有实用价值的图示方法。随着计算机图形学的发展，轴测图多采用 CAD 软件来绘制，作为辅助图样或商业广告，使用日益广泛。

5.1　轴测图的基本概念

5.1.1　轴测图的形成

　　将物体连同固结在物体上的直角坐标系，沿不平行于任一坐标平面的方向，用平行投影法投射（影）在单一投影面上所得到的图形称为轴测投影图，简称轴测图。用正投影法（投射方向垂直于投影面）形成的轴测图称为正轴测图，如图 5-1a 所示；用斜投影法（投射方向倾斜于投影面）形成的轴测图称为斜轴测图，如图 5-1b 所示。

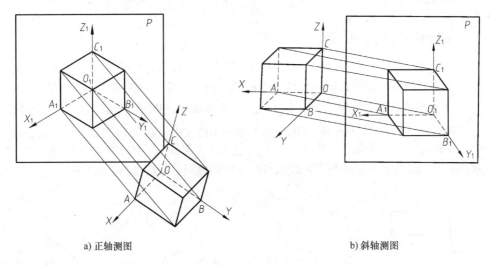

a) 正轴测图　　　　　　　　　　　　　　　　　　b) 斜轴测图

图 5-1　轴测图的形成

5.1.2　轴测图的基本要素

　　轴测图有以下基本要素：

　　1）轴测投影面：得到轴测投影图的平面，常用字母 P 表示。

2）轴测投影轴：直角坐标系的坐标轴 OX、OY、OZ 在轴测投影面 P 上的投影，称为轴测投影轴，简称轴测轴，用 O_1X_1、O_1Y_1、O_1Z_1 表示。

3）轴间角：轴测轴之间的夹角，即如图 5-1 中所示的 $\angle X_1O_1Y_1$、$\angle X_1O_1Z_1$、$\angle Y_1O_1Z_1$。

4）轴向变形系数：轴测轴上的单位长度与相应空间直角坐标轴上的单位长度的比值。

如图 5-1 所示，设空间 OX 轴上的单位长度为 OA，这段长度在相应轴测轴即 O_1X_1 上，经投影长度变形为 O_1A_1，如设 OX 轴的轴向变形系数为 p，则有 $p=O_1A_1/OA$；同理有 OY 轴的轴向变形系数 q，$q=O_1B_1/OB$；OZ 轴的轴向变形系数 r，$r=O_1C_1/OC$。轴向变形系数也称为轴向伸缩系数。

5.1.3 轴测图的投影特性

由于轴测图采用平行投影法绘制，所以轴测图具有平行投影的全部特性，在绘图过程中常用到以下特性：

1）立体上相互平行的线段，其轴测投影也相互平行，且具有相同的长度变化率。

2）立体上平行于直角坐标轴的线段，其轴测投影平行于相应的轴测轴。

3）立体上平行于轴测投影面的线段或平面，其轴测投影反应实长或实形。

空间和某一坐标轴平行的线段，其轴测投影的长度等于该线段空间的实际长度与相应轴向变形系数的乘积。如已知轴向变形系数，就可以计算得出该线段的轴测投影长度，并根据此长度直接测量，作出其轴测投影。沿轴测方向可直接测量作图，就是"轴测"二字的含义。需要注意的是，与坐标轴不平行的线段不能按轴向变形系数直接测量与绘制。

5.2 正等轴测图

5.2.1 轴间角和轴向变形系数

当三个坐标轴与轴测投影面倾斜的角度相同时，用正投影法得到的投影图称为正等轴测图。由于三个坐标轴与轴测投影面倾斜的角度相同，因此正等轴测图的三个轴间角相等，都是 $120°$，其中 O_1Z_1 轴画成竖直方向，如图 5-2b 所示。正等轴测图的三个轴向变形系数也都相等为 $\sqrt{2/3}$，约等于 0.82。为了方便作图，GB/T 4458.3—2013《机械制图 轴测图》规定取 $p=q=r=1$，称为简化变形系数。采用简化系数作图，三个轴向的尺寸都放大了约 $1/0.82 \approx 1.22$ 倍。如图 5-2a 所示三视图，分别采用两种轴向变形系数画出的正等轴测图，如图 5-2c、d 所示。

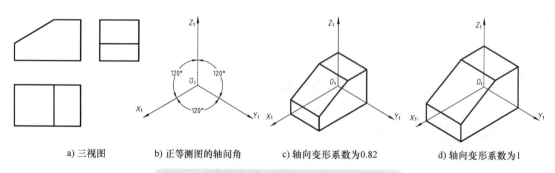

a) 三视图 b) 正等测图的轴间角 c) 轴向变形系数为0.82 d) 轴向变形系数为1

图 5-2 正等轴测图的轴间角和轴向变形系数

5.2.2　圆的正等轴测图

本节只讨论位于或平行于坐标平面的圆的正等轴测投影。根据正等轴测图的形成，各坐标平面相对于轴测投影面都是倾斜的，因此，平行于坐标平面的圆的正等轴测投影都是椭圆。椭圆的长轴垂直于相应的轴测轴，短轴平行于相应的轴测轴，如图 5-3a 所示。

当采用简化变形系数作图时，设空间圆的直径为 d，则椭圆长轴的长度为 $1.22d$，如图 5-3b 中所示的 AB；短轴长度约为 $0.7d$，如图 5-3b 中所示的 CD。

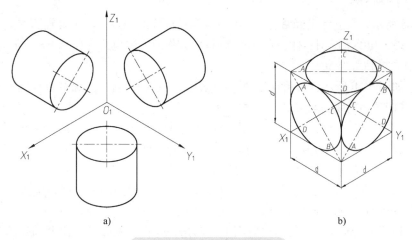

图 5-3　圆的正等轴测投影

上述椭圆，手工画图常采用四心法近似作图，即用四段圆弧近似代替椭圆。采用 AutoCAD 画图，需启用状态栏上的"等轴测草图"按钮，如图 5-4 所示。单击其右侧的展开按钮可从弹出的菜单中选择相应的等轴测平面。切换不同的等轴测平面，十字光标会自动对齐相应的轴测轴，如图 5-5 所示。实际上，快速切换等轴测平面可按 <F5> 快捷键。

图 5-4　启用"等轴测草图"按钮

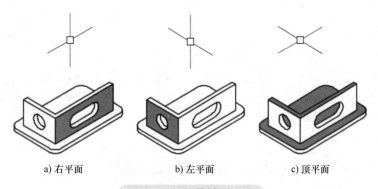

a) 右平面　　　　　b) 左平面　　　　　c) 顶平面

图 5-5　切换等轴测平面

启用"等轴测草图"按钮后，ELlipse 命令会多出一个"等轴测圆（I）"选项，使用该选项，通过指定等轴测圆的圆心和半径（或直径），即可画出相应等轴测平面内的椭圆。

命令：EL
指定椭圆轴的端点或 ［圆弧（A）/中心点（C）/等轴测圆（I）］：I
指定等轴测圆的圆心：
指定等轴测圆的半径或 ［直径（D）］：

5.2.3　圆角的画法

如图 5-6a 所示，在立体上经常会遇到由 1/4 圆弧构成的圆角。在正等轴测图上，圆角的投影是 1/4 椭圆弧。和手工画图一样，在 AutoCAD 中其作图方法也采用如图 5-6 所示的简化画法，画图时注意设置极轴角为 30°。

步骤 1：如图 5-6b 所示，由角顶沿两边，采用"直接距离输入"命令分别画辅助线（长度为 R），可得到四条辅助线的端点 A、B、C、D。

步骤 2：如图 5-6c 所示，过 A、B 两点分别作直线垂直于立体的两边，这两条垂线倾角分别是 60° 和 120°，因此不需要使用垂直捕捉，两垂线的交点 O_1 即为圆弧（用来代替椭圆弧）的圆心；同理，过 C、D 两点分别作立体两边的垂线，得 O_2 点。

步骤 3：采用"圆心、起点、端点"选项画圆弧，以 O_1 为圆心，A 点为起点，B 点为端点画出圆弧，如图 5-6d 所示；同理，画出另一侧圆弧。

步骤 4：使用 COpy 命令，复制出底面上的圆角，并在小圆弧处作出两圆弧的公切线，如图 5-6e 所示。作公切线时，不需捕捉两圆弧的切点，只需捕捉圆弧的象限点即可。

步骤 5：删除辅助线，并修剪掉多余图线，最终结果如图 5-6f 所示。

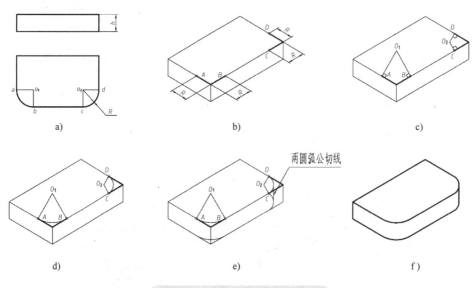

图 5-6　圆角的正等轴测图画法

5.3　正等轴测图的 AutoCAD 绘制

由于正等轴测图的轴间角都为 120°，在使用 AutoCAD 绘制正等轴测图时，通常将极轴角设置为 30°；如果立体上有圆柱或圆孔，需启用"等轴测草图"按钮，在相应的等轴测平面上使用 ELlipse 命令的"等轴测圆（I）"选项画出其正等轴测投影。另外，精确绘制正等轴测图，还常使用直接距离输入、对象捕捉、对象捕捉追踪、复制、修剪等功能和命令。

正等轴测图的基本作图方法有坐标法、叠加法和切割法等。具体方法，可参考相关工程图学的教材。本节以图 5-7a 所示的支座为例，介绍使用 AutoCAD 绘制其正等轴测图的方法和步骤。

步骤 1：确定直角坐标系。如图 5-7a 所示，坐标原点取在支座立板的前端面，圆孔的圆心处；X 轴水平向左；Y 轴向前；Z 轴竖直向上。

步骤 2：如图 5-7b 所示，画出坐标轴的轴测投影，即 O_1X_1、O_1Y_1 和 O_1Z_1 三个轴测轴；使用 ELlipse 命令的"等轴测圆（I）"选项、Line 命令和 TRim 命令画出立板的前端面。

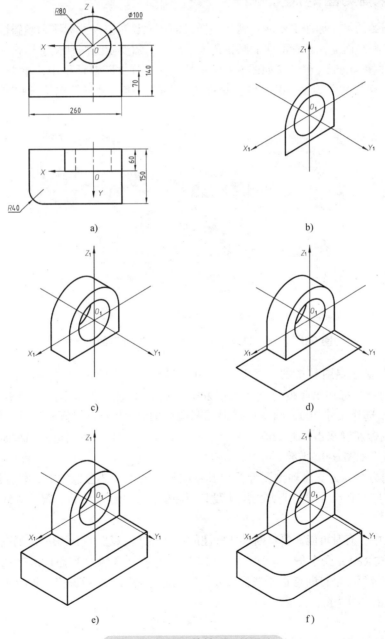

图 5-7　支座正等轴测图的画法

步骤3：如图5-7c所示，使用COpy命令，沿O_1Y_1的反方向距离60，复制立板的前端面得其后端面；使用TRim命令修剪掉被遮挡住的投影；使用Line命令补全轮廓线。

步骤4：如图5-7d所示，使用Line命令画出支座底板的上端面。

步骤5：如图5-7e所示，使用COpy命令，沿O_1Z_1的反方向距离为70，向下复制底板的上端面得其下端面；使用Line命令补全轮廓线。

步骤6：采用圆角的正等轴测图画法，画出底板左端R40的圆角，删除辅助线，并修剪掉多余图线，即得所求结果，如图5-7f所示。

5.4 正等轴测图的尺寸标注

正等轴测图的尺寸标注主要涉及到文字样式的定义、对齐尺寸标注和倾斜标注。由于尺寸在不同的等轴测平面上，具有不同的倾斜角度。因此，需要定义两种文字样式。在命令行中输入"STyle"并按<Enter>键，在如图5-8所示的"文字样式"对话框中，单击"新建"按钮；定义第一种文字样式名为"-30"，倾斜角度为"-30"；第二种样式名为"+30"，倾斜角度为"30"。

图5-8 定义倾斜角度为"+30"和"-30"的文字样式

下面以支座轴测图其中的一个尺寸为例，讲解其标注和修改方法。首先使用DIMA-LIgned命令✎，标注出底板的长度尺寸260；单击"标注"面板上的"倾斜"按钮，如图5-9a所示，选择尺寸260，确认后捕捉轴测图中的A、B两点以倾斜尺寸，结果如图5-9b所示；使用鼠标左键双击尺寸260，在"文字编辑器"选项卡的"标注"面板上选择"-30"文字样式，结果如图5-9c所示。

使用相同方法，为支座轴测图标注出其余线性尺寸。需要注意的是，轴测图中的线性尺寸，尺寸数字应注在尺寸线的上方，尺寸线必须和所标注的线段平行，尺寸界线一般应平行于某一轴测轴。

在轴测图中，有时可能需要打断尺寸标注的尺寸界线。以图5-10中所示的高度尺寸140为例，启用DIMBREAK命令，①选择尺寸140；②选择命令的"手动（M）"选项；③捕捉底板的左下角点为第一个打断点；④捕捉尺寸界线的起点为第二个打断点，即可将尺寸界线位于两打断点之间的部分去除。

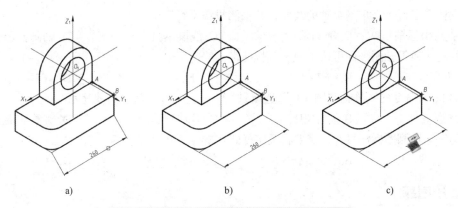

图 5-9　倾斜尺寸及修改尺寸数字的文字样式

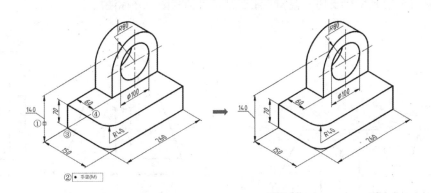

图 5-10　打断尺寸界线

另外，如图 5-10 所示的高度尺寸 140，在倾斜后，如设置其文字样式为 "–30"，则尺寸数字将出现字头向下的情况。应严格按照国家标准，将尺寸数字按水平位置注写。具体的方法是，先选择尺寸 140，将光标悬停在该尺寸文字夹点的位置，在系统显示出的快捷菜单中选择 "随引线移动" 菜单项，为尺寸添加引线。此时，尺寸数字的倾斜角度应为 0。

标注圆的直径，尺寸线和尺寸界线应分别平行于圆所在平面内的轴测轴，如图 5-10 中所示的直径尺寸 ϕ100；图中的半径尺寸 R40 和 R80 的尺寸线采用 "快速引线" 命令绘制（注释类型为 "无"），注意注写数字的横线应平行于相应的轴测轴；尺寸数字采用单行文字注写。

5.5　实践训练

5.5.1　单选题

1. 正等轴测图简化的轴向变形系数为＿＿＿＿。

A. 1   B. 0.82

C. 1.21   D. 0.5

2. 正等轴测图轴间角为＿＿＿＿。

A. 45°   B. 60°

C. 90°   D. 120°

"两弹一星" 功勋科
学家：杨嘉墀
SZD-005

3. 立体上平行于直角坐标轴的线段,其轴测投影平行于_____。

A. 直角坐标轴　　　　　　B. 轴测轴　　　　　　　　C. 线段本身　　　　　　　D. 轴测投影面

4. 快速切换等轴测平面可按_____快捷键。

A. <F2>　　　　　　　　B. <F3>　　　　　　　　C. <F4>　　　　　　　　D. <F5>

5. ELlipse命令的"等轴测圆(I)"选项只在_____按钮启用后才显示。

A. 动态输入　　　　　　B. 极轴追踪　　　　　　C. 等轴测草图　　　　　D. 对象捕捉追踪

6. 为正等轴测图标注尺寸,需要将文字样式中的倾斜角度设置为_____。

A. +15°或 −15°　　　　B. +30°或 −30°　　　　C. +45°或 −45°　　　　D. +60°或 −60°

5.5.2 绘图题

1. 根据图 5-11 所示顶块三视图,绘制其正等轴测图,并标注尺寸。

2. 根据图 5-12 所示轴支座三视图,绘制其正等轴测图,并标注尺寸。

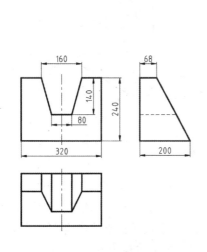

图 5-11　顶块三视图

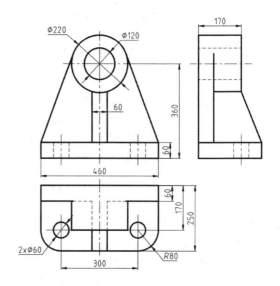

图 5-12　轴支座三视图

第6章

6

零件图

零件是组成机器的不可拆分的最小单元。机器的设计最终要落实到零件的设计，机器的制造以零件为基础制造单元，总是先制造出零件再装配成部件或整机。

制造和检验零件所依据的图样称为零件工作图，简称零件图。零件图是表达设计信息的主要媒介，是制造和检验零件的依据。能够熟练使用 CAD 软件绘制零件图，是工科学生必不可少的基本技能。

6.1 零件图的组成

零件图一般应包括以下几项内容（图 6-1）。

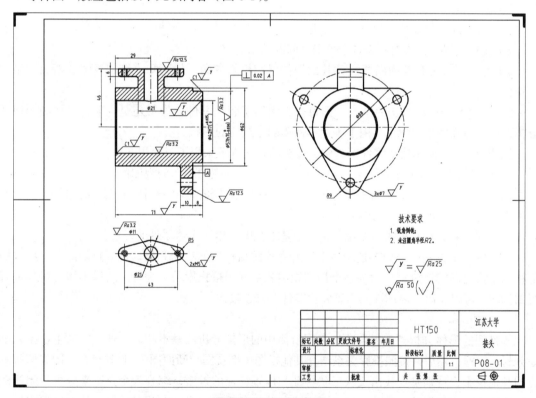

图 6-1 接头零件图

1）一组视图：用三视图、剖视图、断面图及其他国家标准规定的图样画法，正确、完整、清晰地表达出组成零件各部分结构的形状。

2）尺寸：用于确定零件各部分结构的大小和位置，尺寸也能够帮助说明形状。

3）技术要求：说明零件在制造时应达到的质量要求。例如，表面结构要求、尺寸极限偏差、几何公差、材料及热处理等。

4）标题栏和图框：说明零件的名称、材料、绘图比例、数量及图号等内容。

6.2　零件图的绘制

要想正确、快速地画出零件图，一个前提条件是必须能够看懂零件图，这样才能规划出一个合理的绘图步骤。按照合理的绘图步骤绘图，会使绘图思路更加清晰，绘图速度自然能够加快。读零件图的一般方法和步骤如下。

1. 概括了解

根据标题栏可以了解零件的名称、材料、图号以及绘图所使用的比例等信息。必要时还需要结合装配图或其他技术资料了解零件是在什么机器上使用的，并大概了解零件在机器中的作用与主要结构、形状。

以图 6-1 所示的接头零件图为例，虽然没有装配图，但从标题栏中可知，零件的名称为接头，从零件名称可判断出，接头用于和其他零件相互连接；材料 HT150，灰铸铁；图号 P08-01；绘图比例 1：1，即图样和实际零件是等大的。

2. 分析视图

分析视图实际上需要做以下三项工作。

1）找到主视图，从而明确各个视图之间的关系。

2）对于剖视图和断面图要找到其剖切位置和投射方向，从而知道该剖视图或断面图是如何得到的。

3）明确各个视图表达的重点，即每个视图用于表达零件的外形还是内形，更详细的视图分析，还要明确每个视图主要用于表达零件哪部分结构的形状。

同样以图 6-1 所示接头零件图为例，接头的表达方案采用了三个视图。

位于零件图左上方的是主视图，主视图是一个全剖视图。在剖视图的上方，可以看到没有标注剖视图的名称，即剖视图未作标注，因此主视图采用的是单一剖切平面，沿零件的前后对称平面剖切，用于表达零件的内形。

主视图的右方是左视图，左视图是一个基本视图，用于表达零件的外形。

主视图的下方是一个局部视图。由于所表达的结构局部轮廓完整，自成封闭图形，所以局部视图不需要画波浪线；又因为这个局部视图和主视图按投影关系配置，所以不需要对其进行视图标注。可以看出，局部视图用于表达零件上方连接板的形状。

3. 形体分析

零件图的形体分析与读组合体三视图所使用的形体分析法基本相同。通常，从主视图入手划分封闭线框；然后，按照投影关系结合其他视图（剖视图或断面图），找到每个封闭线框所对应的其他投影，特别是要找出反映形状特征和位置特征的投影，综合各个投影来分析封闭线框所表达零件结构的形状；最后，综合各组成部分，分析它们之间的相对位置，从而确定零件整体的结构、形状。

在形体分析的过程中，总的原则是先外后内、先大后小、先形体后交线。即先分析零件的外部形状，再分析其内部结构；先分析大的结构，再分析小的结构；先分析形体的形状和位置，再分析交线形成的原因和性质。

尽管接头零件图的主视图是一个全剖视图，用于表达内形，但是结合左视图和局部视图，还是能够比较容易地从主视图划分出如图6-2所示的四个封闭线框来。

如图6-3a所示，第一个不封闭线框由两个矩形组成，大的矩形在左视图上对应一个圆，小矩形标注有尺寸$\phi 57$，综合这两个投影可以想象出，这部分结构是两个同轴圆柱体。如图6-3b所示，第二个封闭线框在主视图上是一个矩形，按投影关系在左视图上对应一个包含有三个圆角的三角形，左视图反映该结构的形状特征，综合这两个投影可以看出，该结构是一个具有三个圆角的正三棱柱板，正三棱柱板的右端面与同轴圆柱体中大圆柱的右端面平齐。

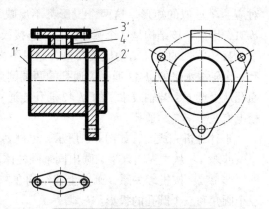

图6-2 划分封闭线框（外形）

如图6-3c所示，第三个封闭线框在主视图上是一个矩形，按投影关系在左视图上对应一个封闭的矩形，局部视图反映该结构的形状特征。综合这三个投影可以看出，这部分结构位于零件的上方，是一个连接板。

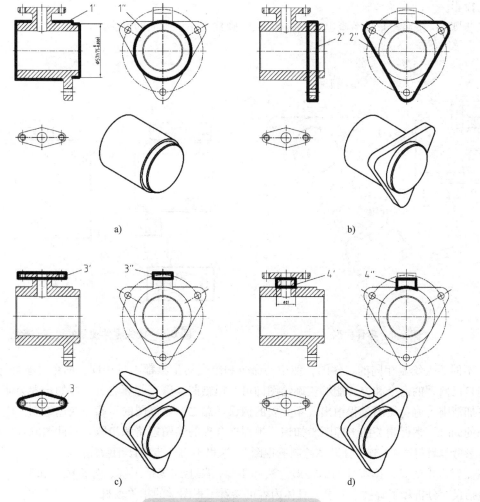

a)

b)

c)

d)

图6-3 封闭线框对应形体分析

如图 6-3d 所示，最后一个封闭线框在主视图上也是一个矩形，按投影关系，在左视图上对应一个近似的矩形，这两个投影都不反映结构的形状特征，但注意到主视图上有一个尺寸 $\phi21$，因此，该结构是一个圆柱，位于连接板的下方，同轴圆柱体大圆柱的上方。

接头零件的内部结构比较简单，这里不再详细分析。如图 6-4 所示，在同轴圆柱体的内部有一个轴线水平的 $\phi42$ 通孔，通孔的两端倒角；在连接板和 $\phi21$ 圆柱内部有一个 $\phi11$ 的通孔，通孔从上至下，与轴线水平的 $\phi42$ 通孔连通；在连接板上还有两个 M5 的螺纹孔；在正三棱柱板上有三个 $\phi7$ 的通孔。

形体分析完成后，如图 6-5 所示，可规划出一个合理的绘图思路与步骤：

步骤 1：从主视图入手，画出同轴圆柱体，内部 $\phi42$ 通孔以及通孔两端倒角的投影。

步骤 2：按投影关系，画出上述结构在左视图上的投影，以及左视图上正三棱柱板及其上三个圆角和三个圆孔的投影。

步骤 3：按照投影关系，画出正三棱柱板及其下方圆孔在主视图上的投影。

步骤 4：画出表达连接板实形的局部视图。

步骤 5：依据局部视图，按照投影关系画出连接板和 $\phi21$ 圆柱及其上 $\phi11$ 通孔在主视图上的投影。

步骤 6：按照投影关系画出连接板和 $\phi21$ 圆柱在左视图上的投影。

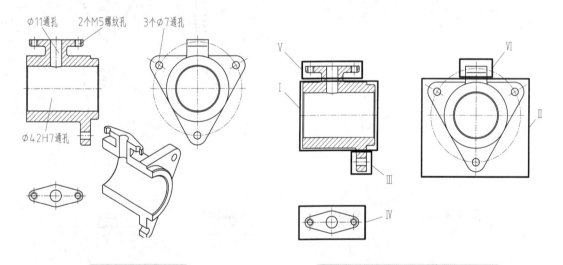

图 6-4　零件内形　　　　　　　图 6-5　接头零件视图的绘图步骤

不同的人绘制相同的零件图，使用的命令和绘图的步骤都不尽相同，命令没有好坏之分，使用自己熟悉的命令和方式能够正确绘图即可。但绘图步骤有好坏之分，好的步骤会使绘图思路更加清晰，避免绘图过程中出现不必要的错误。总之，零件图的正确与快速绘制，应在掌握命令的同时，掌握相关的工程图学知识，规划出合理的绘图思路和步骤。零件图的具体绘图方法可参考本教材 2.5.2 节"分形体绘制三视图"，这里不再一步步详细叙述。

需要指出的是，读零件图的一般方法和步骤，除上述概括了解、分析视图和形体分析外，还包括尺寸分析和了解技术要求，具体内容可看工程图学的相关教材。

6.3 零件图的尺寸标注

在零件图中，除一组视图用来表达零件的结构形状外，还需要标注尺寸以确定零件的大小。因此，在零件图上标注尺寸是一项十分重要的工作，要求正确、完整、清晰、合理。其标注方法和本教材 3.6 节 "组合体三视图的尺寸标注" 中所讲的方法基本一致。

实际上，零件就是在其主体结构的基础上，增加了一些功能结构和工艺结构。以图 6-6 所示的齿轮轴为例，其主体结构是由一系列同轴回转体组成的复合型回转体，齿轮轴的功能结构有轮齿、键槽和螺纹，工艺结构有圆角、螺纹退刀槽和倒角。

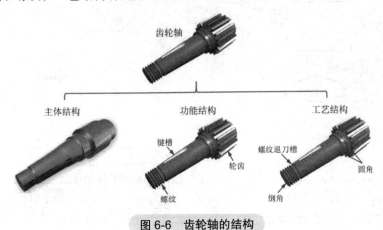

图 6-6 齿轮轴的结构

因此，零件图的尺寸标注，首先应选择尺寸基准；然后对于零件主体结构分形体标注出其各部分的定形尺寸、定位尺寸和总体尺寸；最后，按国家标准的相关规定，在图样或技术要求中标出其功能结构和工艺结构的尺寸。如图 6-7 所示，接头零件图中，长度方向的主要尺寸基准是零件右侧正三棱柱的右端面（安装面）；宽度方向的尺寸基准是零件的前后对称平面；高度方向的尺寸基准是 $\phi 42$ 通孔的水平轴线。

接头的主体结构包括水平的同轴圆柱体，右侧的正三棱柱板，上方的连接板及其中间的竖直连接圆柱。

1）同轴圆柱体的定形尺寸为右端小圆柱，直径 $\phi 57h7\ (^{\ 0}_{-0.030})$，长度 8；左端大圆柱直径 $\phi 62$，长度尺寸调整为总长 71；内部通孔的定形尺寸为 $\phi 42H7\ (^{+0.025}_{\ 0})$。由于大圆柱的右端面与长度方向的尺寸基准正三棱柱的右端面平齐，长度方向无需定位。同轴圆柱体的水平轴线即为高度方向的尺寸基准，且其轴线就在宽度方向的尺寸基准前后对称平面上，故高度和宽度两个方向都无需定位。

2）正三棱柱板的定形尺寸有三个尺寸 $R9$ 的圆角，点画线圆的直径 $\phi 88$，厚度 10。由于正三棱柱板长、宽、高的测量起点都分别在各方向的主要定位基准上，故无需定位。

3）零件上方连接板的定形尺寸有确定顶面形状的尺寸 $\phi 21$、左右两螺孔中心距 43，两端圆角 $R5$ 和厚度 6；与其相连接的竖直圆柱外径为 $\phi 21$，内部通孔 $\phi 11$；其定位尺寸长度方向为尺寸 29，高度方向为尺寸 46，宽度方向无需定位。

4）总体尺寸：总长为 71；总宽由正三棱柱板上三个 $\phi 7$ 通孔所在点画线圆 $\phi 88$ 决定；总高由高度定位尺寸 46、点画线圆直径尺寸 $\phi 88$ 和圆角半径 $R9$ 决定；总体尺寸中的总宽和总高无需另外标注。

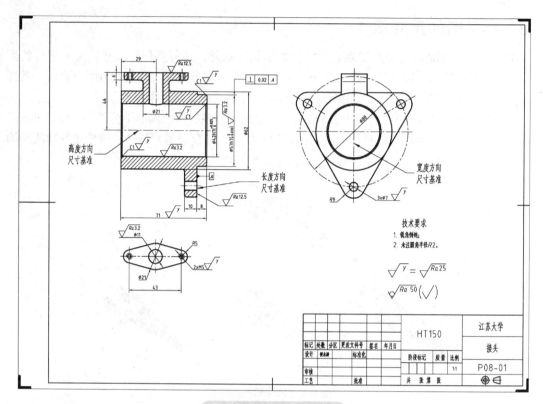

图6-7 接头的尺寸标注

零件的功能结构有连接板上的两个 M5 螺纹孔和正三棱柱安装板上的三个 $\phi7$ 的通孔，它们都是为和其他相邻零件连接所设计的功能结构。$2 \times M5$ 为螺纹孔的定形尺寸，尺寸 43 既是连接板的定形尺寸也是螺纹孔的定位尺寸。尺寸 $\phi88$ 既是正三棱柱板的定形尺寸也是 $3 \times \phi7$ 通孔的定位尺寸。

工艺结构主要有 $\phi42$ 通孔两端尺寸为 C1 的倒角，属于机械加工工艺结构；零件上还有多处铸造圆角，属于铸造工艺结构，统一在技术要求中进行了说明，即"未注圆角半径 R2"。

这些尺寸在 AutoCAD 中的标注都不复杂，其中的倒角尺寸可采用快速引线或多重引线注法，具体标注方法不再赘述。

6.4 零件图的技术要求

零件图的技术要求用来说明零件在制造时应达到的质量要求，使用符号和文字方式注写在零件图中。零件图的技术要求主要包括尺寸公差、表面结构要求、几何公差和文字方面的技术要求。在 AutoCAD 中，标注上述内容的方法为：

1）尺寸公差：可使用标注命令的"多行文字（M）"选项，采用文字堆叠的方法来创建。

2）表面结构要求：可采用插入图块的方法来标注。

3）几何公差：公差框格部分，可采用 qLEader "快速引线"命令，设置"注释类型"为"公差"方法来创建；基准符号部分可采用多重引线的标注方法。

4）文字方面的技术要求：采用在零件图中插入多行文字的方法。

在接头零件图中尺寸公差有两处，分别为小圆柱直径 $\phi57h7$（$^{0}_{-0.030}$）和其内部通孔直径

$\phi 42H7(^{+0.025}_{0})$。表面结构要求共有四种，按精度从高到低的顺序分别为：

1）采用去除材料加工方法 $Ra3.2$，包括 $\phi 42H7(^{+0.025}_{0})$ 的圆孔面，直接标注在其轮廓线上；$\phi 57h7(^{0}_{-0.030})$ 小圆柱外表面，标注在尺寸 $\phi 57h7(^{0}_{-0.030})$ 上；$\phi 11$ 圆孔面，标注在局部视图的尺寸上。这三个表面也是零件上进行轴孔配合的表面。

2）采用去除材料加工方法 $Ra12.5$，包括零件的上端面，直接标注在其轮廓线上；正三棱柱板的右端面，采用快速引线标注方法，设置"注释类型"为"无"，然后将图块插入在引线上。这两个端面也是零件上与其他零件接触的表面。

3）采用去除材料加工方法 $Ra25$，用带字母 y 的完整符号简化标注。可先插入一个表面结构图块，然后将其分解，删除属性后将 Ra 修改为 y，然后修改一下上方直线的长度。可以将这些对象另外创建为一个图块，也可直接复制这些对象进行标注。$Ra25$ 表面包括三个倒角面，标注在尺寸 $C1$ 上；左右两端面，标注在尺寸 71 上；螺纹孔面，标注在尺寸 $2\times M5$ 上；$3\times\phi 7$ 圆孔面，同样标注在其尺寸上。这些表面是零件上的机加工表面。

4）其余表面属于铸造表面，采用不去除材料的加工方法，统一标注在标题栏的上方。

在上述表面结构要求的标注过程中，有时需要延长引线或尺寸线以方便图块的插入。例如，表示倒角 $C1$ 的多重引线需要延长水平引线；局部视图上，螺纹孔尺寸 $2\times M5$ 和圆孔直径尺寸 $\phi 11$，需要延长尺寸线。

延长引线和尺寸线的方法相同，以延长 $2\times M5$ 尺寸线为例，如图 6-8 所示。使用鼠标左键双击尺寸，系统会在绘图区显示在位文字编辑器，同时在功能区显示"文字编辑器"上下文选项卡。此时，将光标定位在正确位置上，单击"插入"面板上的"符号"按钮@，然后单击 **不间断空格 Ctrl+Shift+Space** 菜单项，即可将尺寸线延长。从该菜单项可以看出，插入不间断空格，可直接按 <Ctrl>+<Shift>+<Space> 键。

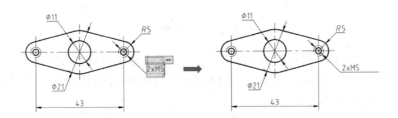

图 6-8　插入不间断空格延长尺寸线

在接头零件图中，几何公差只有一个垂直度，被测要素是 $\phi 57h7(^{0}_{-0.030})$ 小圆柱的轴线，标注时要注意公差框格的指引线应与 $\phi 57h7(^{0}_{-0.030})$ 的尺寸线对齐；基准要素是正三棱柱板的右端面。

6.5　零件图的图框和标题栏

手工绘图所购买的标准图纸上，都包含有印刷好的图框和标题栏。采用 AutoCAD 绘图，需要绘制图框和标题栏。为方便以后使用，可将二者分别或一起制作为图块。在 AutoCAD 中，图框包括外框和内框。外框即图纸的幅面，其尺寸应遵守 GB/T 14689—2008《技术制图 图纸幅面和格式》的规定，见表 6-1。

表 6-1 图纸幅面尺寸 （单位：mm）

幅面代号		A0	A1	A2	A3	A4
幅面尺寸 $B \times L$		841×1189	594×841	420×594	297×420	210×297
周边尺寸	e	20			10	
	c	10			5	
	a	25				

以图 6-9 所示的 A4 图框为例，表 6-1 中的 B 和 L 即为外框的宽和长。内框与外框的间距，采用留有装订边的格式，左侧为 a，其余为 c；如果不留装订边，内框与外框四周的间距则相同，即表 6-1 中的 e。

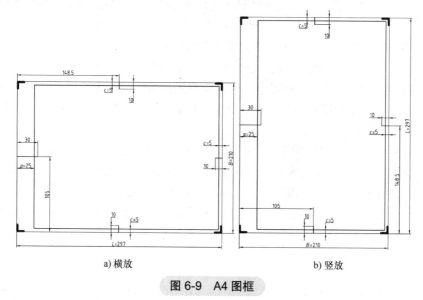

a) 横放　　　　　　　　　　　　　b) 竖放

图 6-9 A4 图框

为了使图样复制和微缩摄影时方便定位，在外框的中点处应分别画出对中符号。国家标准要求对中符号使用粗实线绘制，可绘制在"15 图框_内框线"图层中，长度从外框伸入到内框 5mm，如图 6-9 中所示的尺寸 10。

为使复制图样便于剪切，在图纸的四个角上可分别绘出剪切符号，国家标准规定了两种形式的剪切符号，本教材所使用的形式如图 6-10 所示。剪切符号可使用带有线宽的多段线绘制，以左下角的剪切符号的绘制为例，如图 6-11 所示，在系统要求指定多段线的起点时，输入"FROM"按 <Enter> 键；捕捉 O 点为基点，偏移值输入"@10,1"按 <Enter> 键确定起点 A；输入"W"按 <Enter> 键，指定起点和端点的宽度都为 2；向左移动光标，在系统显示出水平的极轴追踪线时，输入距离"9"按 <Enter> 键；向上移动光标，输入距离"9"按 <Enter> 键确定端点 B，再按 <Enter> 键结束命令。剪切符号也可在"14 图框_角线"图层，直接使用 Line 命令绘制，操作步骤与上相同，可以看到该图层的线宽为 2mm。

GB/T 10609.1—2008《技术制图 标题栏》推荐使用的标题栏，如图 6-12 所示。实际上，在本教材之前相关章节"实践训练"的题目中，已给出了创建该标题栏为图块的步骤。需要指出的是，零件图中标题栏"T2"属性的值应为零件的材料；装配图中"T2"属性的值为该机器或部件的性能规格尺寸。标题栏中的文字方向为看图方向。

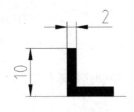

图 6-10 剪切符号

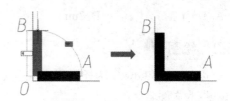

图 6-11 剪切符号的绘制

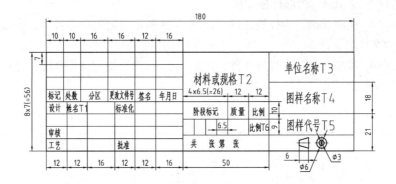

图 6-12 GB/T 10609.1—2008 推荐使用的标题栏

6.6 实践训练

6.6.1 单选题

1. 零件结构不包括_____。

A. 主体结构　　　　　B. 辅助结构　　　　　C. 功能结构　　　　　D. 工艺结构

2. 以下关于零件图的技术要求，创建方法错误的是_____。

A. 尺寸公差采用文字堆叠的方法来创建

B. 表面结构要求采用插入图块的方法

C. 几何公差的基准符号部分采用 qLEader 命令快速引线的标注方法

D. 文字方面的技术要求使用 MText 命令输入

3. DIMLINear 线性标注命令的_____选项可用于堆叠文字。

A. 多行文字（M）　　　　　　　　　　B. 文字（T）

C. 角度（A）　　　　　　　　　　　　D. 旋转（R）

4. 插入不间断空格的快捷键是_____。

A. <Ctrl>+<Alt>+<Space> 键

B. <Ctrl>+<Tab>+<Enter> 键

C. <Ctrl>+<Shift>+<Enter> 键

D. <Ctrl>+<Shift>+<Space> 键

"两弹一星"功勋科
学家：钱学森
SZD-006

5. 国家标准规定，剪切符号的线宽为_____。

A. 1mm   B. 2mm   C. 4mm   D. 10mm

6.6.2 绘图题

1. 以"GB_A3.dwt"为样板新建图形文件，按图6-1所示绘制接头零件图，以"接头零件图 .dwg"为文件名保存。

2. 以"GB_A3.dwt"为样板新建图形文件，删除A3图框，按图6-9a所示绘制A4图框，完成后，另存为"GB_A4_横放 .dwt"图形样板文件；按图6-9b所示绘制A4图框，完成后，另存为"GB_A4_竖放 .dwt"图形样板文件。

3. 以"GB_A4_横放 .dwt"为样板文件，按图6-13所示绘制阀门零件图，完成后以"阀门零件图 .dwg"为文件名保存。

4. 以"GB_A4_横放 .dwt"为样板文件，按图6-14所示绘制阀杆零件图，完成后以"阀杆零件图 .dwg"为文件名保存。

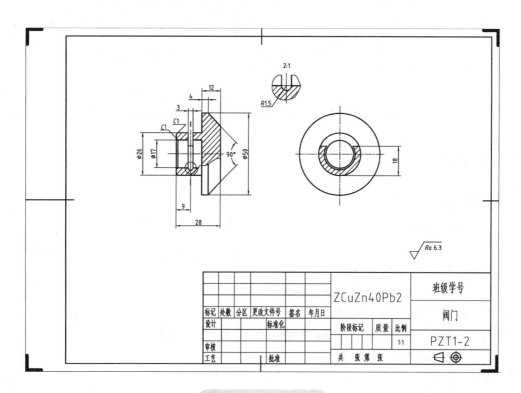

图 6-13 阀门零件图

5. 以"GB_A4_竖放 .dwt"为样板文件，按图6-15所示绘制卡环零件图，完成后以"卡环零件图 .dwg"为文件名保存。

6. 以"GB_A4_竖放 .dwt"为样板文件，按图6-16所示绘制阀盖零件图，完成后以"阀盖零件图 .dwg"为文件名保存。

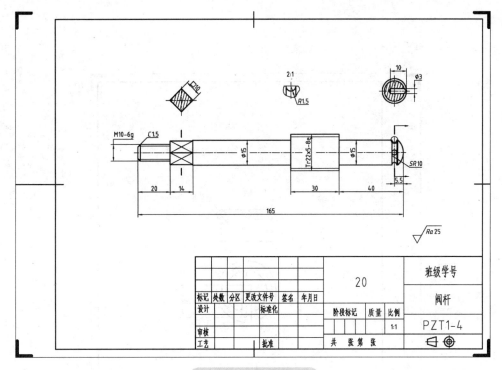

图 6-14　阀杆零件图

7. 以"GB_A4_竖放 .dwt"为样板文件，按图 6-17 所示绘制填料座零件图，完成后以"填料座零件图 .dwg"为文件名保存。

8. 以"GB_A4_竖放 .dwt"为样板文件，按图 6-18 所示绘制填料零件图，完成后以"填料零件图 .dwg"为文件名保存。

9. 以"GB_A4_竖放 .dwt"为样板文件，按图 6-19 所示绘制填料压盖零件图，完成后以"填料压盖零件图 .dwg"为文件名保存。

10. 以"GB_A4_竖放 .dwt"为样板文件，按图 6-20 所示绘制手轮零件图，完成后以"手轮零件图 .dwg"为文件名保存。

11. 以"GB_A4_横放 .dwt"为样板文件，按图 6-21 所示绘制压盖螺母零件图，完成后以"压盖螺母零件图 .dwg"为文件名保存。

12. 以"GB_A3.dwt"为样板文件，按图 6-22 所示绘制阀体零件图，完成后以"阀体零件图 .dwg"为文件名保存。

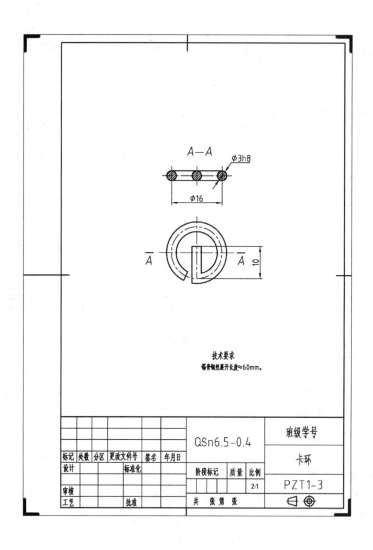

图6-15 卡环零件图

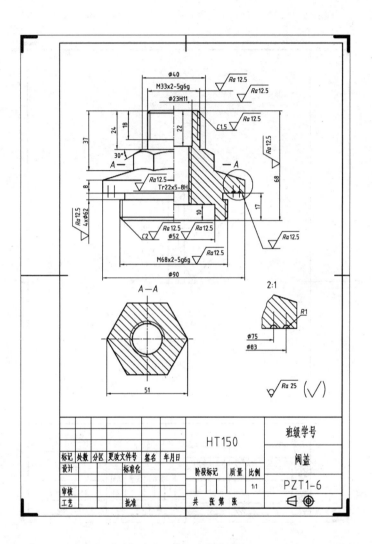

图 6-16 阀盖零件图

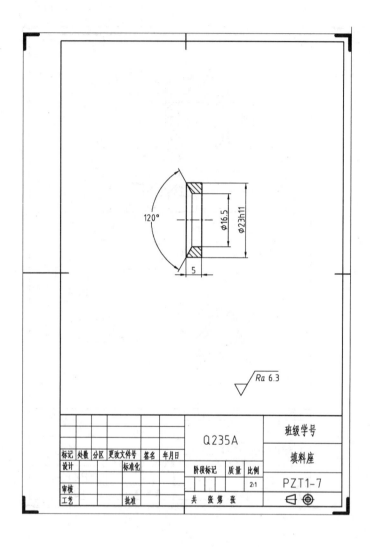

图6-17　填料座零件图

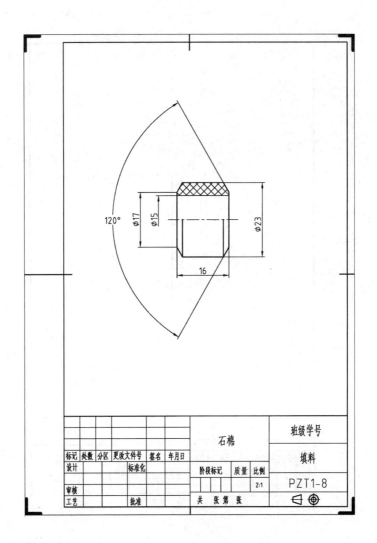

图 6-18 填料零件图

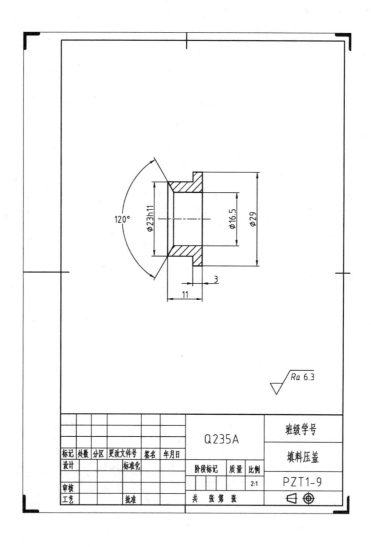

图 6-19 填料压盖零件图

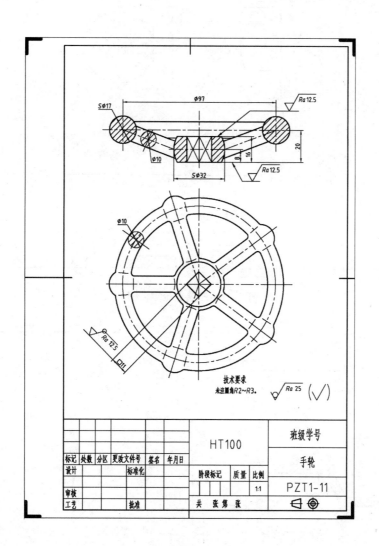

图 6-20　手轮零件图

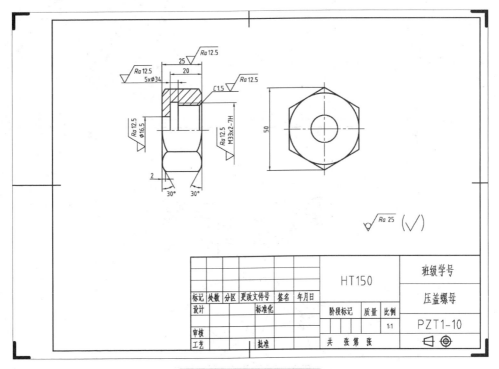

图 6-21　压盖螺母零件图

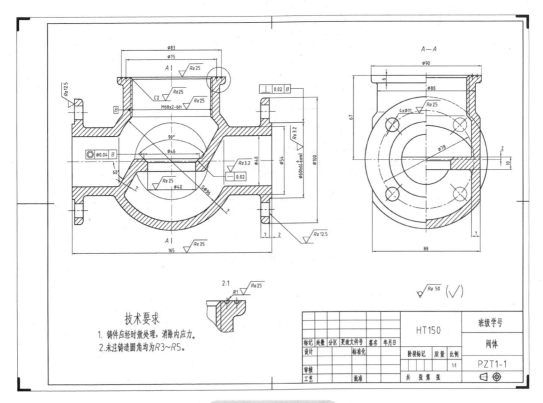

图 6-22　阀体零件图

第7章

装配图

表达机器或部件工作原理、传动方式以及零件之间装配连接关系的图样称为装配图。在设计机器时，一般先画出装配图，然后按照装配图设计并拆画零件图；在制造时，按照装配图进行装配、检查和试验等工作；在使用时，装配图是了解机器结构、正确使用、调试和维修机器的重要依据。

7.1 装配图的内容

图 7-1 所示为一球阀的轴测图，图 7-2 所示是该球阀的装配图。一般情况下，一张完整的装配图包含以下几方面的内容。

1. 一组视图

包括向视图、剖视、断面等，用于表达各组成件之间的装配关系，机器或部件的结构特点和工作原理。必要时还应表达出主要零件的结构形状。例如，球阀装配图采用了下述一组视图：

主视图采用单一全剖视图，用于表达球阀的工作原理及各零件之间的装配连接关系。

左视图是一个基本视图，采用拆卸画法，用于表达阀体、阀盖等主要零件的形状。

A—A 断面图，采用放大比例，用于表达阀门、阀杆和卡环的连接关系。

B 向视图，采用单独画出某个零件的画法，表达手轮的形状。

装配图的一组视图应和零件图的一组视图对比着来理解。零件图的一组视图用于表达零件的

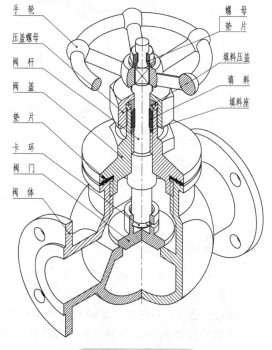

图 7-1　球阀轴测图

内外结构、形状；装配图的一组视图用于表达机器或部件的工作原理、传动方式和装配连接关系。两者的一组视图的作用是不同的。另外，装配图还有一些规定画法、特殊画法和简化画法。这些画法，可参看工程图学的相关教材。

2. 必要的尺寸

在装配图中，只标注表示机器或部件性能规格、装配、连接、安装和外形等方面的尺寸。例如，球阀装配图中的尺寸 $\phi 40$、$M68 \times 2$、$\phi 23H11/h11$、$\phi 78$、$4 \times \phi 11$、$229\sim254$ 等。装配图没有必要将每个零件的尺寸都标注出来。

3. 技术要求

用文字在标题栏或明细栏附近，注写机器或部件在装配、试验、包装和使用等方面应满足

的技术要求。如图 7-2 所示,标题栏左侧技术要求的文字说明。

4. 序号、标题栏和明细栏

如图 7-2 所示,组成机器或部件的各个零件,均应按有关规定编写序号和代号,并填写在标题栏和明细栏中。

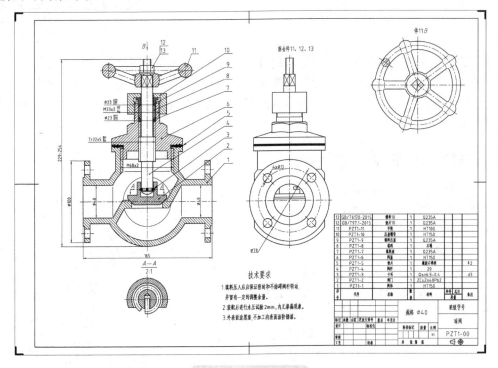

图 7-2 球阀装配图

7.2 装配图的拼装

在 AutoCAD 中,装配图的二维绘制通常有两种方法。第一种是根据已有的零件图拼装装配图;第二种是从头开始绘制装配图。其中,第二种方法与绘制零件图没有本质区别,本节主要讲解根据已有的零件图,如何使用 AutoCAD 拼装装配图。

选取的拼装示例是如图 7-2 所示球阀装配图的主视图,篇幅所限其他视图的拼装不再讲解。首先,以 "GB_A2.dwt" 为样板新建一个文件,命名为 "球阀装配图 .dwg"。接下来,将各零件图中相关的图形对象复制到装配图中。打开零件图如 "手轮零件图 .dwg",将不需要复制到装配图中的对象所在的图层,如 "08 尺寸" 等图层关闭或锁定,然后选择相应的对象,按 <Ctrl+C> 键复制。切换到装配图,按 <Ctrl+V> 键粘贴,即可将零件图中选择的对象复制到装配图中。复制完成后,建议做以下操作:

1)为每个零件的图形对象设置不同的颜色,以便在移动后能够容易地分清该对象是属于哪个零件的投影。

2)有的零件在零件图中的表达与装配图中不同,例如,阀杆、填料座、填料压盖等轴套类零件,这类零件在零件图中的布置应按加工位置原则,轴线水平放置;在装配图中它们的工作位置为轴线竖直,需要在拼装前对其投影进行相应旋转。

3）按装配图的简化画法，零件的工艺结构如小圆角、倒角等允许省略不画。因此，可对零件上的这些结构作一下处理，以简化后续的拼装。

以阀体为基础，将其他零件拼装在阀体上的具体操作为：

1. 拼装阀门

阀门的底部是一个外圆锥面，这个外圆锥面要和阀体内部的内圆锥面相互贴合。因此，两者的锥顶应重合，即如图 7-3a 所示阀门上的点 1，应与阀体上的点 1 重合。使用 Move 命令，选择阀门，基点是阀门上的点 1，目标点是阀体上的点 1。移动完成后，需要查看两零件的遮挡关系，被遮挡住的对象（投影）需要删除或修剪。如图 7-4 所示，阀门安装好之后，阀门会将阀体内圆锥面上的两个半圆遮挡住。因此，在装配图上，需要将这两个半圆的投影（直线）删除，结果如图 7-3b 所示。拼装完成后可以看出，当阀门闭合时会将阀体内部隔绝为左右两个腔室，流体将不能从右腔室流入到左腔室。

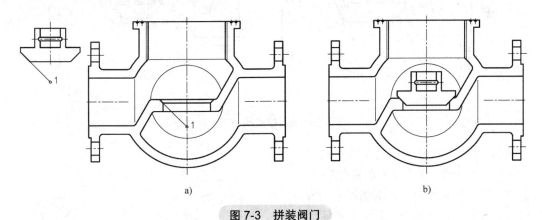

a) b)

图 7-3 拼装阀门

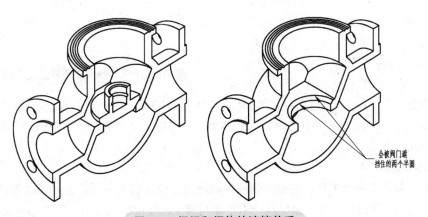

会被阀门遮挡住的两个半圆

图 7-4 阀门和阀体的遮挡关系

2. 拼装阀杆和卡环

阀杆的轴线应与阀门内部孔的轴线对齐；阀杆底部的环形凹槽应与阀门内部的环形凹槽对齐。因此，如图 7-5a 所示，移动时基点为阀杆上的点 2，目标点为阀门上的点 2。

阀杆移动好之后，需要修剪掉阀门和阀体被阀杆遮挡住的图线，结果如图 7-5b 所示。需要注意，阀门内部孔的直径为 $\phi17$，要比穿入该孔的阀杆上圆柱的直径 $\phi15$ 大；因此，这里不是轴孔配合，应明确画出两条轮廓线，如图 7-5 所示的局部放大图。

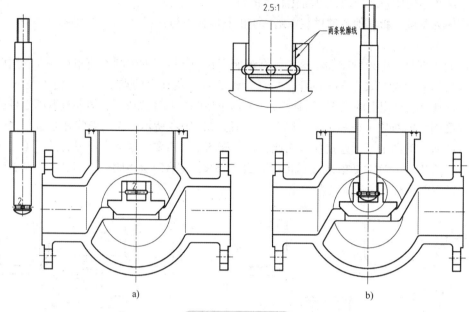

图 7-5 拼装阀杆

如图 7-6 所示，在阀门的前方，从左至右开有一个方槽，这个方槽在装配图中，由于位于剖切平面的前方被剖切掉了。方槽用来穿入卡环，卡环最初是一个采用锡青铜材料制成的直金属丝，从阀门前方的方槽穿入到阀杆底部的盲孔中。穿入后，阀杆相对阀门旋转，会使金属丝发生弯曲，环绕在阀杆底部的环形凹槽中。实际上，阀门在 $\phi 17$ 圆孔内部也有一个环形的凹

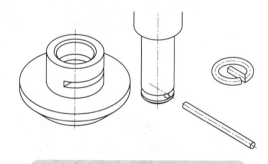

图 7-6 卡环、阀门和阀杆的装配关系

槽。当卡环变形后，阀杆沿竖直方向移动时，就会带动卡环，卡环会带动阀门，从而实现阀门的开启与闭合。卡环在装配图中的投影非常简单，只需镜像出另外两个半圆即可，如图 7-5 中所示的局部放大图。

3. 拼装阀盖和垫片

阀盖的底部加工有外螺纹，它旋入到阀体的螺纹孔中，阀盖和阀体之间还放置有垫片。因此，移动时基点为通过螺纹退刀槽中点的水平面与阀盖轴线的交点，即如图 7-7a 所示阀盖上的点 3，目标点是阀体上端面的点 3。

移动阀盖后，应注意两处内外螺纹连接。螺纹连接装配图的画法是：

1）旋合部分按外螺纹绘制，其余部分仍按各自的画法表示。

2）大径小径对齐，即外螺纹的螺纹大径（粗实线）和内螺纹的螺纹大径（细实线）对齐；外螺纹的螺纹小径（细实线）和内螺纹的螺纹小径（粗实线）对齐。

第 1 处阀盖与阀体的螺纹连接，阀盖是外螺纹，可单击"修改"面板上的"打断于点"按

钮口，将阀体的螺纹小径（粗实线）打断，打断后，删除与阀盖螺纹小径（细实线）重叠的粗实线；第 2 处阀盖与阀杆螺纹连接，阀杆是外螺纹，可使用夹点编辑，修改阀盖螺纹小径（粗实线）的长度。螺纹连接处的图线修改好之后，修剪掉阀盖上被阀杆遮挡住的图线以及阀体上被阀盖和阀杆遮挡住的图线，结果如图 7-7b 所示。

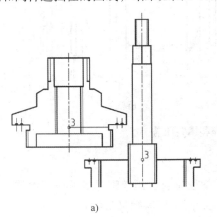 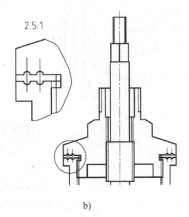

a)   b)

图 7-7 拼装阀盖

选择重叠在一起的对象，可将光标悬停在这些对象上，按 <Shift>+<Space> 键循环显示。当显示到所需对象后，单击鼠标左键可选择该对象；此外，还可启用状态栏上"选择循环"按钮之后，将光标悬停在重叠的对象上，当十字光标旁显示出双矩形图标时，单击鼠标左键，默认时会显示如图 7-7b 所示的"选择集"对话框，然后在对话框的列表中单击，即可选择所需的对象。

在阀盖和阀体之间放置有垫片，垫片采用橡胶石棉板制成。当阀盖旋入到阀体中会压紧垫片，垫片的材料会嵌入到阀盖和阀体的半圆形凹槽中，从而起到密封作用。可按图 7-7 所示的局部放大图，绘制垫片的封闭轮廓。

阀盖在旋紧到阀体上之后，两者之间不再相对运动。但是，阀盖和阀杆之间由于采用梯形螺纹连接，通过旋转手轮可以带动阀杆在阀盖和阀体内作螺旋运动。阀杆上升，带动阀门开启；阀杆下降，带动阀门闭合。

4. 拼装填料座和填料压盖

填料座的底面放置在阀盖内部梯形螺纹孔的上端面上，填料座的轴线与梯形螺纹孔的轴线对齐。因此，移动时基点为填料座上的点 4，目标点为阀盖上的点 4，如图 7-8a 所示。接下来，按实际情况应安装填料，这里不放置填料，先安装填料压盖。填料压盖在轴肩位置的下端面，不能和阀盖的上端面贴合。如果贴合，就没有压紧填料的余量了。因此，基点选择如图 7-8a 所示填料压盖上的点 5；为留出压紧填料的余量，目标点选择距离阀盖上端面 4mm，阀盖轴线上的点 5。修剪掉被遮挡住的图线，结果如图 7-8b 所示。

注意，这里有两处轴孔配合。分别为填料座与阀盖以及填料压盖与阀盖的轴孔配合。配合表面，注意只画一条公共轮廓线。填料座的底面和阀盖梯形螺纹孔的上端面是接触表面，接触表面也只画一条公共轮廓线。填料座和填料压盖内部 $\phi16.5$ 的圆孔与阀杆在此处直径为 $\phi15$ 的圆柱不是轴孔配合，间隙很小只有 0.75mm，应画出两条轮廓线，如图 7-8 所示的局部放大图。在填料压盖和填料座之间的空白区域，后续将填充网格线图案作为填料。

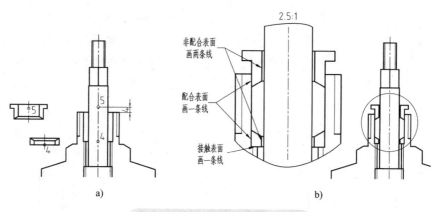

图 7-8　拼装填料座和填料压盖

5. 拼装压盖螺母

压盖螺母有一个螺纹孔，该螺纹孔与阀盖的外螺纹旋合。压盖螺母螺纹退刀槽的上端面应压紧填料压盖的上端面，因此移动时基点为如图 7-9a 所示压盖螺母上的点 6，目标点为填料压盖上端面上的点 6。修剪掉被遮挡住的图线，结果如图 7-9b 所示。

拼装时，应注意压盖螺母的内螺纹与阀盖顶部的外螺纹大径小径要对齐；同样，压盖螺母内部 $\phi16.5$ 的圆孔与阀杆上直径为 $\phi15$ 的圆柱不是轴孔配合，应画出两条线。注意不要漏掉如图 7-9 所示的局部放大图所指示的那两小段直线。可以看到填料座、填料、填料压盖和压盖螺母组成了一个填料密封装置。

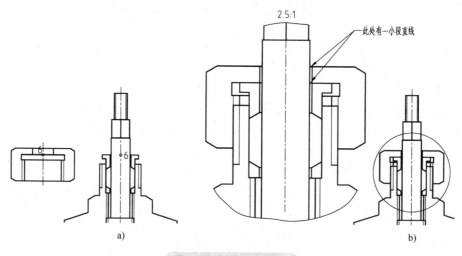

图 7-9　拼装压盖螺母

6. 拼装手轮、垫片和螺母

手轮的下端面与阀杆方头柱体下端的轴肩贴合。因此，移动时基点如图 7-10a 所示，为手轮下端面上的点 7；目标点为阀杆上的点 7。注意到，阀杆方头柱体的尺寸为□ 10，手轮方孔的尺寸为□ 11，这里同样不是轴孔配合，应画出两条线，如图 7-10 所示的局部放大图。如图 7-10a 所示，垫片和螺母的装配关系非常清楚，可先将螺母移动到垫片的上方，然后以垫片底面上的点 8 为基点，一起移动到手轮上的点 8。修剪掉被遮挡住的图线，结果如图 7-10b 所示。

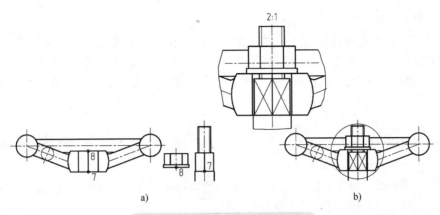

图 7-10　拼装手轮、垫片和螺母

7. 填充剖面线

可先为三个有螺纹的零件即阀体、阀盖和压盖螺母填充剖面线，填充时注意螺纹应以粗实线为边界填充。可以数一下，阀盖应有六个边界要填充；压盖螺母有四个边界要填充；另外，要注意相邻的两个不同的零件，剖面线的方向应尽量相反；或者方向相同，间距不同。阀杆上虽然也有外螺纹，但由于是实心杆件，剖切平面通过其轴线，在装配图中按不剖处理，不需要填充剖面线。后续，可为阀门、填料座、填料压盖和手轮填充剖面线。卡环以及阀盖与阀体之间的垫片由于厚度较小可以使用 SOLID 图案填充；填料可使用 ANSI37 网格线填充。填充剖面线后的结果，如图 7-2 所示。

7.3　装配图的尺寸

在装配图中标注尺寸，其目的和零件图中标注尺寸完全不同。零件图中必须标注出零件的完整尺寸，以确定组成零件各结构的形状、大小和位置；在装配图中，只需标注出必要的尺寸，这些尺寸如下。

1. 性能规格尺寸

表示机器或部件性能或规格的尺寸。性能规格尺寸是设计、选用机器或部件时的重要依据。就像购买彩电时，需要考虑买多大的彩电，是 40in 还是 65in。这个尺寸反应了彩电的规格。对球阀而言，它的进出油口的直径即 $\phi40$ 就是性能规格尺寸。

2. 装配尺寸

装配尺寸又可以细分为三类：

（1）配合尺寸　表示轴孔配合性质的尺寸。例如，球阀中填料压盖和阀盖以及填料座和阀盖的轴孔配合尺寸都为 $\phi23\mathrm{H}11/\mathrm{h}11$，这两个尺寸都属于配合尺寸。

（2）装配连接尺寸　表示零部件之间连接情况的尺寸。例如，压盖螺母和阀盖之间的螺纹连接尺寸 $\mathrm{M}33\times2$；阀盖和阀杆之间的梯形螺纹连接尺寸 $\mathrm{Tr}22\times5$；阀盖和阀体之间的螺纹连接尺寸 $\mathrm{M}68\times2$ 都属于装配连接尺寸。通常，非标准件上的螺纹尺寸属于装配连接尺寸。

（3）装配位置尺寸　表示装配好之后，零部件之间必须保证的相对位置尺寸。

3. 外形尺寸

表示机器或部件的总长、总宽和总高。在球阀中，165 是总长；$\phi100$ 是总宽；229~254 是总高，这三个尺寸都属于外形尺寸。

4. 安装尺寸

表示机器或部件与外部结构连接时安装情况的尺寸。安装尺寸通常是与安装结构有关的定形尺寸和定位尺寸。例如，球阀的阀体上，左右两个圆柱形连接板又称为法兰盘，其上均匀分布有四个圆孔，这四个圆孔就是安装结构，其定形尺寸 $4 \times \phi 11$ 和定位尺寸 $\phi 78$ 都属于安装尺寸。

5. 其他重要尺寸

这类尺寸有设计时经过计算确定的尺寸以及为了保证在装配时，相关零件的相对位置协调而标注的尺寸。

球阀装配图的尺寸标注，除装配尺寸，需要使用到多行文字的斜线堆叠方法；其他类型的尺寸标注方法与零件图的尺寸标注方法没有不同。

7.4 装配图的序号、代号和明细栏

7.4.1 序号和代号

1. 序号和代号的编排

装配图中各组成部分的编号分为序号和代号两种。序号是按组成部分的装配顺序或重要性所编排的号码。序号可按顺时针或逆时针方向，按大小顺序排列成水平或垂直的整齐行列，如图 7-2 所示，球阀的序号从 1~13 按逆时针方向顺序排列。

代号是表明各组成件对产品从属关系的编号。如图 7-2 所示球阀装配图的标题栏中，可以看到序号为 1 的阀体，代号为 PZT1-1。这个代号应和阀体在其零件图标题栏中的图样代号（图号）保持一致。

2. 序号和代号的标注方法

标注序号时，按照 GB/T 4458.2—2003《机械制图 装配图中零、部件序号及其编排方法》可选用如图 7-11a~c 所示三种形式之一。注意，当用图 7-11a 所示注写在水平线上或图 7-11b 所示注写在圆圈内这两种形式时，序号的字体高度要比图样中尺寸数字的高度大一号或两号；当用图 7-11c 所示注写在指引线附近这种形式时，序号的字体高度必须比图样中尺寸数字的高度大两号。水平线、圆圈和指引线全部采用细实线绘制，指引线在零件端使用实心小圆点，小圆点应在零件轮廓线里面。如果所指部分为很薄的零件或涂黑的断面，不宜画出小圆点时，可改画为箭头，并指向该部分的轮廓，如图 7-11d 所示。

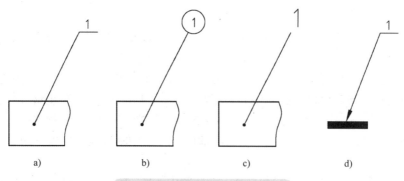

图 7-11 序号的标注方法（一）

指引线不能相交。当其通过画有剖面线的区域时，指引线应尽量不要与剖面线平行。必要时，指引线可以画成折线，但只能转折一次。紧固件组或装配关系明确的一组零件，允许使用一条公共的指引线，如图 7-12 所示。同一装配图中，标注序号的形式应一致。

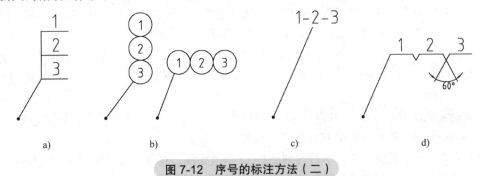

a) b) c) d)

图 7-12 序号的标注方法（二）

在如图 7-11 所示 a~c 三种形式的序号标注方法中，图 7-11a 所示形式应用最为广泛，在 AutoCAD 中可通过定义多重引线样式，使用 MLeaDer 命令标注。

单击"注释"选项卡"引线"面板右下角的对话框按钮，打开"多重引线样式管理器"对话框，单击"新建"按钮，输入新样式名为"装配图指引线"，单击"继续"按钮。在对话框的"引线格式"选项卡中，选择箭头的"符号"为"小点"，大小可设置为装配图中尺寸数字的高度，这里设置为"5"，如图 7-13a 所示。在"引线结构"选项卡中，设置"最大引线点数"为"2"，选中"自动包含基线"复选框，"设置基线距离"为"3"，如图 7-13b 所示。在"内容"选项卡中，选择"多重引线类型"为"多行文字"，"文字样式"为定义好的"工程字 - 直体"，"文字高度"设置为比尺寸数字高度大一号的字体高度"7"，"引线连接"为"水平连接"，"连接位置"左和右都选择"第一行加下划线"，如图 7-13c 所示。单击"确定"按钮，完成多重引线样式的定义。

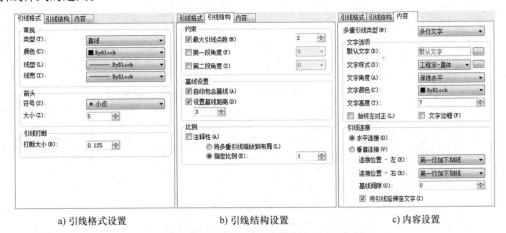

a) 引线格式设置　　b) 引线结构设置　　c) 内容设置

图 7-13 装配图指引线多重引线样式设置

定义完多重引线样式，即可使用 MLeaDer 命令在装配图中插入引线和序号。建议在插入一条引线后，使用 COpy 命令沿竖直或水平方向复制出其他指引线，然后使用夹点编辑修改引线箭头的位置。

在定义的装配图指引线多重引线样式中，之所以选中"自动包含基线"复选框，并"设置基线距离"为"3"，是为了能够方便修改序号相对于水平引线的位置。在序号（多行文字）左侧，可在选择引线后使用三角形夹点调整其相对于引线基线的位置；在序号右侧，要延长引线，可使用鼠标左键双击引线，然后在右侧插入不间断空格。如果插入不间断空格后使得引线太长，可在选择这些空格后，通过修改文字高度来调整水平引线的长度。

在球阀装配图中，卡环3和垫片5由于使用SOLID剖面线，需要将引线的箭头由"小点"改为"实心闭合"，方法是在选择多重引线后，按 <Ctrl+1> 快捷键使用打开的"特性"选项板来修改箭头形状。

在球阀装配图中，垫片12和螺母13使用一条公共的指引线，其添加方法如图7-14a所示。先使用COpy命令沿竖直方向距离为10（大两号字体高度），复制序号为13的多重引线；使用夹点编辑修改新引线箭头（小点）位置到序号13多重引线的基线位置，如图7-14b所示；最后左键双击多行文字将内容由13改为12，使用"特性"选项板将引线的箭头由"小点"修改为"无"，结果如图7-14c所示。

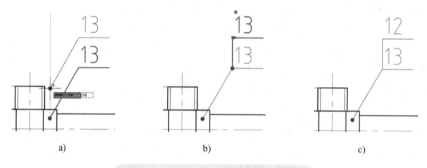

a)   b)   c)

图7-14 紧固件组指引线添加方法

装配图中如使用如图7-11b所示形式的指引线即序号注写在圆圈内，可定义装配图指引圆多重引线样式设置内容如图7-15所示。这里仅说明其与之前装配图指引线样式的差别。在如图7-15b所示"引线结构"选项卡中，不选择"自动包含基线"复选框；在如图7-15c所示"内容"选项卡中，选择"多重引线类型"为"块"，"源块"为"圆"，"附着"注意选择为"插入点"。

a) 引线格式设置   b) 引线结构设置   c) 内容设置

图7-15 装配图指引圆多重引线样式设置

设置该多重引线样式为当前，使用 MLeaDer 命令指定引线箭头位置，再指定引线基线位置，会打开如图 7-16 所示的"编辑属性"对话框，在其中输入标记编号即零件序号，单击"确定"按钮，即可绘制出序号在圆圈内的引线。

从图 7-16 所示对话框中可以看出，多重引线的"块名"为"_TagCircle"，因此要修改序号的文字高度以及圆的大小。可单击"块定义"面板上的"块编辑器"按钮 （BEdit 命令），在如图 7-17 所示的"编辑块定义"对话框中，选择"_TagCircle"，单击"确定"按钮，进入块编辑器环境；选择标记为"TAGNUMBER"的属性，打开"特性"选项板即可修改其文字高度；选择图块的圆，打开"特性"选项板，修改圆的半径即可精确定义圆的大小。实际上，将"TAGNUMBER"属性的文字高度定义为大两号的字体高度，并将圆放置在一个关闭即不可见的图层中，即为序号注写在指引线附近形式的指引线，如图 7-11c 所示。

图 7-16 "编辑属性"对话框

图 7-17 "编辑块定义"对话框

如果多重引线的类型为块，可使用 MLEADERCOLLECT 命令 ，将选定的多个多重引线整理到行或列中，并通过一个引线来显示。如图 7-18a 所示，在标记螺柱紧固件组时，可先插入序号为 2 的多重引线，复制出序号为 3 和 4 的引线；单击"注释"选项卡"引线"面板上的"合并"按钮 ，依次选择序号为 4、3 和 2 的多重引线，按 <Enter> 键即可合并多重引线，如图 7-18b 所示。使用命令的"垂直（V）"选项，即可将多个多重引线放置在一列中，如图 7-18c 所示。

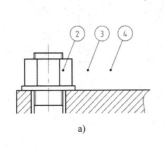 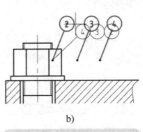 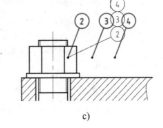

a) b) c)

图 7-18 合并多重引线

151

在球阀装配图指引线绘制的过程中，还可能使用到 MLEADERALIGN 命令 。该命令用以对齐并间隔排列选定的多重引线对象。单击"引线"面板上的"对齐"按钮 ，先选择要进行对齐的多重引线；确认后，再选择要对齐到的多重引线，拖动光标，单击鼠标左键指定对齐方向即可对齐引线。

另外，在"引线"面板上还有两个按钮 添加引线 和 删除引线，用于为多重引线对象添加和删除引线。命令的操作都比较简单，按命令行提示操作即可，这里不再讲解。

7.4.2　明细栏和技术要求

装配图的明细栏紧接在标题栏的上方，用来说明零部件的序号、代号、名称、数量和材料等内容，可使用插入表格的方法来创建，具体可参看第 3 章 3.2 节"表格"。

装配图的技术要求。一般用文字在标题栏或明细栏附近，注写机器或部件在装配、试验及包装时，应满足的技术要求。装配图文字方面的技术要求可使用多行文字来注写。

7.5　工程图的打印

工程图样的打印输出是计算机绘图软件的重要功能。AutoCAD 可以从模型空间打印输出图形，也可以在图纸空间中通过布局视口来打印输出。本节只讲解模型空间的打印，布局也就是图纸空间的打印与模型空间基本相同。

打印命令是 PLOT，通常可单击"快速访问"工具栏上的"打印"按钮 或使用 <Ctrl+P> 快捷键。PLOT 命令会打开如图 7-19 所示的"打印"对话框。下面以打印球阀装配图为例，来讲解该对话框各选项的作用。

1. 选择打印机 / 绘图仪

在对话框的"名称"下拉列表中，可以选择计算机所连接的打印机或绘图仪。一般情况下，办公用的打印机只能打印最大为 A4 的图纸。通常，可先将工程图打印成 PDF 文件，然后再到打印店去打印正规的图样。打印成 PDF 文件，可以选择如图 7-19 所示的"AutoCAD PDF（High Quality Print）.pc3"打印配置文件。

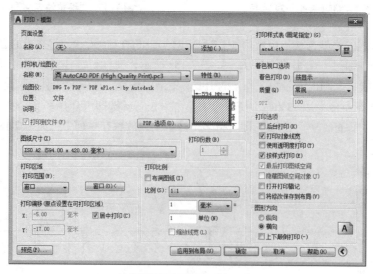

图 7-19　"打印"对话框

2. 选择图纸尺寸

在选择好打印机之后，就可根据图样大小选择相应的图纸尺寸。图纸尺寸，应尽量按照工程图中图框的大小来选择。当然，如果工程图太大或太小，也可以按相应的打印比例，选择图纸大小。由于球阀装配图使用的是 A2 图框，所以图纸尺寸选择"ISO A2（594.00×420.00 毫米）"。

3. 设置打印区域

在图纸尺寸选择好之后，需要设置打印区域。定义打印区域，可使用"打印范围"下拉列表中的选项。

1）窗口：将显示一个"窗口"按钮 [窗口(O)<] ，单击该按钮，可在模型空间中定义两个角点，以确定打印区域。

2）范围：用于打印包含有图形对象的那部分当前空间。如果图形文件中，只包含有一个工程图，且要打印的内容都包含在一个图框内，可以使用该选项。这个范围与 Zoom 命令的"范围（E）"所显示的区域一致。

3）图形界限：打印栅格界限定义的那部分区域，即 LIMITS 命令所定义的区域。

4）显示：打印"模型"选项卡当前视口显示的视图。

在这四个选项中，一般情况下，大多使用"窗口"和"范围"这两个选项来定义打印区域。由于球阀装配图绘制有精确的 A2 图框，可使用"窗口"选项，捕捉外框的两个对角点来定义打印区域。

4. 设置打印偏移

打印区域设置好之后，要定义打印偏移。打印偏移量，通常选择"居中打印"复选框，让系统自动计算。

5. 修改打印比例

定义打印比例，可以从"比例"下拉列表中选择相应的打印比例，注意打印比例应优先选用国家标准规定的比例。选中"布满图纸"复选框，将使用系统自动计算出的打印比例。这里，不选择"布满图纸"复选框，选择"比例"为"1∶1"。对话框提示，显示有红色边框，如图 7-19 所示，表示当前的图纸尺寸超出了可打印区域。此时，可单击"特性"按钮，打开如图 7-20 所示的"绘图仪配置编辑器"对话框。

在该对话框中选择"修改标准图纸尺寸（可打印区域）"，在列表中选择之前选择的图纸尺寸"ISO A2（594.00×420.00 毫米）"，单击"修改"按钮；在如图 7-21 所示的"自定义图纸尺寸"对话框中，将上、下、左、右都设置为 0，单击"下一步"按钮，在随后打开的对话框中将"PMP 文件名"修改为"AutoCAD PDF（High Quality Print）A2"，单击"下一步"，单击"完成"，单击"确定"。在"修改打印机配置文件"对话框中，单击"将修改保存到下列文件"单选按钮，输入文件名为"AutoCAD PDF（High Quality Print）A2.pc3"，单击"确定"按钮。可以看到，"打印"对话框将不再显示红色边框。

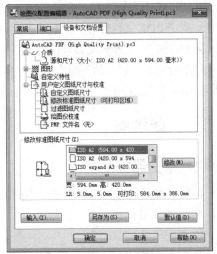

图 7-20 "绘图仪配置编辑器"对话框

图 7-21 "自定义图纸尺寸"对话框

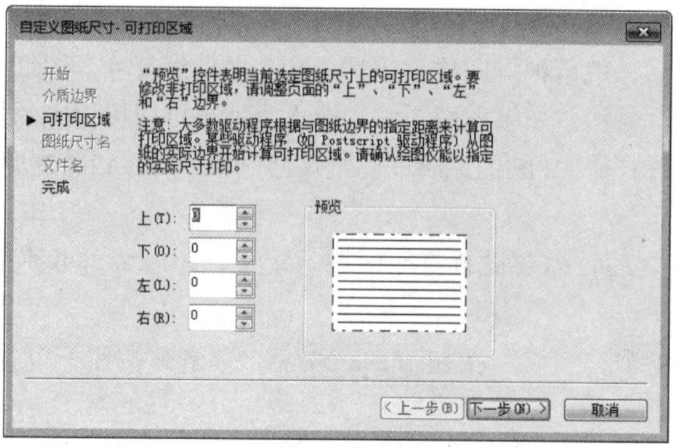

这里，将修改保存到"AutoCAD PDF（High Quality Print）A2.pc3"配置文件中，下次打印时，可在打印机/绘图仪"名称"下拉列表中选择该配置文件，不需要再修改可打印区域。

6. 选择打印样式表

AutoCAD 提供有两种打印样式表。一种称为"颜色相关单元"样式表 CTB，它使用对象的颜色来确定打印特征；另一种称为"命名打印"样式表 STB，包含用户定义的打印样式。这部分内容，不再详细讲解。通常，如果彩色打印，可以设置打印样式表为"acad.ctb"；如果黑白打印，可以设置打印样式表为"monochrome.ctb"，其他选项保持默认即可。

7. 页面设置

"打印"对话框的选项设置完成后，可单击对话框"页面设置"选项组中的"添加"按钮，使用"添加页面设置"对话框，指定"新页面设置名"，将所做设置保存到一个新命名的页面设置中。新命名的页面设置会出现在"打印"对话框页面设置下的"名称"下拉列表中，以方便以后使用。另外，如不保存页面设置，可从"名称"下拉列表选择"上一次打印"选项，以使用上次打印所用设置。

选择"monochrome.ctb"打印样式表，单击"是"按钮，单击"预览"按钮可查看打印效果。此时，单击鼠标右键，在系统显示快捷菜单中选择"打印"，即可使用"浏览打印文件"对话框，指定 PDF 文件保存的地址和文件名，单击"保存"按钮，打印生成 PDF 文件。

除打印输出为 PDF 文件外，图纸还可以打印输出为 DWF 文件。DWF 文件是 AutoCAD 提供的一种不可编辑、安全的矢量文件，它高度压缩，相比 DWG 文件要小很多，非常利于网络传输。打印输出 DWF 文件需要在"打印机/绘图仪"的"名称"下拉列表中选择"DWF6 ePlot.pc3"。

7.6 实践训练

7.6.1 单选题

1. 以下哪类尺寸不属于装配图中的尺寸_____。

A. 性能规格尺寸   B. 安装尺寸

C. 装配尺寸   D. 结构尺寸

2. 在 AutoCAD 中，选择重叠在一起的对象可启动_____状态按钮。

A. 选择循环   B. 选择过滤

"两弹一星"功勋科
学家：屠守锷
SZD-007

C. 隔离对象   D. 对象捕捉

3. 可使用_____循环显示重叠在一起的对象。

A. <Ctrl>+<Space> 键   B. <Shift>+<Space> 键

C. <Alt>+<Space> 键   D. <Tab>+<Space> 键

4. GB/T 4458.2—2003 规定，当装配图中使用指引线附近注写序号的形式时，序号的字体高度必须比图样中尺寸数字的高度大_____号。

A. 一   B. 二   C. 三   D. 四

5. 装配图中指引线采用序号注写在水平线上的形式，采用"多重引线"命令标注时，要延长序号后方水平线的长度需插入_____。

A. 制表符   B. 空格   C. 不间断空格   D. <Tab>

6. 装配图中指引线采用序号注写在圆圈内的形式，源块所对应的名称是_____。

A. _TagCircle   B. _TabCircle   C. _CircleTag   D. _CircleTab

7. 多重引线的类型为_____时，可使用 MLEADERCOLLECT 命令，将选定的多个多重引线整理到行或列中，并通过一个引线来显示。

A. 多行文字   B. 块   C. 复制对象   D. 公差

8. 在模型空间的"打印"对话框中，系统提供的打印范围不包括_____选项。

A. 窗口   B. 显示   C. 布局   D. 范围

9. 如果图形中的对象设置了不同的颜色，打印时使用黑白打印机，可使用_____打印样式表。

A. acad.ctb   B. Fill Patterns.ctb

C. Grayscale.ctb   D. monochrome.ctb

10. 在"打印"对话框中，所做的设置如打印范围、打印比例等，可保存在_____中。

A. 页面设置   B. 打印机   C. 打印样式表   D. 布局

7.6.2 绘图题

打开第 3 章"实践训练"中所要求创建过的"球阀装配图 .dwg"，按教材 7.2 节所述拼装方法，将第 6 章"实践训练"中所绘制零件图的相关内容复制到"球阀装配图 .dwg"文件中，完成球阀装配图主视图的拼装，并绘制指引线和序号。

第8章
三维建模

8

AutoCAD 不仅能够绘制二维图样，还可以建立三维模型。实际上，在现今的产品开发过程中，通过直接建立三维模型对产品进行设计已越来越普遍。用三维模型表达产品设计，不仅更加直观、高效，而且利用包含有质量、材料、结构等物理和工程特性的三维模型，可满足优化设计、动力学分析、有限元分析等更多的工程应用。

8.1 三维建模概述

在 AutoCAD 中，可建立如图 8-1 所示的三维线框、三维网格、三维曲面和三维实体四种三维模型。不同的三维模型具有不同的作用和对应的三维建模技术。

1）线框模型：线框模型是三维对象的边界或骨架表示，主要用于初始设计以及作为后续建立其他种类三维模型的几何参照。

2）网格模型：网格模型使用三角形或四边形定义三维对象的顶点、边和面。网格建模功能提供了不同于曲面和实体的建模方法，可通过拖动顶点、边和面来建立网格对象的形状。

3）曲面模型：曲面模型是不具有质量或体积特性的无限薄壳，AutoCAD 的曲面建模提供了创建关联曲面和 NURBS 曲面的功能。

4）实体模型：实体模型可提供质量特性和截面功能，AutoCAD 的实体建模功能可高效使用基本体（实体图元）、拉伸、旋转、扫掠等功能，以布尔运算生成复杂的形体。

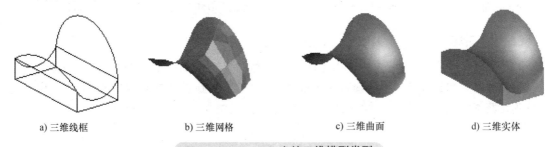

| a) 三维线框 | b) 三维网格 | c) 三维曲面 | d) 三维实体 |

图 8-1 AutoCAD 中的三维模型类型

需要指出的是，AutoCAD 提供的网格模型和曲面模型从计算机图形学的角度来说，都属于表面模型。表面模型是在线框模型的基础上，增加边、面以及表面特征、边的连接方向等信息，从而满足面面求交、线面消隐、真实感图形渲染和数控加工等应用需要。表面模型由于形体究竟位于表面的哪一侧没有给出明确定义，所以无法满足物性计算、有限元分析等应用需要。

从三维建模技术的角度来讲，有些表面形状复杂的对象无法依靠实体建模功能直接建立，需要依靠曲面建模功能创建出对象的各个表面，从而建立三维实体模型。AutoCAD 的三维模型包含这些建模技术的组合，并可以在它们之间进行转换。例如，可以将基本体的三维实体模型转换为三维网格，以执行网格平滑处理，然后将网格转换为三维曲面或恢复为三维实体，以利用各自的建模功能。本教材主要介绍 AutoCAD 三维实体模型的建立。

建立三维模型，需要使用状态栏上的"切换工作空间"按钮 ⚙ ▾ 进入到"三维建模"工作空间。三维建模命令大多集中在该空间的"常用"和"实体"两个选项卡上。另外，绘图区左上角的三个控件[-][俯视][二维线框]，即视口控件、视图控件和视觉样式控件，在三维建模过程中经常用到。左键单击视口控件，会显示如图 8-2 所示的视口配置列表；单击视图控件，会显示如图 8-3 所示的视图列表；单击视觉样式控件，会显示如图 8-4 所示的视觉样式列表。下面通过如图 8-5 所示的轴架三维模型，借助一系列操作来说明这三个控件的作用。

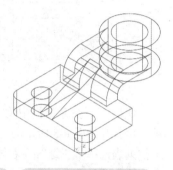

图 8-2 视口配置列表　　　图 8-3 视图列表　　　图 8-4 视觉样式列表　　　图 8-5 轴架三维模型

步骤 1：单击视口控件的"-"符号，从如图 8-2 所示的视口配置列表中，选择"四个：相等"。如图 8-6 所示，绘图区的模型空间被分隔为四个相等的矩形区域，这些矩形区域称为模型空间视口。当显示多个视口时，其中蓝色矩形框亮显的视口称为当前视口，如图 8-6 所示右下角的视口。平移或缩放等控制视图的命令仅作用于当前视口，但对模型所做的修改将显示在其他视口中，可在任一视口中启动命令，并在不同的视口中完成。

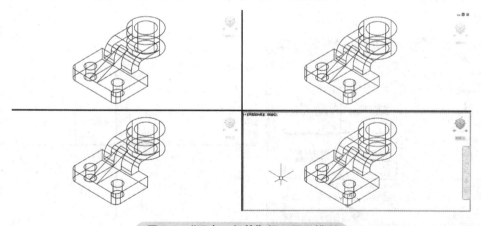

图 8-6 "四个：相等"视口显示模型

步骤 2：使用鼠标单击左上角视口，将其置为当前，单击视图控件，在如图 8-3 所示的视图列表中选择"前视"。按 <Ctrl+R> 快捷键，切换左下角视口为当前，在视图列表中选择"俯视"。单击右上角视口，将其置为当前，在视图列表中选择"左视"。将右下角视口置为当前，在视图列表中选择"西北等轴测"，单击视觉样式控件，在如图 8-4 所示的视觉样式列表中选择

"概念"。上述操作的结果如图 8-7 所示。

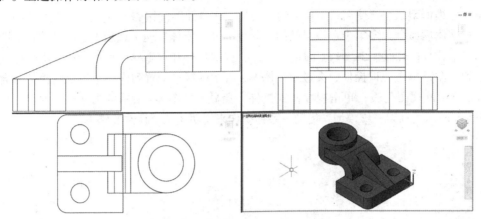

图 8-7　使用视口配置视图和视觉样式

实际上，在命令行中输入"VPORTS"或选择如图 8-2 所示视口配置列表中的"配置"选项，可打开如图 8-8 所示的"视口"对话框。在"标准视口"列表中选择"四个：相等"；"设置"下拉列表选择"三维"；在右侧"预览"区中，单击相应视口，使用"修改视图"和"视觉样式"下拉列表为该视口指定对应的视图和视觉样式，如图 8-8 所示，可一次性完成上述步骤 1 和步骤 2 的所有操作。

可以看出，视口用于显示模型的视图和视觉样式。如图 8-9 所示，将光标放置在模型空间视口边界的不同位置上，光标形状会发生相应改变。此时，按住鼠标左键并拖动，可改变视口大小；按住 <Ctrl> 键拖动视口边界，将显示绿色分隔条，可创建新的视口；将一个视口的边界拖动到另一个边界上，可删除视口。在当前视口中单击视口控件，从弹出的快捷菜单中选择"最大化视口"，可将该视口最大化显示；选择"恢复视口"可将模型空间恢复为原来的视口配置。

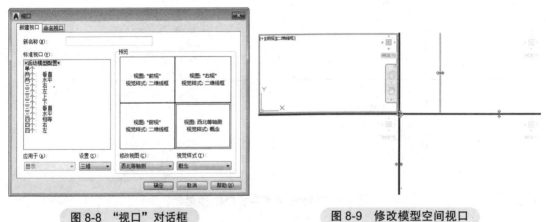

图 8-8　"视口"对话框　　　　　图 8-9　修改模型空间视口

在 AutoCAD 中，视图的概念和工程图学中投影的概念基本相同。在如图 8-3 所示的视图列表中，系统预设了六个正交视图和四个等轴测视图。其中，"前视"即工程图学中的主视图。一般情况下，使用系统预设的这十个视图即可满足建模需要。如有其他需要，可从视图列表中选择"视图管理器"选项，使用如图 8-10 所示的"视图管理器"对话框，新建或删除视图。

视觉样式用于控制每个视口中边、光源和着色的显示。在如图 8-4 所示的视觉样式列表中列出了系统预定义的十种视觉样式。下面仅解释一下三维建模时常用的四种视觉样式。

1）二维线框：采用直线和曲线表示模型边界的方式来显示对象。

2）概念：使用平滑着色和古氏面（一种冷色和暖色之间的过渡）样式来显示对象。

3）隐藏：用于消除隐藏线，即消除模型被遮挡住的轮廓线。

4）线框：指三维线框，其与二维线框的相同之处是，同样采用直线和曲线表示模型边界的方式来显示对象；不同之处是，UCS 图标的显示不同。

创建或修改视觉样式，可在如图 8-4 所示的视觉样式列表中选择"视觉样式管理器"选项，打开如图 8-11 所示的视觉样式管理器，使用管理器上的"面设置""环境设置""边设置"和"光源"面板，可修改新建的或已有的视觉样式设置。

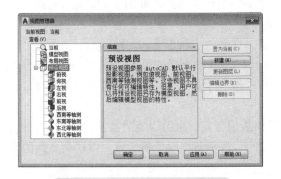

图 8-10 "视图管理器"对话框　　图 8-11 视觉样式管理器

为查看模型建立是否正确，经常需要对模型进行动态观察。AutoCAD 提供了三个动态观察命令，这三个命令对应于导航栏上"动态观察"工具栏上的三个按钮。

1）动态观察：3DORBIT 命令，将动态观察约束到 XY 平面或 Z 轴方向。

2）自由动态观察：3DFORBIT 命令，允许沿任意方向进行动态观察，系统会显示一个导航球，导航球用于帮助定义动态观察的有利点。将光标移到导航球的不同部分，系统将更改光标图标，拖动光标时，系统将指示视图旋转的方向。

3）连续动态观察：3DCORBIT 命令，在相应方向上单击并拖动，然后松开鼠标，可连续地进行动态观察。

3DORBIT"动态观察"命令的快捷方式是按住 <Shift> 键，拖动鼠标滚轮；3DFORBIT"自由动态观察"命令的快捷方式是同时按住 <Shift>+<Ctrl> 键，拖动鼠标滚轮。建模时，多使用 3DFORBIT"自由动态观察"命令。

8.2　三维建模命令

形状复杂的三维模型，可从建立基本体开始，也可从拉伸、旋转、扫掠或放样开始。通过布尔运算或称并交叉运算对简单形体进行组合，可生成形状复杂的形体。创建简单形体的命令，称为三维建模命令。这些命令按钮可在如图 8-12 所示"常用"选项卡上的"建模"面板或如图 8-13 所示"实体"选项卡上的"图元"面板和"实体"面板中找到。

图 8-12　"建模"面板

图 8-13　"图元"和"实体"面板

8.2.1　基本体的建立

基本体包括长方体、楔体、圆柱体、圆锥体、球体、棱锥体和圆环体，这些形体在 Auto-CAD 中称为实体图元。为和工程图学的概念保持一致，本教材仍将 AutoCAD 中的这些实体图元称为基本体。

1. 长方体和楔体

BOX 命令 长方体，默认要求先指定长方体底面矩形的两个角点，如图 8-14a 所示的点 1 和点 2；然后指定长方体的高度，即可创建出长方体。

如果已知长、宽、高来创建长方体，可启用状态栏上的"动态输入"按钮 ；在指定点 1 后，通过输入长方体的长，即点 2 相对于点 1 沿当前 UCS X 轴方向的距离；按 <Tab> 键，输入长方体的宽，即点 2 相对于点 1 沿 Y 轴方向的距离；按 <Enter> 键，向上或向下移动光标，输入长方体的高，按 <Enter> 键，完成长方体的创建。

BOX 命令对于长方体的高，既可通过输入具体数值指定，也可以通过捕捉参考点来确定，如图 8-14a 所示的点 3；还可使用命令的"两点（2P）"选项捕捉两个参考点，以这两点间的距离作为长方体的高。

注意，使用 BOX 命令创建长方体时，长方体的底面即如图 8-14a 所示点 1 和点 2 确定的面，始终与当前 UCS 的 XY 平面平行，沿 UCS 的 Z 轴方向生成长方体。UCS 的 XY 平面是一个非常重要的平面，称为工作平面。如图 8-14b 所示，如果希望指定 1、4 两点为底面矩形的两个角点，沿点 4 到点 5 的方向生成长方体，需要将 UCS 从如图 8-14a 所示的位置变化为如图 8-14b 所示的位置，具体操作方法将在 8.3 节"UCS"中讲解。

WEdge 命令 楔体 的操作与 BOX 命令相同，如图 8-15 所示，可以看到楔体实际上就是长方体的一半。注意，楔体

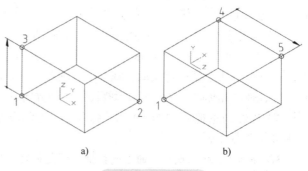

a)　　　　　　　　b)

图 8-14　长方体

的倾斜方向始终沿当前 UCS 的 X 轴正向。

2. 圆柱体和圆锥体

CYLinder 命令🔲圆柱体，首先要求确定圆柱体底面的圆，确定圆的选项和 Circle 命令相同，可使用命令的"圆心、半径""圆心、直径""三点（3P）""两点（2P）""切点、切点、半径（T）"等选项。在底圆确定后，再指定圆柱体的高即可创建出圆柱体。采用命令的默认选项，可通过指定如图 8-16 所示的 1、2、3 三个点来创建圆柱体。其中点 1 为圆柱体底面的圆心（中心点）；1、2 两点间的距离确定圆柱的半径；1、3 两点间的距离确定圆柱体的高。

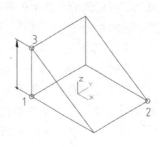

图 8-15 楔体

默认情况下，圆柱体的轴线平行于当前 UCS 的 Z 轴。命令的"轴端点（A）"选项，可指定圆柱体的轴端点即如图 8-16 所示的点 3，圆柱体的轴线为底面圆心点 1 和轴端点 3 的连线。由此，使用命令的"轴端点（A）"选项，可创建轴线不平行于 Z 轴的圆柱体。命令的"椭圆（E）"选项可创建椭圆柱。

CONE 命令△圆锥体，用于创建圆锥体，其操作与 CYLinder 命令基本相同，如图 8-17 所示。在圆锥体底面的圆确定后，还可使用命令的"顶面半径（T）"选项，创建圆台体。

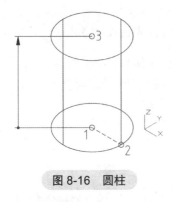

图 8-16 圆柱

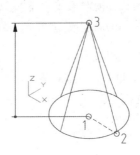

图 8-17 圆锥

3. 球体和棱锥体

SPHERE 命令🔵球体，首先要求指定球心，然后指定球的半径或直径来创建球体。采用命令的默认选项，可通过指定如图 8-18 所示的 1、2 两点来创建球体。点 1 确定球心，1、2 两点间的距离确定球的半径。

图 8-18 球体

PYRamid 命令△棱锥体，通常先使用命令的"侧面（S）"选项，指定创建几棱锥。棱锥体的底面是正多边形，确定正多边形的选项与 POLygon 命令的选项相同。可通过指定正多边形的中心点或使用"边 E"选项（指定边长）来确定正多边形。指定中心点时，默认为正多边形外切于圆；如果正多边形内接于圆，可使用命令的"内接（I）"选项；然后指定与正多边形关联的圆的半径即可确定底面的正多边形。在底面确定后，通过指定高度即可创建出棱锥体。

采用命令的默认选项，可通过指定如图 8-19 所示的 1、2、3 三点来创建棱锥体。点 1 确定棱锥体底面的中心点；1、2 两点间的距

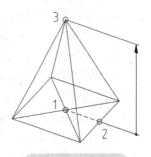

图 8-19 棱锥体

离确定内切圆的半径（正多边形外切于圆）；1、3两点间的距离确定棱锥体的高度。另外，命令的"顶面半径（T）"选项，可创建棱台体。

4. 圆环体

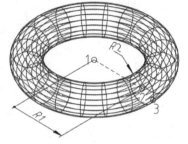

TORus命令 ◎ 圆环体，可通过指定圆环体的中心点，圆环体的半径或直径，以及围绕圆环体的圆管半径或直径来创建圆环体。采用命令的默认选项，可通过指定如图8-20所示的1、2、3三个点来创建圆环体。点1为圆环体的中心点；1、2两点间的距离确定圆环体的半径 $R1$；2、3两点间的距离确定圆管的半径 $R2$。

图8-20 圆环体

8.2.2 拉伸和旋转

1. 拉伸

EXTrude命令 ▉ 拉伸，用于从封闭的轮廓，按指定方向或选定的路径，从轮廓所在的面，以正交或指定的倾斜角度创建三维实体或曲面。EXTrude命令的提示与选项为

> 命令：EXT
> 选择要拉伸的对象或 [模式(MO)]：
> 指定拉伸的高度或 [方向(D)/路径(P)/倾斜角(T)/表达式(E)]：

如图8-21a所示，EXTrude命令默认情况下，①选择要拉伸的对象（轮廓）；②指定拉伸的高度；即可拉伸生成三维对象。命令的"模式（MO）"选项，用于指定拉伸生成的对象是实体（SO）还是曲面（SU）。

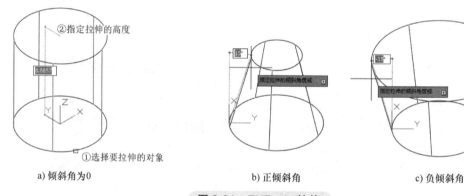

a) 倾斜角为0　　　　　　　　b) 正倾斜角　　　　　　　　c) 负倾斜角

图8-21 EXTrude 拉伸

常用可以直接拉伸的对象有圆、椭圆、多段线、面域或实体上的面。拉伸实体上的面，要注意按住<Ctrl>键，再选择实体上的面。RECtang命令所绘制的矩形，POLygon命令所绘制的多边形，本质上是一种多段线，可直接拉伸。一些截面复杂的轮廓，通常使用Line、Circle等命令来绘制，这样的轮廓需要将其转化为面域或多段线，才能够拉伸。

拉伸的高度，可以输入具体的数值，也可以通过捕捉参考点来确定。EXTrude命令的"表达式（E）"选项，可输入表达式来指定拉伸高度，如表达式"2*PI*15"，表示用半径为15的圆的周长来指定拉伸高度。

拉伸时，默认的倾斜角度为0，表示沿二维对象所在平面垂直的方向拉伸，如图8-21a所

示。命令的"倾斜角（T）"选项，用于指定拉伸的倾斜角。正角度将生成从基准对象逐渐变细的拉伸，如图8-21b所示；负角度生成逐渐变粗的拉伸，如图8-21c所示。

如图8-22所示，命令的"方向（D）"选项，可在①选择要拉伸的对象后，通过②指定方向的起点，③指定方向的端点来确定拉伸的长度和方向。注意，②③所确定的两点的方向不能与轮廓所在的平面平行。

如图8-23所示，命令的"路径（P）"选项用于选择①要拉伸的对象的轮廓，并沿指定的路径②拉伸。默认情况下，命令会将路径移动到轮廓的质量中心。注意，路径不能和轮廓在同一个平面上，也不能具有很高的曲率。路径可以封闭，也可以不封闭。可用作拉伸路径的对象主要有直线、多段线、圆、圆弧和样条曲线。

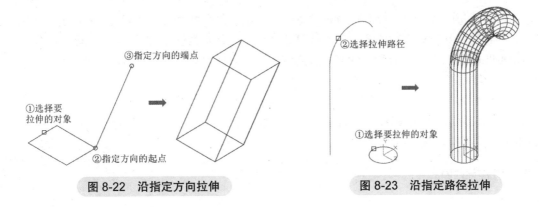

图8-22 沿指定方向拉伸　　　图8-23 沿指定路径拉伸

2. 旋转

REVolve命令 🔲 旋转，通过将一个轮廓绕指定的轴旋转来生成三维对象。开放的轮廓创建曲面，闭合的轮廓可使用命令的"模式（MO）"选项，指定创建实体（SO）还是曲面（SU）。REVolve命令的提示与选项为

> 命令：REV
> 选择要旋转的对象或 [模式 (MO)]：
> 指定轴起点或根据以下选项之一定义轴 [对象 (O)/X/Y/Z] < 对象 >：
> 指定轴端点：
> 指定旋转角度或 [起点角度 (ST)/反转 (R)/表达式 (EX)] <360>：

如图8-24a所示，REVolve命令默认时，①选择要旋转的对象；②指定轴的起点；③指定轴的端点；④指定旋转角度，即可旋转生成三维对象。注意，由轴起点和轴端点所确定的旋转轴是有方向的，该方向使用右手定则来确定旋转方向。将右手大拇指从轴起点指向轴端点，四个手指的弯曲方向就是旋转正向。

命令的"对象（O）"选项，可以选择一条直线、线性的多段线或实体上的棱线作为旋转轴。如图8-24b所示，操作时应注意②选择对象的拾取点 C，旋转轴方向为从对象上离拾取点 C 最近的端点 A 指向最远的端点 B。

命令的"X""Y"和"Z"选项，分别用于将当前 UCS 的 X 轴、Y 轴或 Z 轴的正向指定为旋转轴方向。注意，要旋转的对象所组成的二维轮廓应在旋转轴的一侧，可以和旋转轴接触，但不能相交。

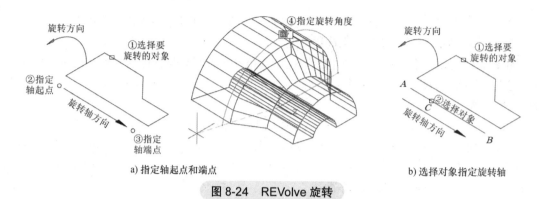

a) 指定轴起点和端点   b) 选择对象指定旋转轴

图 8-24　REVolve 旋转

默认的旋转角度是360°，与EXTrude命令类似，旋转角度可通过一个表达式来指定。默认情况下，旋转角度从轮廓所在的截面开始计算。命令的"起点角度（ST）"选项，可以指定旋转的起始角度；"反转（R）"选项，用来更改旋转方向，但这个选项很少使用。实际上，通过输入一个负的旋转角度即可改变旋转方向。

如果二维轮廓是圆、椭圆、多段线、面域或实体上的面，则可直接旋转生成三维对象；如果轮廓截面比较复杂，包括有直线、圆弧等多个二维对象，同样需要将这些对象转化为一个面域或多段线，再旋转生成三维对象。

8.2.3　扫掠和放样

1. 扫掠

SWEEP命令 🖼 扫掠，通过沿开放或闭合的路径，扫掠由平面曲线或非平面曲线组成的轮廓来创建三维实体或曲面。SWEEP命令的提示与选项为

> 命令：SWEEP
> 选择要扫掠的对象或 ［模式（MO）］：
> 选择扫掠路径或 ［对齐（A）/基点（B）/比例（S）/扭曲（T）］：

SWEEP命令的操作很简单。如图8-25所示，①选择要扫掠的对象；确认后，②选择扫掠路径，即可创建三维对象。常用的可扫掠的对象有二维或三维样条曲线、圆、椭圆、二维多段线或面域等，可用作扫掠路径的对象有直线、圆或圆弧、二维或三维样条曲线、二维或三维多段线或螺旋线等。

1）"对齐（A）"选项：命令的"对齐（A）"选项，用于指定由要扫掠的对象所组成的轮廓是否垂直于扫掠路径的切向。如果轮廓不垂直于扫掠路径起点的切向，默认将轮廓自动对齐，如图8-26a所示；如不希望对齐，可选择"对齐（A）"选项，然后选择"否（N）"，如图8-26b所示。

2）"基点（B）"选项：用于指定要扫掠对象的基点。

3）"比例（S）"选项：如图8-27所示，在扫掠路径的起点 *A* 处，轮廓大小保持不变；在路径的终点 *B* 处，轮廓按指定的比例缩放；路径的中间点 *C* 处，按该点距离起点 *A* 和终点 *B* 的远近，采用线性差值来确定轮廓的缩放比例。

4）"扭曲（T）"选项：可设置扫掠轮廓的扭曲角度，扭曲角度指定了轮廓沿扫掠路径全部长度的旋转量。如图8-28所示的轮廓扭曲了720°，如果扫掠的轮廓是一个圆，则设置扭曲角度没有意义。

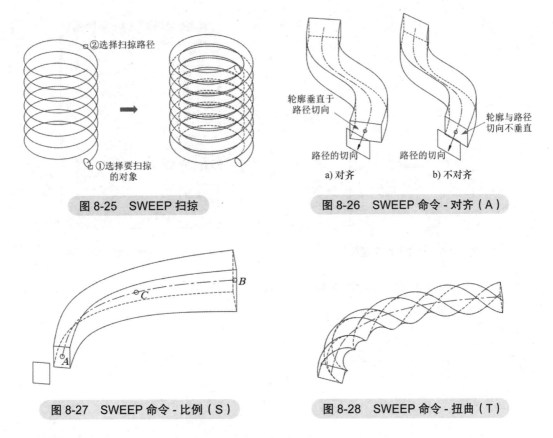

图 8-25　SWEEP 扫掠

图 8-26　SWEEP 命令 - 对齐（A）

图 8-27　SWEEP 命令 - 比例（S）

图 8-28　SWEEP 命令 - 扭曲（T）

2. 放样

LOFT 命令 放样，用于在若干个横截面之间的空间中创建三维实体或曲面。放样的横截面可以是开放或闭合的平面或非平面。LOFT 命令的提示与选项为

```
命令：LOFT
按放样次序选择横截面或 [点(PO)/合并多条边(J)/模式(MO)]：
输入选项 [导向(G)/路径(P)/仅横截面(C)/设置(S)] <仅横截面>：
```

LOFT 命令的默认操作很简单。如图 8-29 所示，按放样次序①②③选择横截面，系统会显示命令所创建三维对象的预览。确认后系统会在命令行或动态输入界面给出控制放样形状的输入选项，默认为"仅横截面"选项，按 <Enter> 键即可完成放样。

可以用作横截面的对象有二维多段线、二维样条曲线、圆、椭圆、面域等。如果第一个或最后一个横截面是一个点，可使用命令的"点（PO）"选项；将多个端点相交的边处理为一个横截面，可使用命令的"合并多条边（J）"选项。

在横截面确定后，命令的"设置（S）"选项，可打开如图 8-30 所示的"放样设置"对话框，以设置横截面上曲面的控制方法。

1）直纹：实体或曲面在横截面之间是直的，在横截面处具有鲜明边界，如图 8-29 所示。

2）平滑拟合：在横截面之间绘制平滑实体或曲面，并且在起点横截面和端点横截面处具有鲜明边界，如图 8-31 所示。

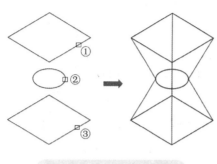

图 8-29　LOFT 命令操作

图 8-30　"放样设置"对话框

3）法线指向：控制实体或曲面在其通过横截面处的曲面法线方向。如图 8-32 所示模型为法线指向所有横截面。

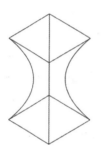

图 8-31　LOFT 命令 - 平滑拟合

图 8-32　LOFT 命令 - 法线指向所有横截面

4）拔模斜度：可指定起点和端点，即第一个和最后一个横截面所使用的拔模斜度。放样形状的变化：图 8-33a 所示为拔模斜度都等于 0°；图 8-33b 为都等于 90°；图 8-33c 为都等于 180°；图 8-33d 为顶部横截面 135°，底部横截面 45°。

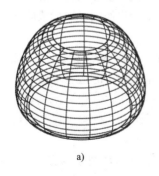

a)

b)

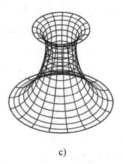

c)

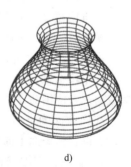

d)

图 8-33　LOFT 命令 - 拔模

5）"路径（P）"选项，可指定放样实体或曲面的单一路径，以控制放样形状，如图 8-34 所示。路径曲线要求与横截面的所有平面相交。

6）"导向（G）"选项，可指定控制放样的导向曲线，如图 8-35 所示。这些导向曲线可控制截面上的点如何匹配以防止出现不希望得到的形状，如实体表面出现褶皱的情况。导向曲线要求与每个横截面都相交，开始于第一个横截面，终止于最后一个横截面。

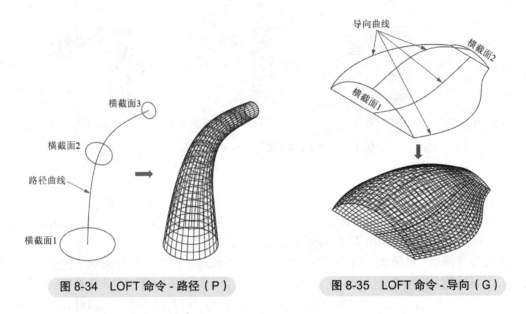

图 8-34 LOFT 命令 - 路径（P）   图 8-35 LOFT 命令 - 导向（G）

8.2.4 多段体和按住并拖动

1. 多段体

PolySOLID 命令 ⬛ 多段体，用于创建如图 8-36 所示形状像墙体一样的三维实体。命令的操作和 PLine 命令绘制多段线基本相同。PolySOLID 命令的提示与选项为

> PolySOLID 高度 = 80.0000, 宽度 = 5.0000, 对正 = 居中
> 指定起点或 [对象 (O)/高度 (H)/宽度 (W)/对正 (J)] <对象>:
> 指定下一个点或 [圆弧 (A)/放弃 (U)]:

1）高度（H）：指定多段体的高度，高度总是沿着当前 UCS 的 Z 轴方向。

2）宽度（W）：指定多段体的宽度，即"墙"的厚度。

3）对正（J）:指定多段体宽度的放置位置。

4）对象（O）：将现有的二维对象如直线、多段线、圆弧或圆转换为具有默认高度、宽度和对正方式的三维实体。

多段体的对正方式有三种：左对正、居中和右对正。对正方式由轮廓第一条线段的起始

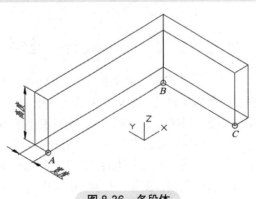

图 8-36 多段体

方向决定。如图 8-37a 所示，箭头为起始方向，则其左侧为左，右侧为右；图 8-37b~d 所示分别为"左对正""居中"和"右对正"时，多段体的绘制效果。如图 8-36 所示，如按 *A*、*B*、*C* 的顺序创建多段体，应指定对正方式为"右对正"；如按 *C*、*B*、*A* 的顺序，则应指定对正方式为"左对正"。

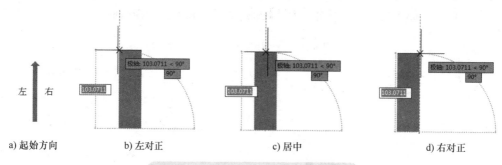

a) 起始方向　　　　　b) 左对正　　　　　c) 居中　　　　　d) 右对正

图 8-37　PolySOLID 命令 - 对正（J）

2. 按住并拖动

PRESSPULL 命令　按住并拖动，按住并拖动"有边界的区域"可创建三维实体；按住并拖动三维实体的面可拉伸或偏移以修改实体。命令会自动重复，直至按 <Esc> 键或 <Enter> 键退出。"按住并拖动"命令主要用于以下三种场合。

（1）按住并拖动二维闭合区域　如图 8-38a 所示的二维闭合区域，由 Line 命令绘制。不需将该闭合区域转化为面域或多段线，启用 PRESSPULL 命令，将光标放置在该闭合区域内，如图 8-38b 所示，当系统高亮显示所希望拖动的区域后，单击鼠标左键并拖动，即可直接拉伸生成三维实体。

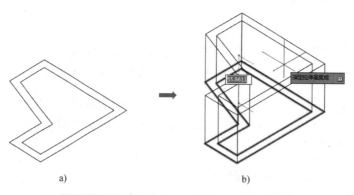

a)　　　　　　　　　　b)

图 8-38　PRESSPULL 命令 - 二维闭合区域

（2）按住并拖动实体表面　如图 8-39a 所示的四棱台，如果按住并拖动四棱台的上端面，将会拉伸四棱台的上端面，为其上方添加一个长方体，如图 8-39b 所示；如果按住 <Ctrl> 键，按住并拖动四棱台的上端面，该面将发生偏移，操作将影响四棱台相邻的面，如图 8-39c 所示。注意，按住并拖动实体上的面，将修改该实体，而不是增加一个独立的实体。

（3）按住并拖动实体表面的边界区域　如图 8-40a 所示的长方体，使用 Circle 命令在其上端面绘制一个圆。按住并拖动圆内的边界区域，向长方体内部压入，则在长方体内生成圆孔，如图 8-40b；按住并拖动圆内的边界区域，向长方体外部拉出，则为长方体添加一个圆柱，如

图 8-40c。按住并拖动实体表面的边界区域，在向实体内压入时，要注意所选择的区域。选择区域不同，最终产生的结果也不同。如图 8-40a 所示，如果选择圆外矩形内的区域，向长方体内压入，最终结果将生成一个圆柱。同时选择多个区域，可按住 <Shift> 键进行选择或使用命令的"多个（M）"选项。

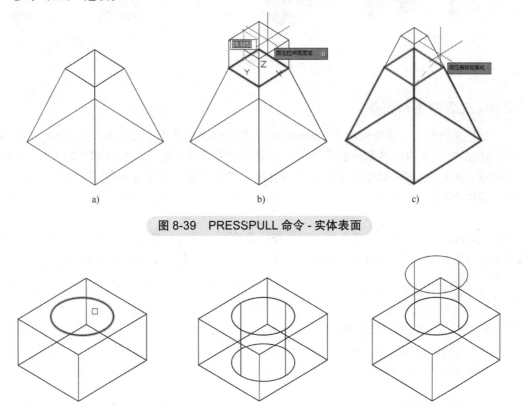

图 8-39 PRESSPULL 命令 - 实体表面

图 8-40 PRESSPULL 命令 - 实体表面的边界区域

8.2.5 布尔运算

布尔运算又称为并交叉运算。一些形状复杂的三维形体，可通过简单三维形体之间的布尔运算得到。布尔运算所对应的命令按钮，可在"常用"选项卡上的"实体编辑"面板中或"实体"选项卡上的"布尔值"面板中找到。可以进行并交叉运算的对象主要有三维实体、曲面或二维面域。

1）UNIon 命令🔧，可将两个或多个三维对象合并为一个三维对象，如图 8-41a 所示。

2）INtersect 命令🔧，可将两个或两个以上三维对象相交的部分，创建为一个三维对象，如图 8-41b 所示。

3）SUBTRACT 命令🔧，可从一个对象减去另一个与之相交的对象来创建三维对象，如图 8-41c 所示。

并集和交集的操作比较简单，直接选取要进行运算的三维对象，确认即可。差集操作要注意选择三维对象的顺序，①先选择要保留的对象；②确认后再选择要减去的对象。

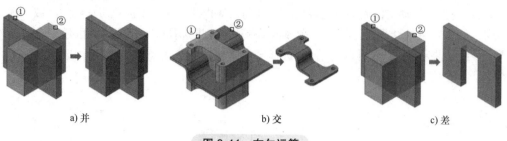

a) 并   b) 交   c) 差

图 8-41 布尔运算

8.2.6 三维倒角和圆角

三维倒角可使用二维倒角命令 CHAmfer，三维圆角也可使用二维圆角命令 Fillet。实际上，AutoCAD 提供有专为三维实体和曲面的边创建倒角和圆角的命令，CHAMFEREDGE 和 FILLETEDGE 命令，这两个命令将在 8.5.3 节中讲解。严格地讲，布尔运算和三维倒角与圆角命令都属于实体编辑命令，但为后续举例方便，将这些命令放在本小节中讲解。

1. 三维倒角

启动 CHAmfer 命令，在命令提示"选择一条直线"时，如果选择三维对象的边，系统会高亮显示与该边相邻两个面中的一个面。与此同时，命令行中对应的提示与选项为

```
基面选择 ...
输入曲面选择选项 [下一个 (N)/当前 (OK)] <当前 (OK)>:
指定基面倒角距离或 [表达式 (E)]: 5
指定其他曲面倒角距离或 [表达式 (E)] <5>:3
选择边或 [环 (L)]:
```

可以看到，此时系统要求选择基面。如果高亮显示的面是基面，可以按 <Enter> 键接受默认选项"当前（OK）"；如果不是，可选择命令的"下一个（N）"选项，系统会高亮显示与选定边相邻的另一个面，按 <Enter> 键可确认该面为基面。

基面确认后，输入基面的倒角距离和其他曲面的倒角距离；再选择基面上的边，按 <Enter> 键即可完成倒角创建。注意，如图 8-42a 所示，基面倒角距离是指在基面上测量的距离，而不是到基面的距离。

命令的"环（L）"选项，可一次选择基面上的所有边进行倒角，如图 8-42b 所示。

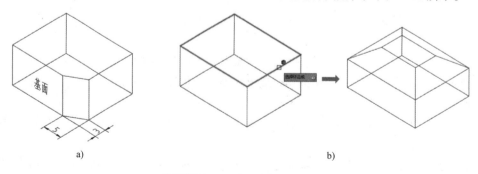

a)   b)

图 8-42 CHAmfer 三维倒角

2. 三维圆角

和二维对象的圆角不同，使用 Fillet 命令对三维对象倒圆角，不需要预先使用命令的"半径（R）"选项指定圆角半径。在选择完三维对象上的一条边后，Fillet 命令的提示与选项为

```
输入圆角半径或 [表达式 (E)]：2
选择边或 [链 (C)/环 (L)/半径 (R)]：C
选择边链或 [边 (E)/半径 (R)]：
```

系统会提示"输入圆角半径"，指定半径后，默认情况下系统使用"边（E）"选项，要求指定对象上的其他边，可以连续选择多条边，直至确认完成圆角。

命令的"环（L）"选项与 CHAmfer 命令的"环（L）"选项作用相同，可以一次性选中与选定边相邻的两个面中，任意一个面上的所有边。

命令的"链（C）"选项，如图 8-43 所示，可以选中一系列与选定边接触的相切边。

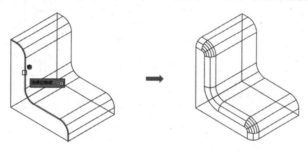

图 8-43　Fillet 三维圆角 - 链（C）

8.2.7　三维建模命令示例

1. 轴支架

图 8-44 所示为一轴支架的轴测图。其具体建模步骤如下。

步骤 1：使用视图控件，将当前视图切换为"前视"；如图 8-45a 所示，使用 RECtang 命令绘制一个矩形，矩形的宽为圆柱的半径 75，高为圆柱的高 200，后续将以矩形右边线为旋转轴，旋转生成圆柱。使用 Line 命令、Offset 命令、Fillet 命令绘制轴支架右侧 L 形板的轮廓；在命令行中输入"REGion"或展开"绘图"面板，单击其上的"面域"按钮 ⬚，选择轮廓将其转化为面域。

步骤 2：使用视图控件，切换到"东南等轴测"。

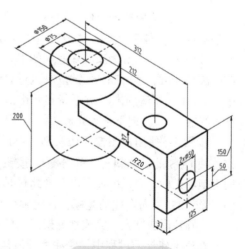

图 8-44　轴支架

单击 🟦 旋转按钮，选择矩形，确认后指定旋转轴的起点为矩形的右下角点，轴端点为矩形的右上角点，旋转角度 360°；单击 🟦 拉伸按钮，选择由 L 形板轮廓所生成的面域，确认后拖动光标向后拉伸，距离为 L 形板宽度的一半 62.5；使用 COpy 命令，以图 8-45b 所示 A 点为基点，B 点为目标点，复制出另一半；单击 🟦 按钮，合并之前创建的三个实体。

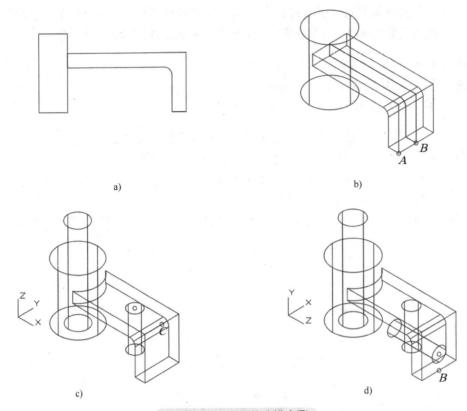

a)

b)

c)

d)

图 8-45 轴支架的建模步骤

步骤3：使用视图控件，切换到"俯视"，此操作将使 UCS 的 XY 平面与圆柱的底面平行；再切换回"东南等轴测"，如图 8-45c 所示，可以看到当前 UCS 的 Z 轴朝上。单击圆柱体按钮，捕捉圆柱底部的圆心为新圆柱底面的中心，创建一直径为 75 的圆柱，新圆柱的高度只需大于之前的圆柱即可；按 <Enter> 键重复执行 CYLinder 命令，追踪如图 8-45c 所示 L 形板右侧棱线的中点 C，向左拖动光标，在系统显示出对齐路径时，输入距离"100"，指定圆柱底面的中心点，输入半径"25"，向下拖动光标，指定圆柱高度大于板的厚度 37 即可。

步骤4：使用视图控件切换到"右视"，再切换回"东南等轴测"，如图 8-45d 所示，此操作可使 UCS 的 Z 轴朝右。单击圆柱体按钮，追踪如图 8-45d 所示 L 形板右侧底部棱线的中点 B，向上拖动光标，在系统显示出对齐路径时，输入距离"50"，指定圆柱底面的中心点，圆柱半径同样是"25"，向左拖动光标，指定圆柱高度大于板的厚度 37 即可。单击按钮，从基体中减去 3 个圆柱形成圆孔，完成轴支架三维模型的创建。

在三维建模的过程中，要注意理清建模思路，好的建模思路会使得建模目的明确，预防错误所导致的重复性操作。使用 AutoCAD 建立三维模型，一个重要的原则是先创建外形，再创建内形。以轴支架建模为例，在步骤 1 中，如果绘制一宽 37.5，高 200 的矩形，使用 REVolve 命令，可直接旋转出一个圆筒，后续可省去了创建 $\phi 75$ 圆孔的操作；但这样建模，会使得后续拉伸 L 形板变的很麻烦，有可能会导致拉伸后，在 $\phi 75$ 圆孔的内部多出一块 L 形板的材料来。这也是为什么要先创建外形，后创建内形的原因。

【提示与建议】
　　使用 PRESSPULL 命令可直接拉伸 L 形板轮廓，而不需将其转化为面域；可使用 Poly-
SOLID 命令以多段体方式创建 L 形板，后续使用 Fillet 命令在多段体上倒出 *R*20 圆角。

2. 螺栓

　　图 8-46 所示为一 M20×100 的螺栓。根据螺栓规格，查询手册可知螺栓的螺距为 2.5，螺纹的长度 *b* 等于 46。下面只讲解螺栓杆部的建模方法。

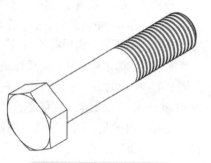

图 8-46　M20×100 螺栓

　　步骤 1：使用视图控件，将当前视图切换为"前视"；使用 RECtang 命令绘制一长 100，宽 10 的矩形。后续，旋转矩形，可生成圆柱棒料。

　　步骤 2：使用 POLygon 命令，设置边数为 3，使用"边（E）"选项，指定三角形边的第一个端点为矩形的右上角点，向左拖动光标，边长为螺距 2.5，如图 8-47a 所示，绘制一正三角形作为车刀。按照普通螺纹的参数，车刀要向上移动三角形高的四分之一，使用 Line 命令，绘制出三角形的高；展开"绘图"面板，单击"定数等分"按钮 ⚞，选择三角形高，输入线段数为"4"，按 <Enter> 键。使用 Move 命令向上移动等边三角形，距离为高的四分之一，如图 8-47b 所示；为使圆柱的右侧也能够被车削到，再向右水平移动三角形，使其底部端点在矩形右边线上，如图 8-47c 所示。删除辅助线和点。

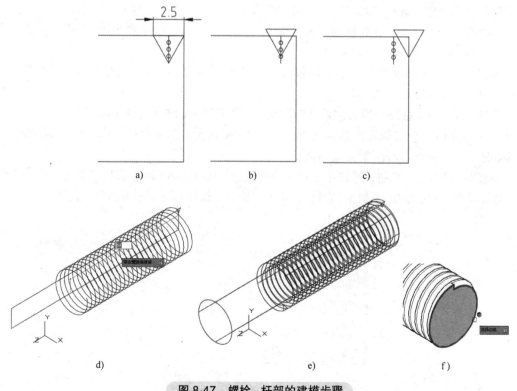

图 8-47　螺栓 - 杆部的建模步骤

步骤3：使用视图控件，切换到"左视"，再切换回"西南等轴测"，如图8-47d所示，使得当前UCS的Z轴与螺栓杆部的轴线平行。展开"绘图"面板，单击其上的"螺旋"按钮 ，捕捉底面的中心点为矩形的右下角点，捕捉矩形的右上角点以确定底面半径；顶面半径与底面半径相等，直接按 <Enter> 键；选择"圈高（H）"选项，指定圈间距为螺距2.5，按 <Enter> 键；如图8-47d所示，向左拖动光标，指定螺旋高度为46，按 <Enter> 键完成螺旋线的绘制。

步骤4：单击 旋转按钮，选择矩形，指定矩形底部边线上的两个角点定义旋转轴，旋转角度360°；单击 扫掠按钮，选择三角形为要扫掠的对象，确定后输入"A"按 <Enter> 键，选择"否（N）"，即不将三角形对齐路径，选择螺旋线为扫掠路径，生成螺旋体，如图8-47e所示。

步骤5：单击 按钮，从圆柱减去螺旋体，以在杆部生成螺纹。使用CHAmfer命令，选择如图8-47f所示的边，指定圆柱的右端面为基面，两个倒角距离都为2，再选择图8-47f所示边，按 <Enter> 键生成倒角，完成螺栓的杆部的创建。

需要指出的是，以上建模步骤所模拟螺纹的加工过程，缺少实际螺纹加工的进刀与退刀过程。因此，所生成的螺栓杆部与实际形状稍有差异。

3. 泵盖

如图8-48所示泵盖，为齿轮液压泵部件中的一个零件。下面只讲解其中凸台的建模方法。

步骤1：使用视图控件，将当前视图切换为"左视"；如图8-49a所示，绘制凸台小端的轮廓；在命令行中输入"BOundary"或展开"绘图"面板，单击其上的"边界"按钮 ，在打开的如图8-49b所示"边界创建"对话框中，选择"对象类型"为"多段线"，单击"拾取点"按钮 ，在轮廓内单击鼠标左键，按 <Enter> 键创建凸台小端的多段线。

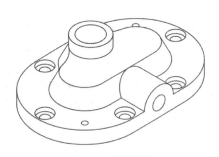

图8-48 泵盖

步骤2：使用Offset命令，如图8-49c所示，指定偏移距离为6，选择之前创建的多段线，向外侧偏移生成凸台大端的多段线。

步骤3：将当前视图切换为"西南等轴测"；使用Move命令选择小端多段线，基点任意指定，沿当前UCS的Z轴正向移动光标，如图8-49d所示，当光标处给出"+Z"提示时，输入移动距离12，按 <Enter> 键完成移动。

步骤4：单击 放样按钮，选择小端和大端多段线，按 <Enter> 键；选择"设置（S）"选项，在"放样设置"对话框中，选择"直纹"，单击"确定"按钮，完成泵盖凸台的创建。

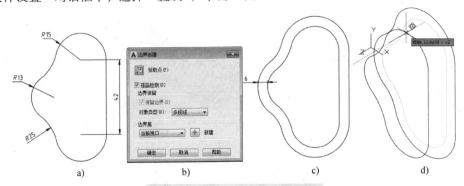

a)　　　　　　　　　b)　　　　　　　　　c)　　　　　　　　　d)

图8-49 泵盖-凸台的建模步骤

【提示与建议】

多段线和面域都可用于拉伸、旋转、扫掠等命令以生成三维实体，REGion 命令通过选择对象的方式生成面域，操作比较快捷；BOundary 命令通过拾取点的方式既可创建多段线又可创建面域，但由于要打开对话框，操作上没有 REGion 命令快。

8.3 UCS

在 AutoCAD 中，世界坐标系称为 WCS 是固定坐标系；用户坐标系称为 UCS 是活动坐标系。在新建的图形中，UCS 和 WCS 重合。UCS 的 *XY* 平面称为工作平面，三维建模过程中，截面轮廓只能在当前 UCS 的 *XY* 平面上建立。因此，为使 UCS 原点及其 *XY* 平面在希望的位置，需要对 UCS 进行控制。可使用三种方法来控制 UCS：选择系统预设的 UCS、使用 UCS 夹点和 UCS 命令。

8.3.1 预设 UCS

在"常用"选项卡的"坐标"面板上，如图 8-50 所示，右侧有一个"命名 UCS"组合框控件。单击相应控件可选择"俯视""仰视""左视""右视""前视"和"后视"六个系统预设的正交 UCS。可以看到，这六个预设的 UCS 和视图控件所显示的视图列表（图 8-3）中前六个系统预设的视图很相似。默认情况下，由于系统变量 UCSORTHO 为 1，六个预设视图关联对应着六个正交 UCS。因此，可以通过选择预设视图来选定预设的 UCS。实际上，在 8.2.7 节所举的建模示例中，所使用的就是选择预设视图来更改当前 UCS 的方法。注意，反之，选择预设的正交 UCS，默认情况下，由于系统变量 UCSFOLLOW 为 0，系统不会将当前视图修改为对应的预设视图。

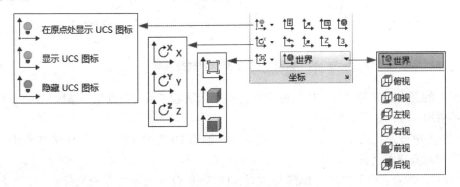

图 8-50 "坐标"面板

8.3.2 UCS 夹点

UCS 的夹点在 UCS 图标上，UCS 图标显示了三个坐标轴的正向。UCS 遵循右手定则，使右手的拇指、食指和中指相互垂直，拇指指向 *X* 轴正向，食指指向 *Y* 轴正向，则中指所指的方向就是 *Z* 轴的正向。

使用 UCSICON 命令的"特性 P"选项或直接单击"UCS 图标特性"按钮，会打开如图 8-51 所示的"UCS 图标"对话框，可修改 UCS 图标的样式、图标大小和颜色。使用 UCS-

MAN 命令 ，在打开的"UCS"对话框"设置"选项卡上，可以设置 UCS 图标是否显示（开），是否显示于 UCS 原点或是否允许选择 UCS 图标，如图 8-52 所示。

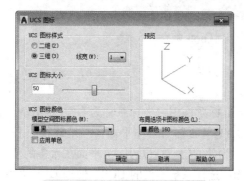

图 8-51 "UCS 图标"对话框

图 8-52 "UCS"对话框

使用鼠标左键单击 UCS 图标，系统会在 UCS 图标上显示出 UCS 的夹点，如图 8-53 所示。UCS 的夹点一共有四个，原点处有一个；三个坐标轴的端点处各有一个。

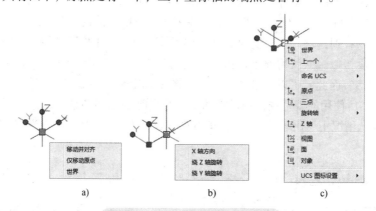

图 8-53 UCS 夹点和快捷菜单

原点处的夹点有三种操作，这三种操作与将光标悬停在原点夹点处，系统显示快捷菜单的三个菜单项相对应，如图 8-53a 所示。

1）移动并对齐：用于在移动 UCS 原点时，使得 UCS 的 *XY* 平面，自动对齐相关对象。例如，自动对齐三维实体上的面。

2）仅移动原点：用于在移动 UCS 原点时，UCS 的 *XY* 平面不对齐相关对象，UCS 的 *X* 轴、*Y* 轴和 *Z* 轴方向，始终保持不变。

3）世界：用于将 UCS 对齐世界坐标系 WCS，即使得 UCS 和 WCS 重合。

这三个菜单项，在实际使用过程中并不需要进行选择。默认情况下，当移动 UCS 的原点夹点时，系统会自动对齐相关的对象；如想仅移动原点，只需要按一下 <Ctrl> 键，移动时 UCS 的 *X* 轴、*Y* 轴和 *Z* 轴的方向将保持不变；再按一下 <Ctrl> 键，UCS 将对齐到 WCS，此时单击鼠标左键，UCS 将和 WCS 重合。

UCS 轴端点处的夹点用于修改对应轴的方向。使用时单击轴端点处的夹点使其颜色变为红色，再指定（捕捉）相应的参考点，即可将 UCS 相应的轴指向参考点。将光标悬停在轴端点处的夹点上，以 X 轴端点为例，系统显示的快捷菜单中有三个菜单项，如图 8-53b 所示，这三个菜单项用于修改 X 轴方向；绕 Z 轴或 Y 轴旋转 UCS。

在 UCS 图标上单击鼠标右键，系统会显示如图 8-53c 所示的快捷菜单，在这个菜单上包含了用于修改 UCS 的各种选项，这些选项和 UCS 命令的选项基本对应。

8.3.3　UCS 命令

在命令行中输入命令"UCS"并按 <Enter> 键，可以在命令行中看到 UCS 命令的提示与选项。快速启动这些选项，可直接单击"坐标"面板中的相应按钮。

> 命令：UCS
> 指定 UCS 的原点或 [面（F）/命名（NA）/对象（OB）/上一个（P）/视图（V）/世界（W）/X/Y/Z/Z轴（ZA）]< 世界 >：

命令的直接提示是"原点"选项；按 <Enter> 键将接受命令的默认选项"世界"，即使 UCS 和 WCS 重合。

1. 原点

"原点"选项可以使用一点、两点或三点来定义 UCS。如果只指定一个点，UCS 的原点将会移动到新指定的原点，而不会更改 X、Y 和 Z 轴的方向，如图 8-54b 所示。可以看出一点操作和 UCS 原点夹点的仅移动原点操作作用相同；一点操作还可直接单击"坐标"面板上的"原点"按钮 。

如果指定两点，如图 8-54c 所示，第一点 O 为 UCS 的新原点；第二点 A 为 X 轴正向上的点。

如果指定三点，如图 8-54d 所示，第一点 O 为 UCS 的新原点；第二点 A 为 X 轴正向上的点；第三点 B 是 XY 平面上的点，第三点用于定义 Y 轴，Y 轴和 X 轴垂直。X 轴和 Y 轴确定后，使用右手定则确定 Z 轴。三点操作可直接单击"三点"按钮 。

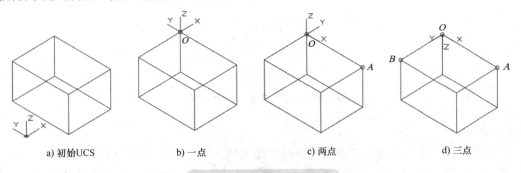

a) 初始UCS　　　　b) 一点　　　　c) 两点　　　　d) 三点

图 8-54　UCS 命令 - 原点

2. 面

"面（F）"选项，可直接单击"面"按钮 ，用于将 UCS 的 XY 平面对齐到三维对象上的面，其作用和 UCS 原点夹点的移动并对齐操作类似。如图 8-55a 所示，假设选择长方体的左端面，系统会高亮显示该面，启用动态输入时，会显示一个快捷菜单。

1）接受：即接受高亮显示的面，将 UCS 对齐到该面。

2）下一个（N）：将 UCS 定位于邻接的面或选定边的后向面。如图 8-55a 所示状态下，单击"下一个（N）"，系统会高亮显示长方体的下底面，如图 8-55b 所示。

3）X轴反向（X）：使 UCS 绕 X 轴转 180°，如图 8-55a 所示状态下，选择该选项，其结果如图 8-55c 所示。

4）Y轴反向（Y）：使 UCS 绕 Y 轴转 180°，如图 8-55a 所示状态下，选择该选项，其结果如图 8-55d 所示。

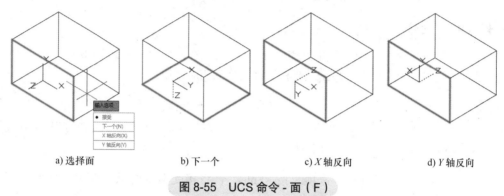

a) 选择面　　　　　b) 下一个　　　　　c)X 轴反向　　　　　d)Y 轴反向

图 8-55　UCS 命令 - 面（F）

3. 对象和上一个

"对象（OB）"选项，可直接单击"对象"按钮，用于将 UCS 与选定的二维或三维对象对齐。如图 8-56b 所示，选择二维轮廓上的一条边，多数情况下，系统会将 UCS 的原点定位于该边上离拾取点最近的端点，X 轴与边对齐或与曲线相切，Z 轴垂直于选择的对象，如图 8-56c 所示。

在如图 8-56c 所示 UCS 状态下，使用命令的"上一个（P）"选项，UCS 将恢复为如图 8-56a 所示状态。"上一个（P）"选项，可在当前任务中逐步返回最后 10 个 UCS。

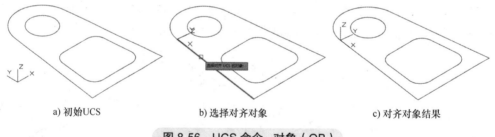

a) 初始UCS　　　　　b)选择对齐对象　　　　　c)对齐对象结果

图 8-56　UCS 命令 - 对象（OB）

4. 视图

"视图（V）"选项，可直接单击"视图"按钮，用于将 UCS 的 XY 平面与垂直于观察方向的平面（视图投影面）对齐。也就是，原点保持不变，X 水平向右，Y 轴竖直向上。如图 8-57a 所示初始 UCS，使用"视图（V）"选项，其结果如图 8-57b 所示。该选项对于生成三维模型的等轴测图非常有用。

"视图（V）"选项使用当前视图来定义 UCS 的 XY 平面。与之相反的操作是使用 PLAN 命令，以指定坐标系的 XY 平面来定义当前视图。PLAN 命令提供了"当前 UCS(C)"（默认选项）、"UCS（U）"（命名保存的 UCS）和"世界（W）"（WCS）三个选项，其作用是从指定 UCS Z 轴正向上的点，去观看 XY 平面，X 轴水平向右，Y 轴竖直向上。如图 8-57a 所示 UCS 状态下，启用 PLAN 命令，按两次 <Enter> 键（使用当前 UCS），所得平面视图，如图 8-57c 所示。建模过程中，在更改了当前 UCS 后，通常使用 PLAN 命令来更改当前视图，以方便在 UCS 的 XY 平面上绘制二维轮廓。PLAN 会更改观察方向，但不会更改当前的 UCS。

a) 初始UCS   b) 视图   c) 平面视图

图 8-57 UCS 命令 - 视图（V）

5. X、Y、Z

命令的"X" $\boxed{\text{ᑕ}_x}$、"Y" $\boxed{\text{ᑕ}_y}$ 和"Z" $\boxed{\text{ᑕ}_z}$ 选项，用于绕指定的轴旋转 UCS。将右手大拇指指向所选轴的正向，四指弯曲的方向就是旋转正向。默认的旋转角度是 90°。如图 8-58a 所示初始 UCS，绕 X 轴、Y 轴和 Z 轴旋转 90°，其结果如图 8-58b~d 所示。

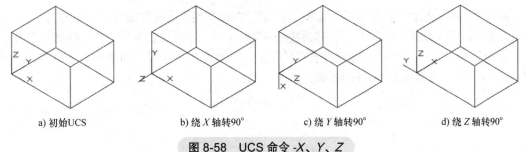

a) 初始UCS   b) 绕 X 轴转90°   c) 绕 Y 轴转90°   d) 绕 Z 轴转90°

图 8-58 UCS 命令 -X、Y、Z

6. ZA 和命名

"Z 轴（ZA）"选项，可直接单击"Z 轴矢量"按钮 $\boxed{\text{ᗡ}}$，用于修改 UCS 的原点和 Z 轴的正向。如图 8-59a 所示初始 UCS，使用该选项，指定新原点为 CD 边的中点 G，Z 轴正向上的点为 C 点，结果如图 8-59b 所示。此时，即可使用 SLice 剖切命令，沿当前 UCS 的 XY 平面剖切四棱台，从而求出棱面 ABCD 和底面 CDEF 之间的夹角。

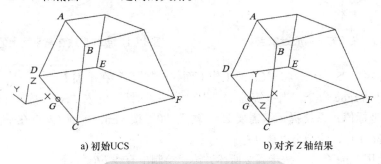

a) 初始UCS   b) 对齐 Z 轴结果

图 8-59 UCS 命令 -Z 轴（ZA）

"命名（NA）"选项，用于保存或恢复命名 UCS。在建模的过程中，如果认为某个位置的

UCS 非常重要，需要经常切换到该 UCS，可将这个位置的 UCS 保存，以便后续将 UCS 恢复为这个命名的 UCS。选择"命名（NA）"选项，命令后续选项的作用是：

1）恢复：恢复已保存的 UCS，使之成为当前 UCS。

2）保存：把当前的 UCS 按指定名称保存。可在当前 UCS 的图标上单击鼠标右键，从如图 8-53c 所示快捷菜单中选择"命名 UCS"→"保存"。

3）删除：用于从已保存的命名 UCS 列表中删除指定的 UCS。

4）?：用于列出指定 UCS 的详细信息。

8.3.4 坐标过滤器

使用 AutoCAD 的坐标过滤器可以从现有对象上的点提取其一个坐标如 X、Y 或 Z 坐标；提取其两个坐标如 XY、YZ 或 ZX 坐标。坐标过滤器的使用方法是，在系统指定点的提示下，输入 .x、.y、.z、.xy、.xz、.yz（不区分大小写）或按住 <Ctrl> 键或 <Shift> 键，再单击鼠标右键，从系统显示的快捷菜单中选择"点过滤器"菜单项下的子菜单项。

在图 8-60 所示长方体的质心位置绘制一个点的操作步骤为：

步骤 1：启动 POint 命令，在系统提示指定点时，输入".x"按 <Enter> 键，①捕捉棱线 AB 的中点。

步骤 2：系统提示"需要 YZ"，输入".y"按 <Enter> 键，②捕捉棱线 AC 的中点。

步骤 3：系统提示"需要 Z"，③捕捉棱线 AD 的中点，即可在长方体的质心绘制出点 M。

提取点的两个坐标值可以得到点或直线在某一平面上的正投影。如图 8-61 所示获取直线 AB 在平面 P 上的正投影 ab 的作图步骤为：

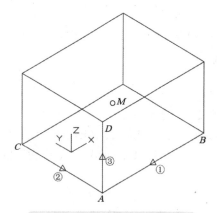

图 8-60 在长方体质心绘制点

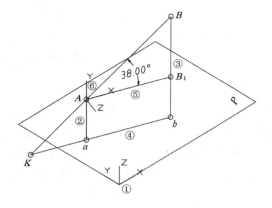

图 8-61 点或直线在某平面上的正投影

步骤 1：使用 UCS 命令，将 UCS 的工作平面 XY"贴合"在平面 P 上。

步骤 2：启动 Line 命令，当系统提示"指定第一点时"，输入".xy"按 <Enter> 键，捕捉 A 点提取其 xy 坐标值；系统提示"需要 Z"，输入"0"按 <Enter> 键（a 点在平面 P 上的 z 坐标为 0）；再捕捉 A 点，绘制出直线 aA。

步骤 3：使用 Line 命令，按步骤 2 所述方法，绘制出直线 bB。

步骤 4：使用 Line 命令，过 a 和 b 绘制直线 ab，即为直线 AB 在平面 P 上的正投影。

步骤 5：启动 COpy 命令，选择直线 ab，以 a 为基点，A 为目标点，复制出直线 AB_1。

步骤 6：启用 UCS 命令，以 A 为原点，B_1 为 X 轴上的点，B 为 XY 平面上的点，将 UCS 的 XY 平面 "贴合" 在平面 AB_1B 上。后续即可标注出直线 AB 与 AB_1 的角度，该角度即为直线 AB 与平面 P 的夹角。使用半径为 0 的 "圆角" 命令 Fillet 选择直线 AB 和 ab，即可求出直线 AB 与平面 P 的交点 K。

求解两平面之间的夹角，重点在于求出两平面之间的交线。如图 8-62 所示，使用上述方法求出直线 AB 与平面 P 的交点 K；直线 CB 与平面 P 的交点 L；连接 KL 即得平面 ABC 与平面 P 的交线 KL；过 b 作 KL 的垂线 bE，连接 EB；将 UCS 的 XY 平面 "贴合" 在平面 EbB 上，即可标注出 BE 和 bE 的角度，该角度即为平面 ABC 与平面 P 的夹角。

实际上，在三维实体模型上求两平面间的夹角，可用如图 8-59 所示方法。对于如图 8-62 所示的线框模型，还有一种求解方法：先使用 PLANESURF 命令 ▰ 平面，通过选择对象，将平面 ABC 和平面 P 制作成类型为 PLANESURFACE 的曲面；使用 SURFEXTEND 命令 ⬚ 延伸，将两平面延伸至相交；使用 UNIon 命令 ⬚，合并两平面得到其交线；最后，再使用如图 8-59 所示方法，求出两平面的夹角。

如图 8-63 所示，求解两交叉直线 AB 和 CD 的公垂线。其作图步骤为：

步骤 1：启用 COpy 命令，选择直线 AB，以 A 为基点，C 为目标点，复制出直线 CE。

步骤 2：启用 UCS 命令，以 C 为原点，E 为 X 轴上的点，D 为 XY 平面上的点，将 UCS 的 XY 平面 "贴合" 在平面 CDE 上。

步骤 3：使用 Line 命令，通过坐标的过滤方法（过滤 B 点的 xy 坐标，z 坐标为 0），作出直线 bB。

步骤 4：启用 COpy 命令，选择直线 bB，以 b 为基点，沿当前 UCS 的 X 轴移动光标至对齐路径（如图 8-63 所示虚线）与 CD 的交点 G，即得交叉两直线的公垂线 GF。

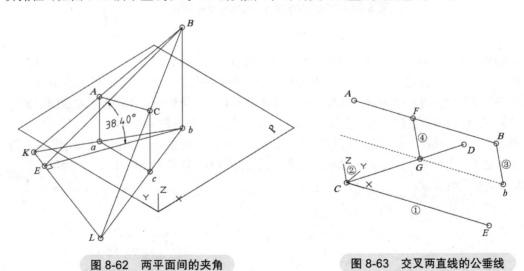

图 8-62 两平面间的夹角　　　　图 8-63 交叉两直线的公垂线

8.4 三维操作命令

三维操作命令主要指三维移动、三维旋转、三维镜像，三维对齐和三维阵列。这些命令都以 3D 开头，其命令按钮，除三维阵列命令外，都可以在 "常用" 选项卡上的 "修改" 面板中找到。

1. 三维移动

3DMOVE 命令 ⊕，其操作和二维绘图所用 Move 命令基本没有区别。命令首先要求选择要移动的对象；确认后默认指定基点，再指定第二点；即可将对象从基点移动到第二点。命令的"位移（D）"选项，可以输入 x、y、z 三个坐标值以指定对象沿 X 轴、Y 轴和 Z 轴移动的相对距离和方向。注意，三个坐标值之间用逗号分隔。

3DMOVE 命令和 Move 命令唯一的区别是在选定对象后，对象上会出现移动小控件。将光标悬停在小控件相应的轴上或表示相应平面的小正方形上，当其颜色变为黄色，单击鼠标左键，即可沿指定的轴（图 8-64a）或平面（图 8-64b）移动对象。默认情况下，三维移动小控件显示在选定三维对象的中心，在控件上单击鼠标右键，从显示的快捷菜单中选择"将小控件对齐到"→"对象"，如图 8-64c 所示，可将小控件与对象所在的平面对齐。

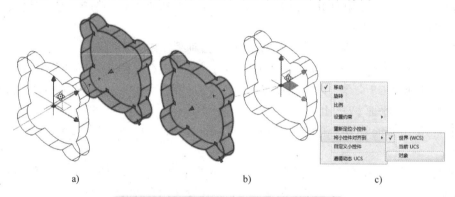

a)   b)   c)

图 8-64　3DMOVE 命令 - 三维移动小控件

2. 三维旋转

3DROTATE 命令 ⊕，用于在三维视图中三维旋转对象。在选定要旋转的对象后，系统会显示三维旋转小控件；指定基点后，小控件的中心会与选定的基点重合。此时，将光标悬停在小控件的三个圆上，如图 8-65 所示，系统会显示出该圆所对应的旋转轴，单击鼠标左键确定旋转轴；接下来，即可设定旋转角的起点或直接输入旋转角度，三维旋转对象。

实际上，在"选择"面板上，可指定在无命令状态下选择对象后，系统默认显示哪种类型的小控件或者无小控件，如图 8-66 所示。注意，所指定的小控件只在使用如概念、隐藏、着色等三维视觉样式时显示。

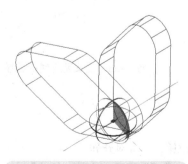

图 8-65　三维旋转 -3DROTATE

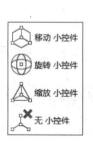

图 8-66　小控件

"缩放小控件"用于缩放对象,缩放三维对象可使用 SCale 命令。对于三维实体对象,由于只能按统一的比例进行缩放,使用 SCale 命令要比使用三维缩放 3DSCALE 命令更为简单。因此,3DSCALE 命令不再讲解。

在平面视图中,使用 3DROTATE 命令旋转对象时,其效果和二维绘图时所使用的 ROtate 命令相同。因此,在平面视图中,要绕一个轴三维地旋转对象,需要使用 ROTATE3D 命令,而不是 3DROTATE 命令。ROTATE3D 命令的提示与选项为

```
命令:ROTATE3D
选择对象:找到 1 个
指定轴上的第一个点或定义轴依据  [对象(O)/最近的(L)/视图(V)/x 轴(X)
/y轴(Y)/
     z 轴(Z)/两点(2)]:
```

命令默认要求指定旋转轴所通过的两个点。这两个点要注意其先后顺序。旋转轴的正向是从第一个点指向第二个点,如图 8-67a 所示,将大拇指指向旋转轴的正向,四指弯曲的方向是三维旋转正向。

1)对象(O):可选择直线、圆弧、圆或二维多段线作为旋转轴。如图 8-67b 所示,当选择一个圆时,旋转轴将垂直于圆所在的平面并通过圆的圆心。

2)最近的(L):使用最后定义的旋转轴为旋转轴。

3)视图(V):旋转轴将通过指定的点,并与当前视图的观察方向平行。当前视图的观察方向可以理解为向计算机屏幕看过去的方向。

4)X、Y 或 Z:旋转轴将通过指定的点,并平行于 UCS 的 *X* 轴、*Y* 轴或 *Z* 轴。

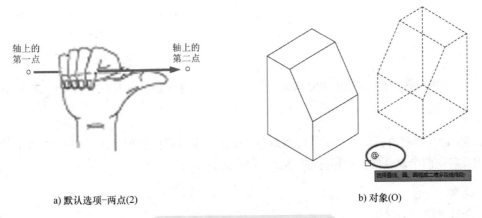

a) 默认选项-两点(2)   b) 对象(O)

图 8-67 三维旋转 -ROTATE3D

8.4.2 三维镜像和剖切

3DMIRROR(MIRROR3D)命令和 SLice 命令都需要指定一个平面。3DMIRROR 命令通过指定的平面来镜像对象;SLice 命令通过指定的平面来剖切对象。因此,这两个命令有很多选项作用相同。

1. 三维镜像

3DMIRROR 命令，默认情况下如图 8-68 所示，①选择要镜像的对象；②③④指定三个点定义镜像平面；按 <Enter> 键保留原始对象，或输入 "Y"，将其删除。命令的提示与选项为

> 命令：3DMIRROR（MIRROR3D）
> 选择对象：找到 1 个
> 指定镜像平面（三点）的第一个点或 [对象（O）/最近的（L）/Z 轴（Z）/视图（V）/XY 平面（XY）/YZ 平面（YZ）/ZX 平面（ZX）/三点（3）] <三点>：
> 是否删除源对象？[是（Y）/否（N）] <否>：

1）对象（O）：可选择圆、圆弧或二维多段线，以其所在的平面为镜像平面。

2）最近的（L）：使用最后定义的镜像平面为镜像平面。

3）视图（V）：镜像平面将通过指定的点，并与视图平面平行。视图平面即显示当前视图所用的投影面。

4）Z 轴（Z）：通过两点来定义镜像平面，如图 8-69 所示，①指定第一个点是镜像平面上的点；②指定第二个点是镜像平面法向上的点。

5）XY、YZ 和 ZX：镜像平面通过指定的点，并与当前 UCS 的 XY、YZ 或 ZX 平面平行。

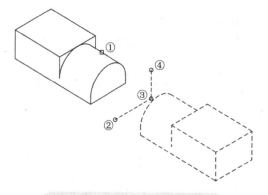

图 8-68 3DMIRROR 命令示例

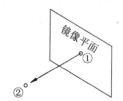

图 8-69 3DMIRROR 命令 -Z 轴（Z）

2. 剖切

SLice 命令严格讲，应属于实体编辑命令。由于命令有很多选项作用与 3DMIRROR 命令相同，因此将这两个命令放在一起讲解。SLice 命令的提示与选项为

> 命令：SL
> 选择要剖切的对象：找到 1 个
> 指定切面的起点或 [平面对象（O）/曲面（S）/Z 轴（Z）/视图（V）/xy（XY）/yz（YZ）/zx（ZX）/三点（3）] <三点>：
> 指定平面上的第二个点：
> 在所需的侧面上指定点或 [保留两个侧面（B）] <保留两个侧面>：

如图 8-70 所示，SLice 命令在①选定要剖切的对象后，默认使用②③所指定的两个点来定

义剖切平面。此时，剖切平面通过②③指定的两个点，并垂直于当前 UCS 的 *XY* 平面。因此，在平面视图上使用两点来定义剖切平面就像在投影图中画剖切符号（表示剖切位置的直线）一样，这要比在三维视图中定义剖切平面更加直观。如果明确使用三个点来定义剖切平面，可在选择完对象后，按 <Enter> 键接受命令的默认选项"三点"。

命令的"曲面（S）"选项，可以选择曲面作为剖切平面。如图 8-71 所示，要剖切图示圆柱，可使用 EXTrude 命令拉伸图中所示多段线以生成曲面，然后使用命令的"曲面（S）"选项，选择生成的曲面来剖切圆柱。命令的其他选项，作用与 3DMIRROR 命令相同，不再赘述。在定义好剖切平面后，可在要保留的一侧指定一个点（另一侧将被删除）或按 <Enter> 键接受默认选项"保留两个侧面"。

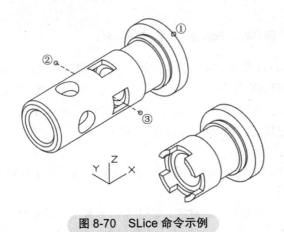

图 8-70 SLice 命令示例

图 8-71 SLice 命令 - 曲面（S）

8.4.3 三维阵列和对齐

1. 三维阵列

3dArray 命令，用于创建非关联三维矩形或环形阵列。如图 8-72 所示，①选择好要阵列的对象后，命令要求指定阵列类型（矩形或环形）。对于矩形阵列，②指定行数；③指定列数；④指定层数；然后⑤指定行间距；⑥指定列间距和⑦指定层间距；按 <Enter> 键即可完成矩形阵列。

实际上，3dArray 功能已替换为增强的 ARRAY 命令。在 ARRAY 命令所打开的"阵列创建 - 矩形"选项卡上的"层级"面板中，如图 8-73 所示，"级别"用于指定层数，"介于"用于指定层间距。

对于环形阵列，以图 8-74a 所示为例。

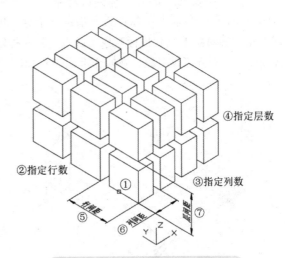

图 8-72 3dArray 命令 - 矩形（R）

①选择要阵列的对象；指定环形阵列；输入阵列的数目"5"；指定阵列要填充的角度"180"；"旋转阵列对象？"选择"是（Y）"选项；②指定阵列的中心点；③再指定旋转轴上的第二点；即可完成环形阵列，结果如图 8-74b 所示。

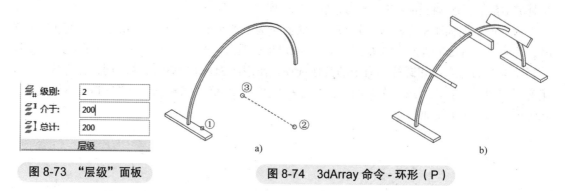

图 8-73 "层级"面板

图 8-74 3dArray 命令 - 环形（P）

在上例中，旋转轴的方向从②阵列的中心点指向③旋转轴上的第二点，环形阵列的方向按右手定则确定。三维环形阵列同样可使用 ARRAY 命令，在指定阵列类型为"极轴（PO）"后，使用命令的"旋转轴（A）"选项，可指定旋转轴上的第一点和第二点，且这两点的顺序并不重要，因为可使用"特性"面板上的"方向"按钮，修改环形阵列的方向。

2. 对齐

将一个对象和另一个对象对齐，可以使用 3DALIGN 命令或 ALign 命令。对于这两个命令，只讲解用于对齐三维对象时的默认操作。

如图 8-75a 所示，3DALIGN 命令要求①选择要对齐的对象；②③④指定基点、第二点和第三点；⑤⑥⑦指定第一个目标点、第二个目标点和第三个目标点。对齐结果，如图 8-75c 所示。

如图 8-75b 所示，ALign 命令同样要求①选择要对齐的对象；②指定第一个源点，③指定第一个目标点；④指定第二个源点，⑤指定第二个目标点；⑥指定第三个源点，⑦指定第三个目标点。对齐结果，如图 8-75c 所示。

假设，将要对齐的对象称为源对象，对齐到的对象称为目标对象。通过以上描述可知，3DALIGN 命令要求先在源对象上指定三个点，再在目标对象上指定三个点；ALign 命令要求成对指定源对象上点和目标对象上的点，且在指定过程中源对象的位置保持不变。因此，使用 ALign 命令对齐三维对象，在操作上比 3DALIGN 命令更直观、方便。

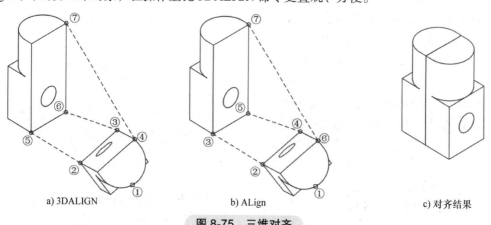

a) 3DALIGN   b) ALign   c) 对齐结果

图 8-75 三维对齐

8.5 实体编辑

AutoCAD 提供的 SOLIDEDIT 命令可对三维实体的面、边和体进行编辑。命令的选项在"常用"选项卡上的"实体编辑"面板中，都有相对应的按钮，如图 8-76 所示。这其中，对建模作用不大的选项，如着色边、复制边、复制面、着色面、清除、检查等本书不再讲解。

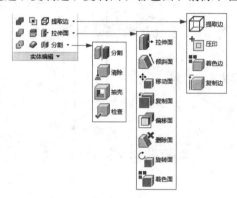

图 8-76 "实体编辑"面板

8.5.1 面编辑

不论对面进行何种编辑，命令都首先要求选择要编辑的面，并提供了以下选项用于指定要编辑的面。

1）添加（A）：默认选项，系统会高亮显示选中的面，表示这些面被加入到选择集中。

2）放弃（U）：放弃上一个操作。

3）删除（R）：从选择集中删除以前选择的面。该选项的一个快捷操作是按住 <Shift> 键选择要从选择集中去除的面。

4）全部（ALL）：选择所有与拾取点相关的面，并将其添加到选择集中。

1. 拉伸面

单击 [拉伸面] 按钮，在选定面后如图 8-77a 所示，通过指定拉伸高度和拉伸的倾斜角度即可拉伸选定的面。默认倾斜角度为 0，即垂直于选定的面拉伸，如图 8-77b；正角度拉伸，将使得选定的面逐渐变小，如图 8-77c；负角度拉伸，将使得选定的面逐渐变大，如图 8-77d。拉伸高度可为负值，即向实体内部拉伸。

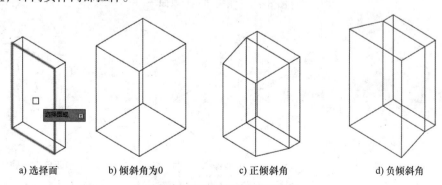

a) 选择面   b) 倾斜角为0   c) 正倾斜角   d) 负倾斜角

图 8-77 拉伸面 - 倾斜角度

命令的"路径（P）"选项，可指定直线或曲线作为拉伸路径，选定面的轮廓将沿此路径来拉伸，如图8-78所示。拉伸路径可以选择直线、圆、圆弧、椭圆、椭圆弧、多段线或样条曲线等。

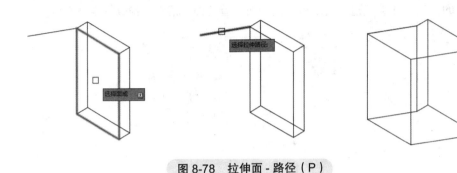

图8-78 拉伸面 - 路径（P）

2. 倾斜面

倾斜面 ，以指定的角度倾斜三维实体上的面。如图8-79和图8-80所示，①选定要倾斜的面；②指定基点；③指定倾斜轴上的另一个点；再指定倾斜角度；即可完成倾斜面操作。

倾斜面操作时，应尽可能将基点选择在要倾斜的面上。此时，基点是面倾斜后位置不变的点，由基点到倾斜轴上的另一个点确定了倾斜面的方向。倾斜角度在 -90°~+90° 之间，不能为零。负角度将向实体外部倾斜面，如图8-79c所示；正角度将向实体内部倾斜面，如图8-80c所示。

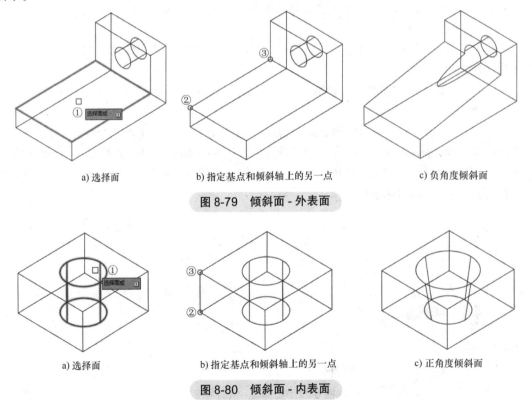

a) 选择面　　　　　　b) 指定基点和倾斜轴上的另一点　　　　　　c) 负角度倾斜面

图8-79 倾斜面 - 外表面

a) 选择面　　　　　　b) 指定基点和倾斜轴上的另一点　　　　　　c) 正角度倾斜面

图8-80 倾斜面 - 内表面

3. 移动面

移动面 ✛➦移动面，用于沿指定的基点和第二点来移动实体上选定的面。如图 8-81 所示，①选择实体上组成键槽的四个面；②指定基点；③指定位移的第二点；即可改变键槽的位置。也可以移动实体的外表面，此时与其相邻的面将会被拉长或缩短。

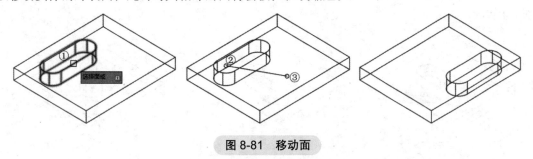

图 8-81　移动面

4. 偏移面

偏移面 ➦偏移面，用于按指定的距离或通过指定的点，将面均匀地偏移。"偏移面"命令通常用于修改实体内部孔或槽的大小，如图 8-82a 所示；正的偏移距离将向实体无材料的一侧偏移，如图 8-82b 所示；负的偏移距离将向实体有材料的一侧偏移，如图 8-82c 所示。

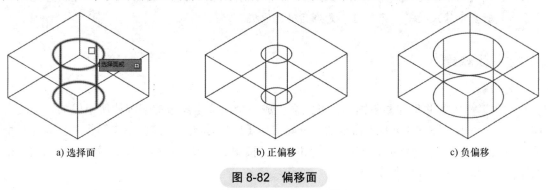

a) 选择面　　　　　　　　　　b) 正偏移　　　　　　　　　　c) 负偏移

图 8-82　偏移面

5. 删除面

删除面 ➦删除面，用于删除圆角、倒角或实体内部的孔，如图 8-83 所示。如果删除面导致生成无效的三维实体，系统将不会删除选定的面。

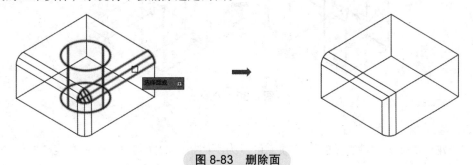

图 8-83　删除面

6. 旋转面

旋转面 ↻旋转面，可绕指定的轴旋转实体上的一个或多个面。如图 8-84 所示，①选择实体上组成键槽的四个面；②指定轴点；③指定旋转轴上的第二个点；再指定旋转角度，即可完成键槽的旋转。

默认情况下系统使用两点来指定旋转轴。确定旋转轴还可使用“经过对象的轴（A）”“视图（V）”“X 轴（X）”“Y 轴（Y）”和“Z 轴（Z）”选项，这些选项和 Rotate3D 命令的对应选项作用相同。

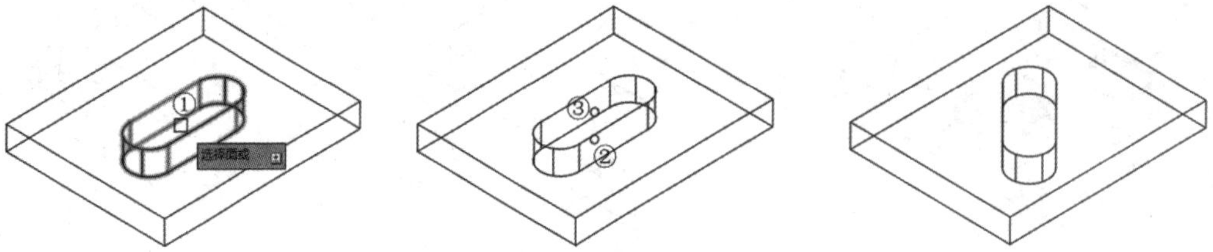

图 8-84　旋转面

【提示与建议】

按住并拖动 PRESSPULL 命令，SOLIDEDIT 命令的“拉伸（E）”“移动（M）”和“偏移（O）”等面选项，都可用于修改实体上某部分的厚度。相对来说，由于 PRESSPULL 命令可实时显示修改效果，操作起来更为直观、便捷。

8.5.2　体编辑

1. 分隔

布尔运算中的并集和差集操作，可能会生成一个由多个离散的连续体所组成的不连续实体。此时，可使用 SOLIDEDIT 命令的“分隔实体（P）”选项，将这些不连续实体分隔为几个独立的连续实体。命令的操作很简单，单击 分割 按钮后，如图 8-85 所示，选择要分隔的三维实体；按 <Enter> 键确认即可。

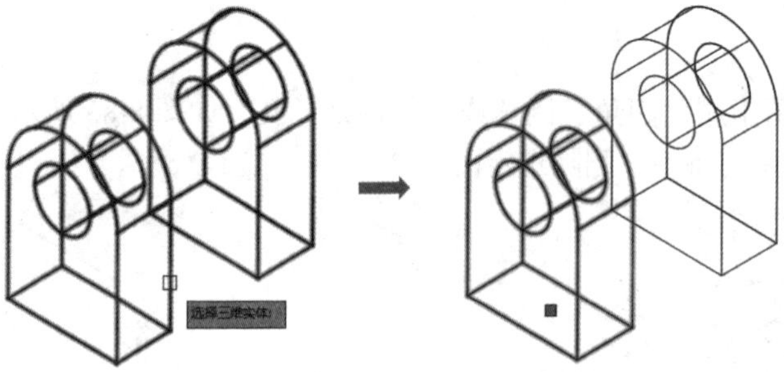

图 8-85　分隔

2. 抽壳

SOLIDEDIT 命令“抽壳（S）”选项，可以为实体指定的面创建一个具有同样厚度的薄层。单击 抽壳 按钮后，如图 8-86 所示，①选择长方体，系统会高亮显示实体上的所有表面；②③选择前端面和上端面，作为要删除的面；确认后输入抽壳偏移距离 1，即可完成抽壳操作。

所谓要删除的面，就是被排除在抽壳操作之外的面，这些面被选定后，将不再高亮显示。

正的抽壳偏移距离将向实体内部偏移；负的偏移距离将向实体外部偏移。

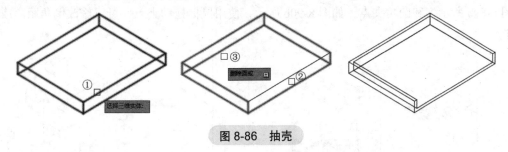

图 8-86 抽壳

8.5.3 干涉

INTERFERE 命令 ，用以检查对象之间是否存在相交干涉。命令首先要求选择第一个选择集所包含的实体；确认后，再选择第二个选择集所包含的实体；确认后，命令会对比检查两个选择集中的实体是否存在干涉。如果存在干涉，系统会创建相交部分的临时实体并高亮显示它，如图 8-87 所示。同时系统还会显示如图 8-88 所示的"干涉检查"对话框，用以缩放、平移和动态观察相交部分的临时实体。

可以只创建一个选择集，此时命令会检查该选择集中所包含的对象之间是否存在干涉；如果创建了两个选择集，则同一选择集中的对象之间，不再进行干涉检查。

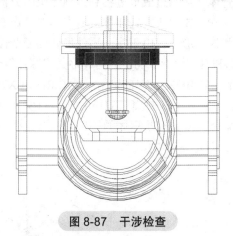

图 8-87 干涉检查

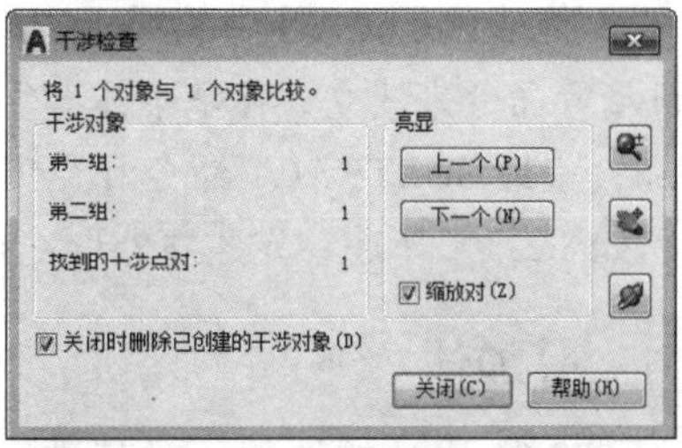

图 8-88 "干涉检查"对话框

8.5.4 圆角边和倒角边

在"实体"选项卡的"实体编辑"面板上，倒角边按钮对应 CHAMFEREDGE 命令，圆角边按钮对应 FILLETEDGE 命令。

CHAMFEREDGE 命令允许选择属于同一个面上的多条边，如图 8-89a 所示的①和②，这些边所在的平面为基面。边确认后，可使用命令的"距离（D）"选项指定基面的倒角距离和其他面的倒角距离，按 <Enter> 键确认倒角。

FILLETEDGE 命令首先要求选择实体上的边，如图 8-90a 所示的①和②。确认后，使用命令的"半径（R）"选项，可指定圆角半径；按 <Enter> 键确认圆角。

这两个命令和对应的 CHAmfer 命令与 Fillet 命令在操作上区别不大，命令所包含的其他选项如"环（L）"和"链（C）"作用也相同。只是这两个命令在操作时，会分别显示倒角夹点，如图 8-89b 所示，和圆角夹点，如图 8-90b 所示，使用鼠标拖动夹点，可以修改倒角距离或圆角半径。

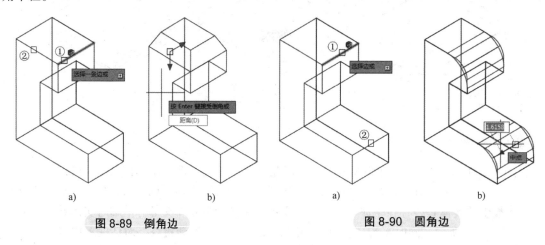

a)   b)   a)   b)

图 8-89　倒角边   图 8-90　圆角边

8.6　三维建模示例

由基本体按一定方式组合而成的形体称为组合体。从制造成形过程和读图与画图分析思考方便的角度出发，常将组合体视为由叠加和挖切两种方式形成。叠加体由基本体或稍作变形的基本体叠加在一起形成；挖切体由基本体经截切和挖孔形成。由于实际零件形状的复杂性，单一的叠加体和挖切体都不多见，常见的是综合叠加和挖切而形成的组合体，称其为综合组合体。

基本体在 AutoCAD 中可使用本章 8.2 节所讲的 BOX、CYLinder、SPHERE、EXTrude、REVolve 等命令来建立。在基本体建立好之后，布尔运算中的并集 UNIon 命令，可实现基本体的叠加；差集 SUBTRACT 命令和交集 INtersect 命令，可实现基本体的挖切。三维建模的基本原则，如 8.2.7 节所述，先建立外形，再建立内形，即先叠加再挖切。

8.6.1　叠加体

如图 8-91 所示的轴架，对其进行形体分析可知，轴架由底板、肋板、支撑板和圆筒四部分组成，如图 8-92 所示。轴架是一个以叠加为主兼有少量挖切的形体。这里，仍将其视为叠加体。

AutoCAD 的三维建模很灵活，没有一个固定的建模方法和步骤。例如，轴架的底板，可使用 BOX 命令创建长方体，也可绘制二维截面通过 EXTrude 命令拉伸成形。轴架的圆筒，可使用 CYLinder 命令创建圆柱，也可绘制二维截面通过 REVolve 命令旋转成形。可以先定形、后定位，即先创建基本体，然后使用 Move 命令，通过对象捕捉将其精确移动到相应

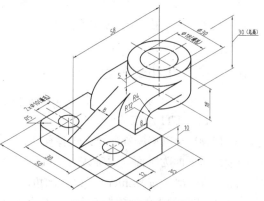

图 8-91　轴架轴测图

位置，再通过布尔运算生成组合体；也可用先定位，后定形，即将用于生成基本体的截面精确地绘制在其应处的位置，再通过 EXTrude、REVolve 等命令成形，最后通过布尔运算生成组合体。下面给出一种建模方法和步骤。

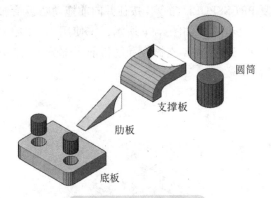

图 8-92　轴架形体分析

步骤 1：使用视图控件，将当前视图切换为"西南等轴测"；如图 8-93 所示，①使用 BOX 命令创建 X 方向长 35，Y 方向宽 50，Z 方向高 10 的长方体；②过 A 点沿 Y 轴反向做辅助线 AB，为便于选择，AB 的长度应大于长方体的宽 50；③过 C 点（长方体下端面左侧棱线的中点）沿 X 轴正向做辅助线 CD，同理 CD 的长度应大于长方体的长 35；④使用 Offset 命令，设置偏移距离 15，选择辅助线 CD，沿 Y 轴正、反方向偏移出两条辅助线；⑤按 <Enter> 键，重复 Offset 命令，设置偏移距离为 12，选择辅助线 AB，沿 X 轴正向偏移出一条辅助线；⑥⑦使用 CYLinder 命令，以辅助线的交点为底面的中心点，创建直径为 10 的两个圆柱，圆柱高度大于底板高度 10 即可。后续，使用 SUBTRACT 命令，从长方体中减去两圆柱，形成圆孔；并使用 Fillet 命令，为底板倒出两个 R5 的圆角，结果如图 8-94 所示。

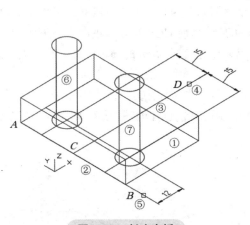

图 8-93　创建底板

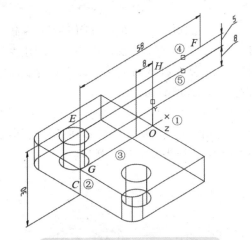

图 8-94　绘制支撑板和肋板截面

步骤 2：如图 8-94 所示，①使用 UCS 命令，将 UCS 的坐标原点移动到 O 点（长方体上端面右侧棱线的中点），并绕 X 轴旋转 90°；②使用 Line 命令，过 C 点，向上移动光标，沿当前 UCS 的 Y 轴正向，输入距离 30 确定 E 点，向右移动光标，沿 X 轴正向，输入距离 58 确定 F 点，绘制两条辅助线；③使用 Line 命令，过 G 点（长方体上端面左侧棱线的中点），O 点和 H 点（过 O 点竖直直线与辅助线 EF 的交点）作两条辅助线；④使用 Offset 命令，设置偏移距离 5，选择辅助线 EF，向下偏移；⑤重复偏移操作，设置偏移距离 8，选择之前偏移出的辅助线，向下偏移；选择辅助线 OH，向左偏移。

步骤 3：如图 8-95 所示，①使用 Fillet 命令，设置圆角半径 12，倒出 R12 圆角；②重复 Fillet 命令，设置圆角半径 4，倒出 R4 圆角；③使用 Line 命令，过 G 点，捕捉 R12 圆弧的切点，作出切线；④使用 PRESSPULL 命令，按住支撑板截面轮廓，向前拖动，距离为 15；⑤重复 PRESSPULL 命令，按住并向前拖动肋板轮廓，距离为 4，结果如图 8-96 所示。

步骤 4：如图 8-96 所示，①使用 3DMIRROR 命令，选择步骤 3 中④⑤按住并拖动生成的两个三维实体（支撑板和肋板前半部分），使用当前 UCS 的 *XY* 平面为镜像平面，三维镜像出后半部分。

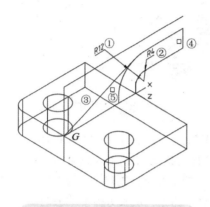

图 8-95　完成截面按住并拖动

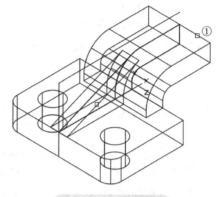

图 8-96　三维镜像

步骤 5：如图 8-97 所示，①使用 UCS 命令，绕 *X* 轴旋转 90°，使 *Z* 轴朝下；②使用 CYL-inder 命令，以 *F* 点为底面的中心点，创建直径为 30，沿当前 UCS 的 *Z* 轴正向，高度为 18 的圆柱；③重复 CYLinder 命令，以 *F* 点为底面中心点，创建直径为 18 的同轴圆柱，高度大于之前圆柱的高度 18 即可。

步骤 6：使用 UNIon 命令合并除最后创建的 ϕ18 小圆柱的所有实体；使用 SUBTRACT 命令，从之前合并的实体中减去 ϕ18 小圆柱形成圆孔，删除之前创建的辅助线，即完成轴架三维模型的创建，结果如图 8-98 所示。

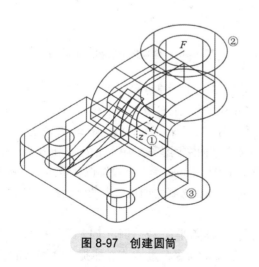

图 8-97　创建圆筒

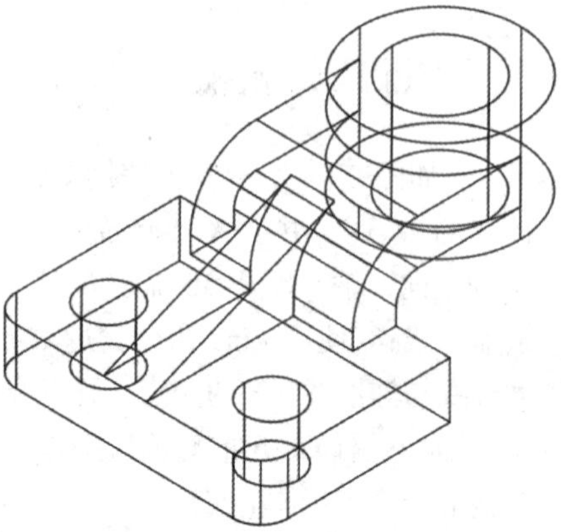

图 8-98　布尔运算

【提示与建议】

在三维建模的过程中，应多使用 3DFORBIT 命令自由动态观察模型，使用不同的视觉样式来查看模型是否创建正确。在将 UCS 的工作平面设置到合适的位置后，可使用 PLAN 命令，按两次 <Enter> 键（使用当前 UCS），在平面视图中绘制截面；使用 PRESSPULL 命令按住并拖动截面轮廓前，应注意将当前 UCS 的 *XY* 平面放置在截面轮廓所在的平面上，否则会出现无法选定截面轮廓的情况。

8.6.2 挖切体

图 8-99 所示为一定位支架的三视图。定位支架可看作由基本形体经挖切而成。如图 8-100 所示，定位支架的基本形体是一个部分圆柱体，其正中间切出一个矩形槽，两侧又各切去一块。如图 8-99 所示，主视图上的虚线框，分别为两个阶梯孔和两个光孔。从左视图上还可以看出，两块直立板的后上方有 *R*7 的圆角。

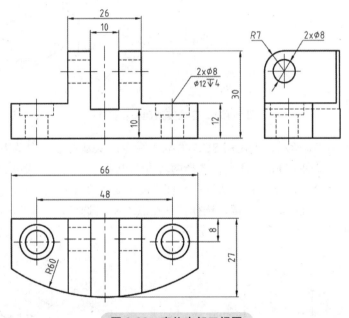

图 8-99 定位支架三视图

挖切体在创建过程中，很少使用到 SLice（剖切）命令，这是由于 SLice 命令只能使用单一剖切平面剖切形体，效率较低。通常，对于要剖切掉的部分，可依据截平面的位置生成相应的三维实体，然后使用布尔运算的差集或交集实现剖切。

定位支架的建模步骤如下。

步骤 1：如图 8-101a 所示，①依据图 8-99 所示俯视图，创建定位支架基本形体的截面（不需生成面域），图中两小圆的直径为 8；②使用 PRESSPULL 命

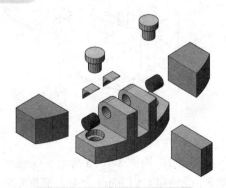

图 8-100 定位支架形体分析

令，按住并向上拖动截面，距离为 30，创建出基本形体，结果如图 8-101b 所示；③使用 UCS 命令，将 UCS 的坐标原点移动到图示棱线的中点，并绕 X 轴旋转 90°；④在基本形体的外部，使用 BOX 命令创建截面尺寸为 10×20，高度为 30 的长方体；⑤重复执行 BOX 命令，创建截面尺寸为 20×18，高度同为 30 的长方体；⑥使用 Move 命令，移动④所生成的长方体，基点和目标点如图所示虚线；⑦使用 COpy 命令，复制⑤所生成的长方体，至基本形体上端面的左侧顶点；⑧使用 Move 命令，移动⑤所生成的长方体，至基本形体上端面的右侧顶点，结果如图 8-102a 所示。

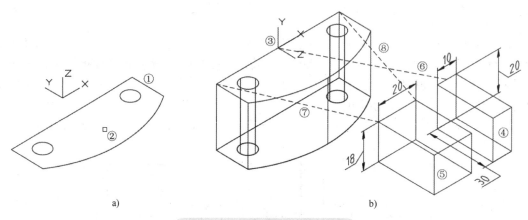

图 8-101　定位支架建模步骤 1

　　步骤 2：如图 8-102a 所示，①使用 SUBTRACT 命令，从基本形体中减去三个长方体，结果如图 8-102b 所示；②使用 Fillet 命令，选择两块直立板后上方棱线，设置圆角半径为 7，倒出两个圆角；③使用 CYLinder 命令，捕捉左侧直立板左端面 $R7$ 圆弧的圆心为圆柱底面的中心点，指定底面半径为 4，按 <Enter> 键，选择"轴端点（A）"选项，指定轴端点为右侧直立板右端面 $R7$ 圆弧的圆心。

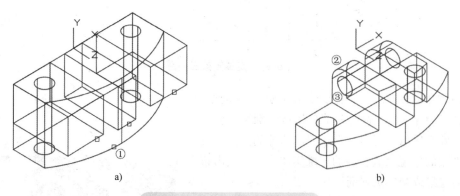

图 8-102　定位支架建模步骤 2

　　步骤 3：如图 8-103a 所示，①使用 UCS 命令，将 UCS 绕 X 轴旋转 90°，以使 Z 轴方向朝下；②使用 CYLinder 命令，捕捉左侧 $\phi 8$ 圆孔上端面的圆心为底面中心点，创建半径为 6，高度为 4 的圆柱；③重复执行 CYLinder 命令，创建出右侧圆柱（也可使用 3DMIRROR 命令或 COpy 命令，三维镜像或复制得到）；④使用 SUBTRACT 命令，从基本形体中减去三个圆柱，完成定位支架的建模，结果如图 8-103b 所示。

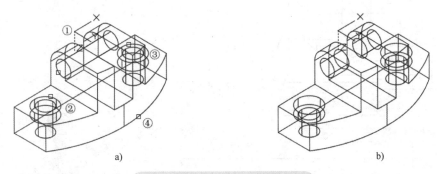

图 8-103　定位支架建模步骤 3

在定位支架的三维建模步骤中，主要使用了 SUBTRACT 命令来创建挖切。实际上，灵活使用交集 INtersect 命令，也可高效地创建出挖切，如图 8-104 所示。

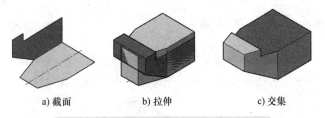

a) 截面　　　　　b) 拉伸　　　　　c) 交集

图 8-104　使用 INtersect 命令创建挖切

具体操作时，可在同一个平面视图中绘制相关截面，就和手工绘图在一张图纸上画三视图一样。以图 8-104a 所示为例，在主视图上绘制七边形截面，在俯视图上绘制六边形截面；然后，在平面视图上使用 ROTATE3D 命令，选择主视图上的截面，以其底边为旋转轴旋转 90°（将其立起来）；再使用 Move 命令，选择合适的基点将主视图截面移动到俯视图截面的目标点上，如图 8-104a 所示；之后，即可使用 EXTrude 或 PRESSPULL 命令拉伸截面，如图 8-104b 所示；成形后取交集运算，结果如图 8-104c 所示。由于交集是取共有部分，所以拉伸只要保证足够的高度即可。

8.6.3　综合组合体

综合组合体，如前所述是指组合体在成形过程中，既有叠加又有挖切。图 8-105 所示为一底座零件的视图，由于底座左右对称，主视图采用半剖，既表达外形又表达内形；俯视图使用基本视图，表达外形。

如图 8-106 所示，底座零件的叠加部分有底板、圆柱和两侧的三棱柱肋板。挖切部分有底板下方切出的一个矩形槽，圆柱部分挖出的一个同轴阶梯孔，圆柱前方切出的一个矩形槽，后方切出的一个 U 形槽。

本节仅给出底座的一种建模方法的关键步骤的必要说明，不再给出详细操作的具体说明。

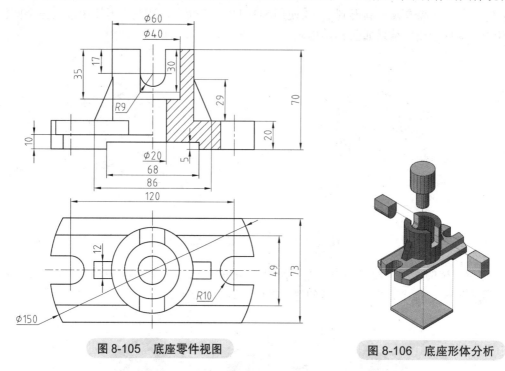

图 8-105　底座零件视图

图 8-106　底座形体分析

如图 8-107 所示，底板可使用拉伸俯视图和左视图截面，取交集的成形方法。左视图截面虽然在图 8-105 中未给出，但依据其中的主、俯视图，不难画出其左视图的凸字形截面。

a) 截面　　　　　　　　　　　b) 拉伸　　　　　　　　　　　c) 交集

图 8-107　底板的成形

底板上方的圆柱可使用 CYLinder 命令，如图 8-108 所示，以底板底面的中心点为圆柱底面圆心，半径 30，高度 70，向上（当前 UCS 的 Z 轴正向）创建圆柱；完成后，使用 UNIon 命令合并底板和圆柱。为避免 UCS 的切换，此时可创建出形成圆柱内部阶梯孔的两个同轴圆柱。如图 8-109 所示，以圆柱上端面的圆心为底面中心点，半径 20，高度 35，向下创建 $\phi 40$ 圆柱；以 $\phi 40$ 圆柱的轴端点为底面中心点，半径 10，高度 > 35，向下创建 $\phi 20$ 圆柱。注意，此时不要使用 SUBTRACT 命令减去两圆柱，因为肋板尚未创建。这里，为避免两圆柱对后续建模产生干扰，建立一个关闭的图层，将两圆柱放在该图层中，以使其不可见。

底板底部的矩形槽，可使用 BOX 命令，在模型外部创建。如图 8-110 所示，长方体的截面尺寸为 68×5，高度大于底板宽度 73 即可；使用 Move 命令移动长方体，基点和目标点如图 8-110 所示虚线；使用 SUBTRACT 命令，减去长方体形成矩形槽。

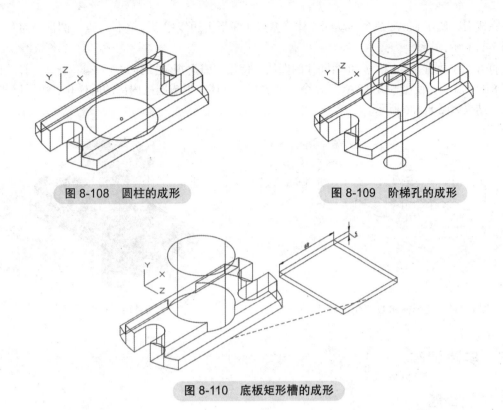

图 8-108　圆柱的成形　　　　　　　图 8-109　阶梯孔的成形

图 8-110　底板矩形槽的成形

　　肋板的截面可绘制出如图 8-111 所示的等腰梯形，为保证截面拉伸后能与圆柱完全相交，梯形的高度可设置为比肋板实际高度 29 更高的 40。截面可在模型内部，通过创建定位参考线来绘制；在模型外部创建截面，在拉伸（PRESSPULL 或 EXTrude 命令）成形后，如图 8-112 所示，需绘制一条过四棱柱两底边中点的参考线，然后使用 Move 命令移动四棱柱，基点（参考线中点）和目标点（底板上端面圆心）如图 8-112 所示虚线。移动后，使用 UNIon 命令合并四棱柱，形成肋板，结果如图 8-113 所示。

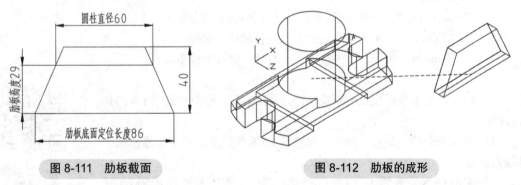

图 8-111　肋板截面　　　　　　　　图 8-112　肋板的成形

　　圆柱内部的前置矩形槽和后置 U 形槽，可在模型内部创建出定位参考线后绘制。如在模型外部绘制，如图 8-113 所示，矩形槽截面可使用 RECtang 命令绘制；U 形槽截面使用 Circle 命令，追踪矩形上边线中点向下移动光标，输入距离 17 指定圆心；使用 TRim 命令，修剪掉上半个圆，即可使用 PRESSPULL 命令按住并拖动截面成形。先向后拖动 U 形槽截面，再向前拖动矩形槽截面，如矩形槽截面选择困难，可使用 EXTrude 命令拉伸矩形，高度大于圆柱半径 30 即可。完成后，使用 Move 命令移动两立体，基点（矩形上边线中点）和目标点（圆柱顶面圆心）如图 8-113 所示虚线。

打开用于放置 $\phi40$ 和 $\phi20$ 两圆柱的图层，使用"概念视觉"样式 ☑ 概念 显示模型，结果如图 8-114 所示。使用 SUBTRACT 命令，减去相关立体，形成圆柱内部的阶梯孔、矩形槽和 U 形槽，结果如图 8-106 所示。

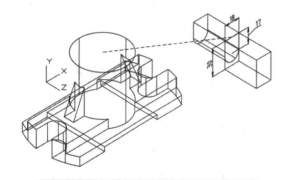

图 8-113 矩形槽和 U 形槽截面及其成形

图 8-114 布尔运算

8.7 实践训练

8.7.1 判断题

1. 视觉样式列表中，二维线框和线框两种视觉样式相同。 （ ）
2. CYLinder 命令只能建立轴线与当前 UCS 的 Z 轴平行的圆柱。 （ ）
3. EXTrude 命令可拉伸实体上的面。 （ ）
4. REVolve 命令可通过输入负的旋转角度来改变旋转方向。 （ ）
5. 生成放样的若干横截面不能是一个点。 （ ）
6. 按住并拖动实体上的面，将新建一个实体。 （ ）
7. CHAmfer 命令指定的基面倒角距离是指到基面的距离。 （ ）
8. 使用 REGion 命令可将轮廓转化为面域，轮廓一定要封闭。 （ ）
9. 使用 BOundary 命令，可由边界生成面域，也可生成多段线。

（ ）

10. 默认情况下选择预设的正交 UCS，会将当前视图修改为对应的预设视图。 （ ）
11. UCS 命令的"原点"选项，仅修改 UCS 的原点位置不能修改三个轴的方向。 （ ）
12. 使用 UCS 命令的"面（F）"选项，当选定实体上的一个面后，选项"X 轴反向（X）"的作用是 X 轴方向保存不变，使 UCS 绕 X 轴旋转 180°。 （ ）
13. 将当前 UCS 的 XY 平面平行于计算机屏幕放置可使用 PLAN 命令。 （ ）
14. 平面视图中使用 3DROTATE 命令，只能绕平行于 UCS 的 Z 轴的旋转轴旋转对象。 （ ）
15. SLice 命令默认使用三个点来定义剖切平面。 （ ）

"两弹一星"功勋科
学家：雷震海天
SZD-008

16. ARRAY 命令不能实现三维环形阵列操作。 （　　）

17. 使用 SOLIDEDIT 拉伸面时，负角度拉伸将使得选定的面逐渐变大。 （　　）

18. 使用 SOLIDEDIT 偏移一个圆孔面，负的偏移距离将使圆孔变小。 （　　）

19. 使用 SOLIDEDIT 删除面，可删除实体上任意一个面。 （　　）

20. 使用 INTERFERE 命令创建了两个选择集，则同一选择集中的对象之间，不再进行干涉检查。 （　　）

8.7.2 单选题

1. 模型空间中将某一视口设置为当前，除使用鼠标左键单击视口外，还可按_____组合键切换视口。

A. \<Ctrl+W\>　　　　B. \<Ctrl+E\>　　　　C. \<Ctrl+T\>　　　　D. \<Ctrl+R\>

2. 视口用于显示模型的不同_____和_____。

A. 视图，视觉样式　　　　　　　　　B. 视点，视觉样式

C. 视图，视点　　　　　　　　　　　D. 视图，注释性对象

3. 以下关于删除模型空间视口，正确的操作是_____。

A. 在视口内单击鼠标右键，从弹出的快捷菜单中选择"删除"

B. 将一个视口的边界拖动到另一个边界上

C. 按住 \<Ctrl\> 键拖动视口边界

D. 单击视口控件，从弹出的快捷菜单中选择"最大化视口"

4. 自由动态观察的快捷方式为_____。

A. 按住 \<Shift\> 键，拖动鼠标滚轮　　　B. 按住 \<Shift\>+\<Ctrl\> 键，拖动鼠标滚轮

C. 按住 \<Ctrl\> 键，拖动鼠标滚轮　　　　D. 按住鼠标滚轮并拖动

5. 多段体轮廓第一条线段的起始方向为从右至左，其对正方式说法正确的是_____。

A. 左方为左，右方为右　　　　　　　B. 左方为右，右方为左

C. 上方为右，下方为左　　　　　　　D. 上方为左，下方为右

6. 按住并拖动实体表面的边界区域，要选择多个区域应按住_____键进行选择。

A. \<Shift\>　　　B. \<Ctrl\>　　　　C. \<Alt\>　　　　D. \<Enter\>

7. Fillet 命令对三维对象倒圆角时，要选中一系列与选定边相切的边，应使用_____选项。

A. 环（L）　　　B. 链（C）　　　C. 边（E）　　　D. 相切（T）

8. 使用 UCS 夹点"仅移动原点"，在操作时应按一下_____键。

A. \<Shift\>　　　B. \<Ctrl\>　　　　C. \<Alt\>　　　　D. \<Enter\>

9. 将一高度为 10 的长方体修改为 20，可_____。

A. 使用 PRESSPULL 命令　　　　　　B. 使用实体编辑命令的"拉伸面"选项

C. 使用实体编辑命令的"移动面"选项　D. 以上命令或命令的选项都可以

10. 以下说法错误的是_____。

A. UCS 命令的"原点"选项可以使用一点、两点或三点来定义 UCS

B. 在平面视图中旋转三维对象应使用 ROTATE3D 命令

C. 3DMIRROR 命令，默认使用三个点来定义镜像平面

D. 3DALIGN 命令要求成对指定源对象上点和目标对象上的点

11. 如图 8-115 所示截面轮廓，拉伸高度 10，倾斜角度为 +5°，所生成三维实体的体积为（使用 MASSPROP 命令查询）_____。

    A. 4390.2178　　　　　B. 4390.1278　　　　　C. 4390.7128　　　　　D. 4390.8127

12. 如图 8-116 所示截面轮廓，绕右侧点画线的轴旋转 180°，所生成三维实体的体积为_____。

    A. 18927.4002　　　　　B. 18927.4003　　　　　C. 18927.4004　　　　　D. 18927.4005

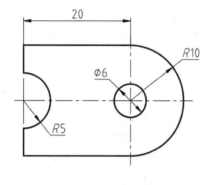

图 8-115　截面轮廓 1

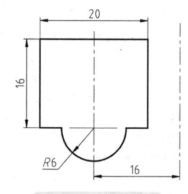

图 8-116　截面轮廓 2

13. 如图 8-117 所示长方体，被截切后的体积为_____。

    A. 1584.0　　　　　B. 1684.0　　　　　C. 1784.0　　　　　D. 1984.0

14. 如图 8-118 所示长方体中有一管道，该实体的体积为_____。

    A. 1869.9287　　　　　B. 1869.2897　　　　　C. 1869.7289　　　　　D. 1869.8297

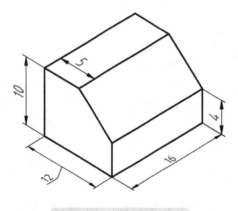

图 8-117　带切口长方体

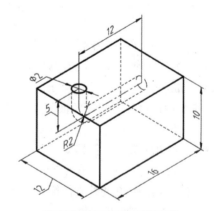

图 8-118　有管道长方体

15. 如图 8-119 所示圆柱，被两个平面截取后的体积为_____。

    A. 838.4422　　　　　B. 838.4433　　　　　C. 838.4444　　　　　D. 838.4455

16. 如图 8-120 所示圆锥，被一个平面截取后的体积为_____。

    A. 279.0851　　　　　B. 279.1508　　　　　C. 279.8501　　　　　D. 279.5801

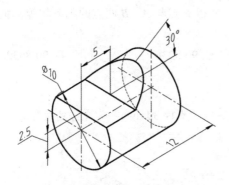

图 8-119 两平面切圆柱

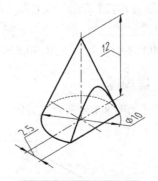

图 8-120 平面切圆锥

17. 如图 8-121 所示半球，被两个平面截取后的体积为_____。

A. 1502.5608　　　　B. 1502.0685　　　　C. 1502.8605　　　　D. 1502.6805

18. 如图 8-122 所示长方体，开有一沉孔，该实体的体积为_____。

A. 3488.1414　　　　B. 3488.1415　　　　C. 3488.1416　　　　D. 3488.1417

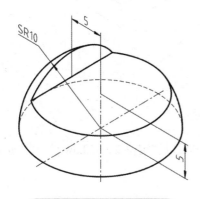

图 8-121 两平面切半球

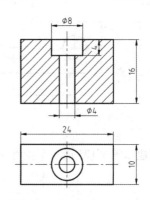

图 8-122 开沉孔长方体

19. 如图 8-123 所示长方体，*B* 点为宽的四分之一点，*D* 点为长的中点，则交叉两直线 *AB* 和 *CD* 的公垂线的长度为_____。

A. 22.9501　　　　B. 22.9015　　　　C. 22.9051　　　　D. 22.9105

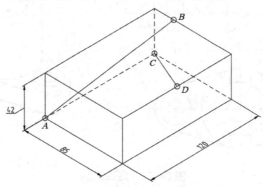

图 8-123 长方体内两交叉直线

20. 如图 8-123 所示，在直线 CD 上求一点 E，使得 E 点与 A、B 两点的距离相等，则此距离的值为_____。

A. 90.8623   B. 90.8263   C. 90.8236   D. 90.8632

8.7.3 建模题

1. 创建如图 8-124 所示支板的三维模型，完成后以"支板 3d.dwg"为文件名保存。

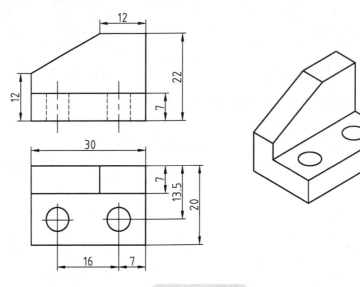

图 8-124 支板

2. 创建如图 8-125 所示定位支座的三维模型，完成后以"定位支座 3d.dwg"为文件名保存。

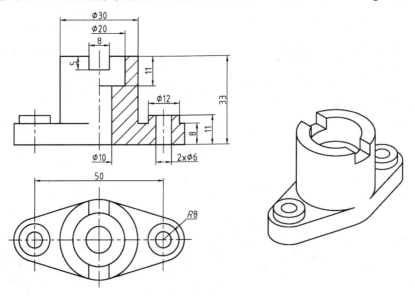

图 8-125 定位支座

3. 创建如图 8-126 所示转轮的三维模型，完成后以"转轮 3d.dwg"为文件名保存。

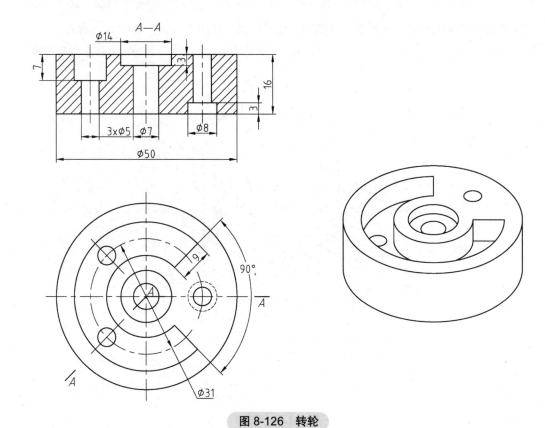

图 8-126　转轮

4. 创建如图 8-127 所示支撑座的三维模型，完成后以"支撑座 3d.dwg"为文件名保存。

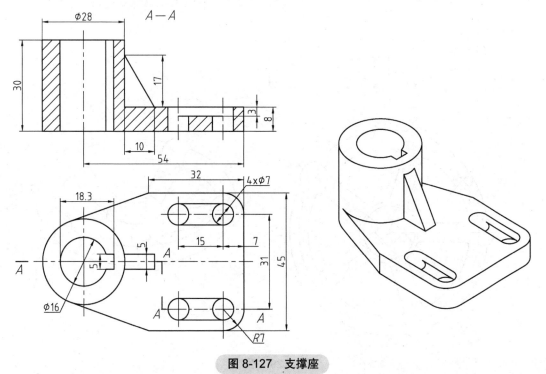

图 8-127　支撑座

5. 创建如图 8-128 所示底座的三维模型，完成后以"底座 3d.dwg"为文件名保存。

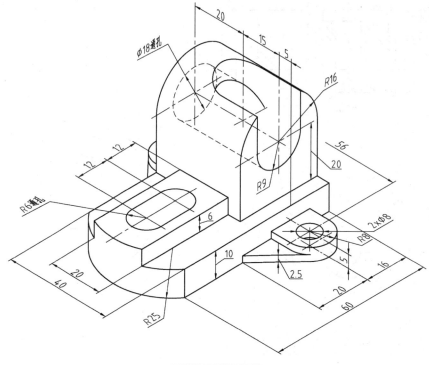

图 8-128　底座

6. 创建如图 8-129 所示手轮的三维模型，完成后以"手轮 3d.dwg"为文件名保存。

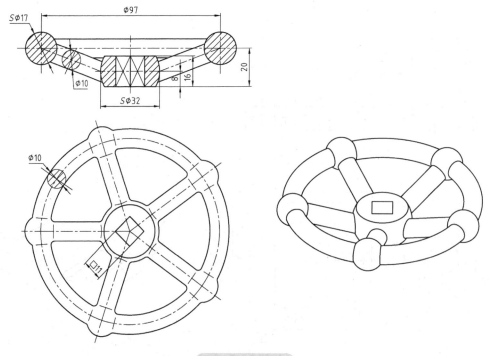

图 8-129　手轮

7. 创建如图 8-130 所示气缸盖的三维模型，完成后以"气缸盖 3d.dwg"为文件名保存。

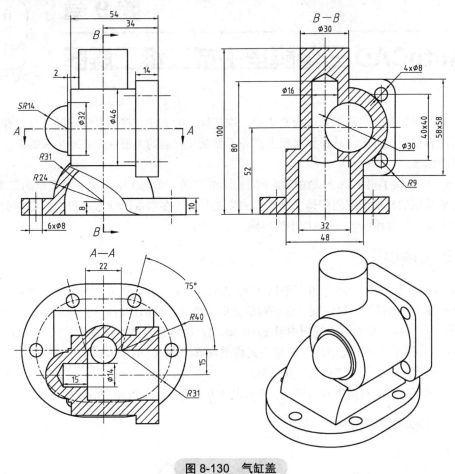

图 8-130　气缸盖

第 9 章

AutoCAD 三维模型生成二维工程图

先创建三维模型，再通过软件自动生成二维工程图的方法，在当今的产品开发过程中，应用已越来越普遍。这种方法从操作层面上讲并不复杂，问题的关键在于自动生成的图样是否符合我国制图标准。

AutoCAD 提供了很多命令以在模型空间或图纸空间（布局）中生成三维模型的二维视图，本章只讲解常用的在模型空间获得二维投影的相关命令。在本章的学习过程中，要特别注意一些概念在工程图学课程与 AutoCAD 中的区别。

9.1 平面摄影

FLATSHOT 命令 ![icon]平面摄影，可基于当前视图创建所有三维对象的二维表示。命令会打开如图 9-1 所示的"平面摄影"对话框。在该对话框中，最后生成的"目标"，通常选择"插入为新块"，所谓"前景线"是指当前视图中可见的轮廓线，通常将其线型设置为实线"Continuous"；"暗显直线"是指不可见的轮廓线，通常将其线型设置为虚线"DASHED"，如果不希望投影生成不可见轮廓线，可不选择"显示"复选框。

本节以斜支架三维模型生成如图 9-2 所示表达方案为例，讲解命令的使用。

图 9-1 "平面摄影"对话框

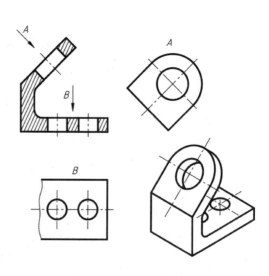

图 9-2 斜支架表达方案

步骤 1：在创建好斜支架的三维模型后，使用视图控件将当前视图切换为"前视"；使用 COpy 命令，按投影关系在其正下方和正右方复制出三维模型的副本。如图 9-3a 所示，使用 SLice 命令选择正下方副本，以模型上的 A 点为剖切面的起点，B 点为平面上的第二点（A、B

两点连线倾角为 45°)，*C* 点为要保留的一侧，剖切模型；按 <Enter> 键，重复 SLice 命令，选择正右方副本，以模型上的 *D* 点为剖切面的起点，*E* 点为平面上的第二点，*F* 点为要保留的一侧，剖切模型；结果如图 9-3b 所示。

步骤 2：使用 ROTATE3D 命令，选择正下方副本，指定 *C* 点为旋转轴上的第一点，H 点为旋转轴上的第二点，旋转角度 90°；按 <Enter> 键，重复 ROTATE3D 命令，选择正右方副本，指定 *F* 点为旋转轴上的第一点，*G* 点为旋转轴上的第二点（*F*、*G* 两点连线倾角为 45°），旋转角度 90°；结果如图 9-3c 所示。

步骤 3：使用视图控件将当前视图切换为"西南等轴测"；使用 UCS 命令的"视图（V）"选项，将当前 UCS 的 *XY* 平面平行于计算机屏幕放置；选择"前视"位置斜支架的完整三维模型按 <Ctrl+C> 键复制；切换回"前视"，按 <Ctrl+V> 键粘贴；结果如图 9-3c 所示。

步骤 4：使用 FLATSHOT 命令，打开"平面摄影"对话框，对话框中的设置如图 9-1 所示，单击"创建"按钮；在绘图区的合适位置指定插入点，*X* 比例和 *Y* 比例都为 1，旋转角度为 0；插入图块的结果如图 9-3d 所示。

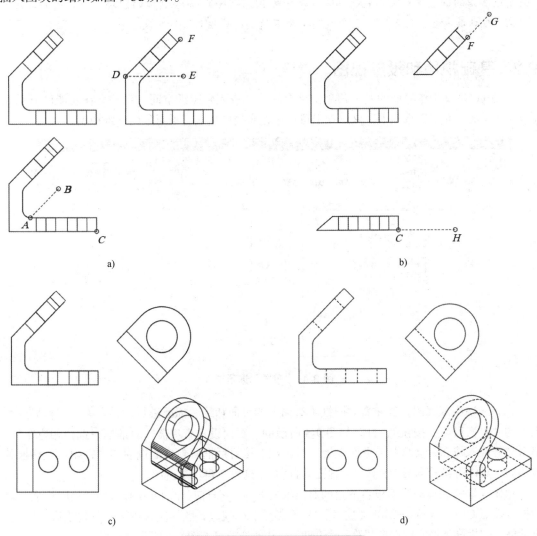

a)

b)

c)

d)

图 9-3　斜支架表达方案生成步骤

FLATSHOT 命令所创建的块参照，可使用 eXplode 命令分解。后续，在分解产生二维投影的基础上，可绘制出斜支架全剖的主视图，A 向的斜视图和 B 向的局部视图，并删除视图中不需要的虚线，结果如图 9-2 所示。FLATSHOT 命令投影生成的正等轴测图，其轴向变形系数约等于 0.82，要生成简化轴向变形系数为 1 的正等轴测图，还需使用 SCale 命令，将正等轴测图放大 1.2247 倍。

在斜支架的表达方案中，主视图由于采用单一剖切平面，且沿前后对称平面剖切，因此该全剖视图可不作标注；A 向斜视图，由于局部轮廓完整，自成封闭图形，可不画波浪线，但斜视图一定要做标注（斜视图上方的视图名称 A，主视图上方的箭头和字母 A）；B 向局部视图由于和主视图按投影关系配置，可不对视图作标注，但该局部视图应使用波浪线（可采用 SPLine 命令绘制）表示出断裂处的边界线。

【提示与建议】

FLATSHOT 命令投影模型空间中的所有三维对象，不需进行投影的三维对象可放置在关闭或冻结的图层中；使用 eXplode 命令分解 FLATSHOT 命令创建的图块，所产生的二维对象，默认其特性（颜色、线型和线宽）都不随层，要注意进行修改。

9.2　基础视图和投影视图

在 AutoCAD 工作界面的左下角单击某个布局，进入到图纸空间，系统会在功能区显示如图 9-4 所示的"布局"选项卡，该选项卡可用于在布局中生成三维对象的二维视图。

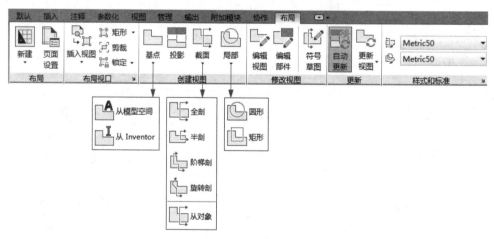

图 9-4　"布局"选项卡

在布局中生成视图，首先需对图纸（布局）的页面和绘图标准进行设置。单击"布局"面板上的"页面设置"按钮，打开如图 9-5 所示的"页面设置管理器"对话框，选择相应布局，单击"修改"按钮，会打开"页面设置"对话框。该对话框所包含的选项和"打印"对话框基本相同，具体可参看本书 7.5 节"工程图的打印"，这里不再重复讲解。

单击"样式和标准"面板右下角的对话框按钮，会打开如图 9-6 所示的"绘图标准"对话框。按照 GB/T 14692—2008《技术制图 投影法》的规定，图样应采用第一分角投影。因此，对话框中"投影类型"应选择"第一个角度"；其他选项可按图 9-6 所示进行设置。

图 9-5 "页面设置管理器"对话框

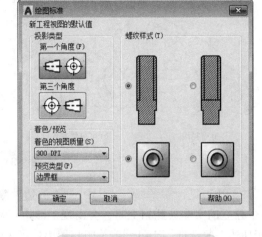

图 9-6 "绘图标准"对话框

9.2.1 基础视图

在 AutoCAD 中，放置在布局中的第一个视图称为基础视图，使用 VIEWBASE 命令创建。注意，AutoCAD 的基础视图和工程图学中的基本视图不是一个概念。工程图学中，基本视图是指向基本投影面投射所得到的视图，基本视图有六个，即主视图、俯视图、左视图、右视图、仰视图和后视图。

以创建"支板"三维模型的基础视图为例，单击如图 9-4 所示"创建视图"面板上的"基点"按钮，选择"从模型空间"选项；此时，系统会显示如图 9-7 所示的"工程视图创建"选项卡，并将选定整个模型空间，同时在十字光标处显示基础视图的预览，如图 9-8 所示。

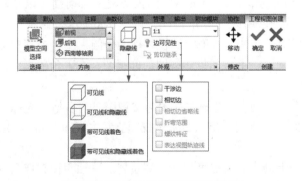

图 9-7 "工程视图创建"选项卡

图 9-8 基础视图预览

在方向"面板"上，为基础视图选择投射方向，这里选择"前视"；在"外观"面板上，选择比例为"1:1"，单击"隐藏线"按钮选择"可见线和隐藏线"；在绘图区域中单击要放置基础视图的位置，然后按两次 <Enter> 键，可完成基础视图的创建。

"工程视图创建"选项卡上，常用控件的作用如下。

1）模型空间选择：如果仅为指定的三维对象创建基础视图，可单击该按钮。在模型空间按住 <Shift> 键，单击不希望包含在基础视图中的三维对象，按 <Enter> 键返回布局。

2）隐藏线 : 其中包含四个选项，显示效果，如图9-9所示。

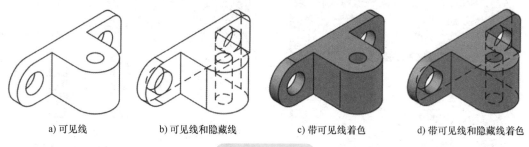

a) 可见线　　　　　b) 可见线和隐藏线　　　　c) 带可见线着色　　　d) 带可见线和隐藏线着色

图9-9　隐藏线

3）边可见性 边可见性▾ : 其中，"干涉边"复选框可打开或关闭干涉边的可见性，当一个或多个独立的实体彼此相交时，会出现干涉边，选中该复选框，将在实体相交的位置绘制交线；"相切边"复选框用于打开或关闭相切边的可见性，图9-9a所示为相切边不可见，图9-9b所示为相切边可见，图9-9c所示为相切边省略线，即缩短相切边的长度，以区别于可见边。按我国制图标准，这两个复选框都不选择。

4）移动 : 当在绘图区指定了基础视图的放置位置后，单击该按钮可移动视图。

5）确定 : 单击该按钮，完成视图创建过程，关闭"工程视图创建"选项卡。

9.2.2　投影视图

从已有视图派生出来的正交和等轴测视图称为投影视图，使用 VIEWPROJ 命令创建。投影视图可以源自任何现有视图，并与源视图保持父子关系。投影视图继承父对象的所有特性，默认情况下更改父视图的特性，投影视图的相应特性也会更改。当然如果需要，可以替代投影视图的特性。

实际上，在创建基础视图后，移动光标，系统会按指定的投影类型自动创建以基础视图为父视图的投影视图。如图9-10a所示，采用第一分角投影，以图9-8所示基础视图，即如图9-10a所示中间位置的主视图为父视图，在其下方确定的投影视图为俯视图；在其右方的投影视图为左视图；左方的投影视图为右视图；上方的投影视图为仰视图；右下角的投影视图为西南等轴测图；按 <Enter> 键结束命令。

如图9-10b所示，单击"投影视图"按钮 ，选择左视图为父视图，向右拖动光标，指定投影视图位置，可创建出后视图。由此，可以创建出六个基本视图。基本视图按图9-10b所示位置配置时，一律不标注视图的名称。

使用鼠标左键单击视图，使用视图上的中心夹点可移动视图位置。等轴测投影视图可在布局中的任意位置移动，但正交的投影视图被对齐约束为与其父视图保持投影关系，即如果移动父视图，所有正交子视图也将随之移动；移动正交的子视图，它将被约束为与父视图保持投影关系。

在使用夹点移动正交子视图时，按一下 <Shift> 键可切换是否与父视图保持对齐约束。不保持对齐约束即投影关系，可将投影视图移动到布局中的任意位置，从而可以创建向视图，如图9-11所示。

向视图是位置可自由配置的视图，但向视图必须进行标注，即在视图的上方注出视图的名称"×"，在相应视图的附近用箭头指明投射方向并注出同样的字母（大写拉丁字母，水平书写，同一图样上应顺序选用，不允许重复出现），如图 9-11 中的"A""B""C"。

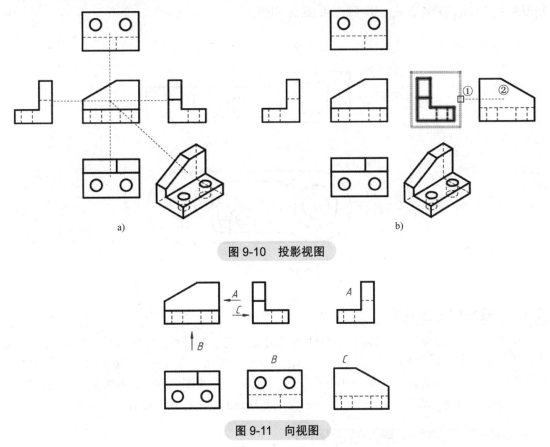

图 9-10　投影视图

图 9-11　向视图

9.3　截面视图

截面视图如图 9-12 所示，类似于工程图学中的剖视图。在 AutoCAD 中，截面视图是一种来自于现有视图的投影视图，在截面视图中可以使用剖面线来剖切机件以显示其内部结构。注意，使用软件所得到截面视图有些并不符合我国制图标准中的规定。例如，在如图 9-12 所示阶梯剖的主视图上，不应画出各剖切平面转折处的分界线。

剖视图一般情况下需要进行标注，按 GB/T 4458.6—2002《机械制图 图样画法 剖视图和断面图》规定，标注内容有以下三项：

1）剖切线：指示剖切面位置的线，以细点画线表示，也可省略不画。

2）剖切符号：指示剖切面的起、讫和转折位置，剖切符号即如图 9-12 所示截面视图中的端线和折弯线，要求用粗短画表示，尽可能不要与视图中的轮廓线相交。表示投射方向的箭头应画在剖切符号的起始端和末端，即端线的外侧。

3）剖视名称：在剖视图上方用大写的拉丁字母标出剖视图的名称"×—×"。剖视图名称在截面视图中称为"标签"，如图 9-12 所示。在剖切符号旁应注上同样的字母，这些字母在截面视图中称为"标识符"。

在 AutoCAD 中，以上元素的外观由截面视图样式来控制。默认情况下，可以使用 Imperial24 和 Metric50 两种截面视图样式，这两种样式分别符合 ANSI 和 ISO 标准，但不符合我国制图标准，需要新建符合我国制图标准的截面视图样式。

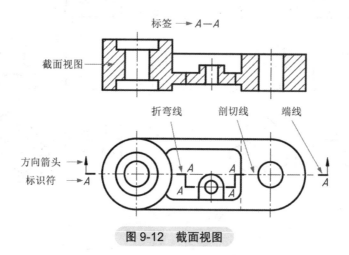

图 9-12 截面视图

9.3.1 截面视图的样式

单击"布局"选项卡上"样式和标准"面板中的"截面视图样式"按钮，打开如图 9-13 所示的"截面视图样式管理器"对话框，单击"新建"按钮，在打开的"新建截面视图样式"对话框中输入"新样式名称"为"GB-h5"。该样式名表示剖视图名称的文本高度为 5mm，其他选项如图 9-14 所示。单击"继续"按钮，打开"新建截面视图样式"对话框。

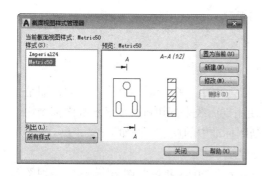

图 9-13 "截面视图样式管理器"对话框

图 9-14 "新建截面视图样式"对话框

1. 标识符和箭头的设置

"标识符和箭头"选项卡用于设置标识符、表示投射方向的箭头及其排列。下面仅对样式设置中的重要选项进行说明，其他选项如图 9-15 所示。

1）文本高度：标识符的文字高度，应与表示剖视图名称的标签的文本高度相同，这里都设置为 5。

2）排除字符：设置不能用作标识符的字符，保持默认即可。

3）显示所有折弯上的标识符：选中该复选框，将在所有折弯线上显示标识符。

图 9-15 "标识符和箭头"选项卡

4）使用连续编号：选中该复选框，将使用连续的不同字母显示端线和折弯线上的标识符。注意，按我国制图标准，不能选择该复选框。

5）显示方向箭头：当剖视图按投影关系配置，中间又没有其他图形隔开时，可以省略箭头。除此之外，剖视图应标注出箭头，因此应选中该复选框。

6）符号大小：指箭头大小。剖视图的标注应使用"实心闭合"箭头，可设置为小一号的字体高度3.5。

7）尺寸界线长度：指与方向箭头相连那段引线的长度，可设置为大一号的字体高度7。

8）标识符位置：按我国标准，可设置为"剪切平面的端点"或"方向箭头的终点"。实际上，标识符的位置可使用夹点编辑进行修改。这里的剪切平面，可理解为产生剖视图的剖切平面。

9）标识符偏移：设置标识符与指定的标识符位置的偏移距离。

10）箭头方向：按我国标准，应选择"远离剪切平面"选项。

2. 剪切平面的设置

图 9-16 所示的"剪切平面"选项卡，用于设置端线和折弯线。

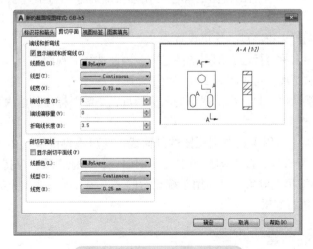

图 9-16 "剪切平面"选项卡

1）显示端线和折弯线：只有当单一剖切平面通过机件的对称平面或基本对称平面，且剖视图按投影关系配置，中间又没有其他图形隔开时，才可省略标注（剖切符号、箭头和剖视图名称）。端线和折弯线都属于剖切符号，因此，应选中该复选框，以显示端线和折弯线。

2）线宽：剖切符号要求用粗短画表示，可设置为图样中粗实线的宽度。

3）端线长度：端线长度在国标中无明确规定，一般为4~5mm。

4）端线偏移量：指端线超出方向箭头所延伸的长度。这里应设置为0，以使箭头在端线的外侧。

5）折弯线长度：折弯线长度国标中也无明确规定，可设置为小一号字体高度3.5。

6）显示剖切平面线：以细点画线表示用以指示剖切面位置的线，可省略不画，因此这里不选择该复选框。

3. 视图标签的设置

如图9-17所示的"视图标签"选项卡，用于设置表示剖视图名称的标签。

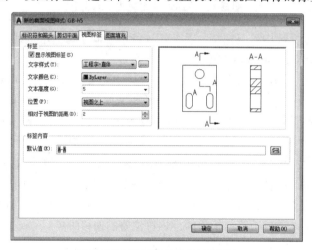

图9-17 "视图标签"选项卡

1）显示视图标签：只有当剖视图的标注可完全省略时才不显示视图标签，因此应选中该复选框。

2）文本高度：同标识符高度，这里设置为5。

3）位置：剖视图名称应标注在剖视图的上方，因此选择"视图之上"。

4）相对于视图的距离：可设置为2。

5）标签内容：默认值，只标出剖视图的名称即可，不需要标注其他内容。

4. 图案填充的设置

"图案填充"选项卡，用于设置剖视图的剖面线，这里不再讲解。在该选项卡上，只需选中"显示图案填充"复选框，以在剖视图中显示剖面线；其他选项，保持默认即可。实际上，选择截面视图上的图案填充对象，可使用系统显示的"工程视图图案填充编辑器"上下文选项卡，对填充图案重新进行编辑。

9.3.2 截面视图的创建

在创建好截面视图样式之后，即可使用VIEWSECTION命令创建截面视图。命令会显示如

图 9-18 所示的"截面视图创建"选项卡。

图 9-18　"截面视图创建"选项卡

命令的"类型（T）"选项，可指定截面视图的类型，包括"全剖（F）""半剖（H）""阶梯剖（OF）""旋转剖（A）"和"对象（OB）"五种类型。创建这五种类型的截面视图，也可直接单击如图 9-4 所示的"创建视图"面板上的相关命令按钮。

1. 全剖

单击"全剖"按钮 ，如图 9-19a 所示，①选择父视图；②指定剖切线的起点；③指定剖切线的端点；④向上移动光标，指定截面视图的位置，即可创建出全剖的截面视图。截面视图的创建过程中，应注意使用对象捕捉、对象捕捉追踪、正交或极轴追踪等工具来准确指定剖切线的位置。

截面视图中的全剖和工程图学中的全剖类似，但又有不同。在工程图学中，用剖切面完全剖开机件所得的剖视图称为全剖视图，可采用不同的剖切方法如单一剖、旋转剖、阶梯剖等都可得到全剖视图。截面视图中的"全剖"实际上仅是采用单一剖的方法获得的全剖视图。全剖视图适用于表达外形较简单、内部结构较复杂的不对称机件。剖视图是一种假想剖开机件表达内部结构的方法，并没有将机件的任何一部分剖切掉。因此，在画其他视图时，仍按照完整的机件画出。实际上，如图 9-19a 中所示的左视图，是以剖视图为父视图创建的投影视图，可以看到，AutoCAD 按完整机件画出了该投影视图。

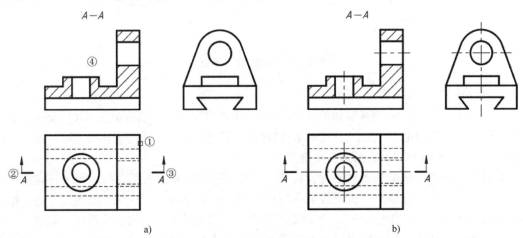

图 9-19　截面视图 - 全剖

在布局中创建的全剖截面视图基本符合制图要求。后续可在布局中添加细点画线，标注尺寸。也可将该截面视图输出到模型空间。具体方法为：在相应布局上单击鼠标右键，在系统弹出的快捷菜单中选择"将布局输出到模型"菜单项，使用打开的对话框，将 .dwg 文件保存到相应文件夹下，然后使用 AutoCAD 打开。截面视图在输出到的模型空间中将转换为块参照，可使用 eXplode 命令将其分解后，做进一步处理。将如图 9-19a 所示视图，输出到模型空间，并添加点画线，结果如图 9-19b 所示。

2. 半剖

单击"半剖"按钮 ，如图 9-20a 所示，①选择父视图；②指定剖切线的起点；③指定下一个点；④指定剖切线的端点；⑤向上移动光标，指定截面视图的位置，即可创建出半剖的截面视图。

可以看到系统所创建的半剖视图并不符合要求。半剖视图要求视图与剖视部分用中心线（细点画线）作为分界线，而不应画出粗实线。半剖视图的标注规则与全剖视图完全相同，剖切符号只用于表明剖切位置，而不表明剖切范围（由剖视图确定）。

因此，需将布局中的视图输出到模型空间中进行处理，满足国标要求的半剖视图如图 9-20b 所示。半剖视图主要用于内、外形状都需要表达的对称机件。

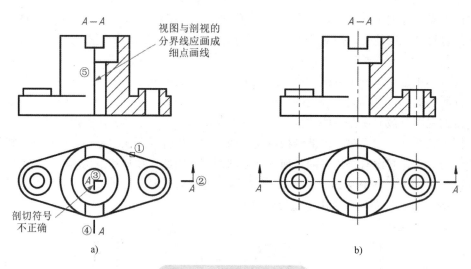

图 9-20　截面视图 - 半剖

3. 阶梯剖

单击"阶梯剖"按钮 ，如图 9-21a 所示，①选择父视图；②指定剖切线的起点；③指定下一个点；④⑤指定下一点，按 <Enter> 键选择"完成"选项；⑥向上移动光标，指定截面视图的位置，可创建出阶梯剖的截面视图。

系统所创建的阶梯剖视图也不符合要求。主要问题是相邻剖切平面的剖面区域应连成一片，转折处不应画出分界线；折弯线不应与视图中的轮廓线相交；机件上的肋板（起支撑和加固作用的薄板），当纵向剖切时，即剖切平面垂直于肋板的厚度方向，从厚度中间剖切（假想的，会将肋板剖薄），在剖视图上肋板不画剖面线，而是用粗实线将它与邻接部分分开，如图 9-21b 所示。

将布局中的视图输出到模型空间中进行处理，满足国标要求的阶梯剖如图 9-21b 所示。阶梯剖视图主要适用于机件上有较多的内部结构，其轴线不在同一平面内，且按层次分布，相互不重叠的情况。在折弯线处，如果位置有限，又不至引起误解时，阶梯剖视图允许省略标识符（字母）。

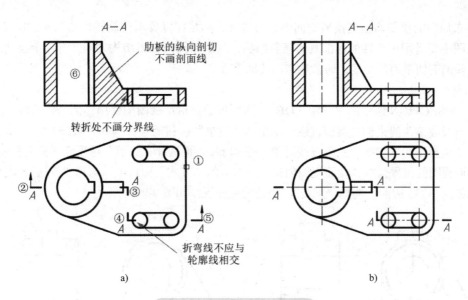

图 9-21 截面视图 - 阶梯剖

4. 旋转剖

单击"旋转剖"按钮🖱️旋转剖，如图 9-22a 所示，①选择父视图；②指定剖切线的起点；③指定下一个点；④指定下一个点，按 <Enter> 键选择"完成"选项；⑤向上移动光标，指定截面视图的位置，可创建出旋转剖的截面视图。

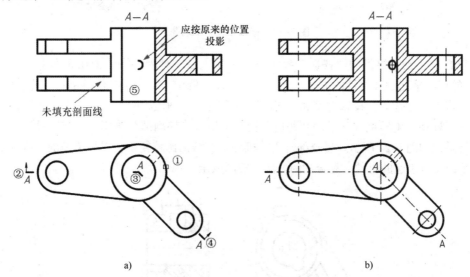

图 9-22 截面视图 - 旋转剖

默认情况下，指定的截面视图的投射方向将垂直于第一段或最后一段剖切线。可以看到系统所创建的旋转剖视图也存在不符合要求之处，主要问题是左侧结构存在未填充剖面线的情况，右侧位于剖切平面后方的小孔，按国标要求应按原来的位置投影。在如图 9-18 所示"截面视图创建"选项卡的"方式"面板上，选择"正交"的投影类型，可避免上述两个问题，但此时右侧的倾斜结构将不会旋转到与投影面平行后再投射。

将布局中的视图输出到模型空间中进行处理，满足国标要求的旋转剖如图 9-22b 所示。旋转剖视图主要适用于机件的内部具有倾斜结构，且该结构与主体结构之间又有一个公共的回转轴，旋转剖剖切平面的交线，通常和该回转轴重合。

5. 从对象

VIEWSECTION 命令的"对象（OB）"选项可通过指定视图中要用作剖切线的现有几何对象，如直线或多段线来创建截面视图。单击"从对象"按钮 从对象，如图 9-23a 所示，①选择父视图；②选择作为剖切线的三条直线对象，按 <Enter> 键选择"完成"选项；③向右移动光标，指定截面视图的位置，在"截面视图创建"选项卡的"方式"面板上，选择"普通"，创建的截面视图如图 9-23a 所示；选择"正交"，创建的截面视图如图 9-23b 所示。

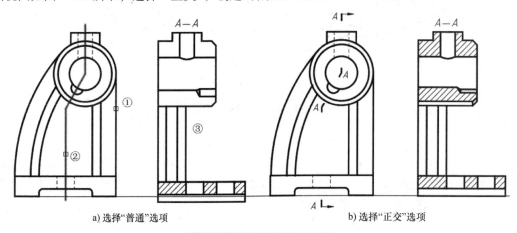

a) 选择"普通"选项   b) 选择"正交"选项

图 9-23　截面视图 - 从对象

可以看出，系统提供的"普通"投影类型本质上是一种展开图，但用于本例中的复合剖（用组合的剖切平面剖开机件的方法）并不合适。在本例中，复合剖是旋转剖和阶梯剖的组合。此时，可将采用"普通"投影类型和"正交"投影类型所创建的两个截面视图一并输出到模型空间中进行处理。旋转剖部分采用"普通"投影类型，阶梯剖部分采用"正交"投影类型，处理后的结果，如图 9-24 所示。复合剖常用于机件内部结构比较复杂，采用单一剖、阶梯剖和旋转剖都不能完全表达的机件，复合剖的方法一般画成全剖视图。

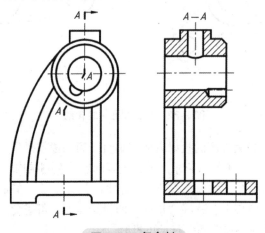

图 9-24　复合剖

6. 移出断面

VIEWSECTION 命令不仅可生成相关类型的剖视图，还可生成移出断面图。如图 9-25 所示的三处断面都可采用命令的"全剖（F）"选项创建。其中 A—A 断面在指定截面视图位置时，可按一下 <Shift> 键解除与主视图的对齐（投影关系）约束，从而能将该断面移动到剖切位置的延长线上。由于断面仅画出剖切平面与机件接触部分的图形，在如图 9-18 所示"截面视图创建"选项卡的"方式"面板上，需要将"截面深度"由"完整"修改为"切片"。A—A 断面由于对称，且配置在剖切位置的延长线上，标注可以全部省略，但由于删除标识符将会删除断面，这里将标注保留。

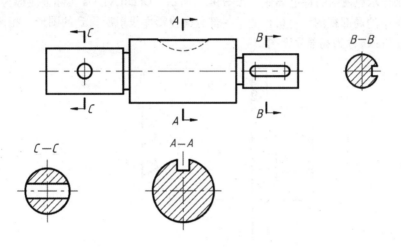

图 9-25 移出断面

B—B 断面，"截面深度"也为"切片"。该断面由于和主视图按投影关系配置，在标注中可以省略箭头，但不能省略标识符和标签（字母）。

C—C 断面属于断面的特殊情况，即由回转面形成的孔或凹坑，当剖切平面通过其轴线时，应按剖视绘制，因此其"截面深度"应为"完整"。

使用鼠标左键选择主视图 C—C 位置的端线，将光标悬停在端线处的夹点上，从系统显示的快捷菜单中选择"翻转方向"，此时 C—C 的截面视图将显

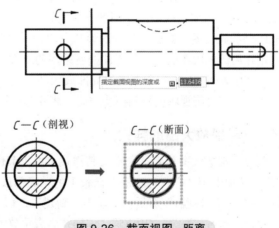

图 9-26 截面视图 - 距离

示为如图 9-26 所示 C—C（剖视）。由于其"截面深度"为"完整"，此时的截面视图实际上是一个剖视图（剖切平面右侧的结构完整绘出）。如遇到这种情况，可将"截面深度"由"完整"改为"距离"，以指定截面视图的深度，从而只将剖切线和指定的距离之间的几何图形包含在截面视图中，排除不希望包含在截面视图中的几何图形，结果如图 9-26 所示 C—C（断面）。

【提示与建议】

在使用三维软件自动生成工程图的过程中，要注意综合应用工程图学的知识表达自己的设计意图。生成零件图时，要通过一个表达方案将零件的内外结构形状表达清楚；生成装配图时，要表达清楚机器或部件的装配关系和工作原理。

9.4　局部放大图

VIEWDETAIL 命令生成的局部视图（Detail Views）是从现有视图派生的投影视图，它以放大的比例来显示源视图的特定部分，如图 9-27 所示。Detail Views 实际上应称为局部放大图，为和工程图学中的局部视图（将机件的某一部分向投影面投射所得到的图形）相区别，本教材统一将 Detail Views 称为局部放大图。

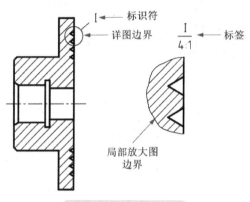

图 9-27　局部放大图

需要指出的是，GB/T 4458.1—2002《机械制图 图样画法 视图》中规定，局部放大图可画成视图，也可画成剖视图或断面图，它与被放大部分的表达方法无关，但 VIEWDETAIL 命令生成的局部放大图与被放大部分的表达方法相同。当机件上被放大的部分仅有一个时，国家标准规定在局部放大图的上方只需注明所采用的放大比例即可，即不需要如图 9-27 中所示的标识符，但 VIEWDETAIL 命令生成的局部放大图一定要有标识符，删除它将会删除对应的局部放大图。此时，可将视图输出到模型空间，删除标识符。

9.4.1　局部放大图的样式

创建局部放大图，应首先定义其样式，本小节仅对样式设置中的重要选项进行说明。单击"布局"选项卡中"样式和标准"面板上的"局部放大图样式"按钮，打开如图 9-28 所示的"局部视图样式管理器"对话框。单击"新建"按钮，在打开的"新建局部视图样式"对话框中输入"新样式名称"为"GB-h5"，该样式名表示放大图名称（标签）的文本高度为5mm，单击"继续"按钮。

在如图 9-29 所示的"标识符"选项卡中，标识符的"文本高度"定义为"5"；"排列"单击右侧的单选按钮，即标识符放在详图边界的外部；选中"将标识符从边界上移开时添加引线（A）"复选框。

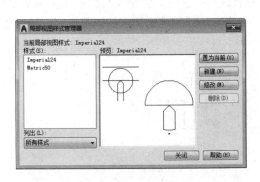

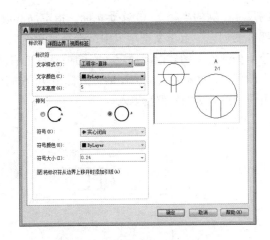

图 9-28　"局部视图样式管理器"对话框　　　　图 9-29　"标识符"选项卡

　　在如图 9-30 所示的"详图边界"选项卡中，"边界线"是指如图 9-27 所示的局部放大图的边界，"模型边"是指如图 9-27 所示的详图边界。可选择"平滑"，由于按我国制图标准，作为局部放大图边界的波浪线是细实线，因此仍需将布局中的局部放大图输出到模型空间中进行处理。其他选项按图 9-30 所示进行设置即可。实际上，边界线和模型边都将放置在系统自动生成的名为"MD_Annotation"的图层中，可通过修改图层的特性来修改边界线和模型边的特性，这里之所以将线型都设置为 Continuous，是为了强调国标要求用细实线圈出被放大的部位。

　　在如图 9-31 所示的"视图标签"选项卡中，选中"显示视图标签"复选框；设置"文本高度"为"5"；"位置"为"视图之上"；"相对于视图的距离"可设置为"2"；"标签内容"的"默认值"为"A\P{\O 2:1}"，其中"A"为标识符，可在创建局部放大图时更改；"\P"为格式代码，表示结束段落；"\O"为格式代码，表示为放大的比例添加上划线。

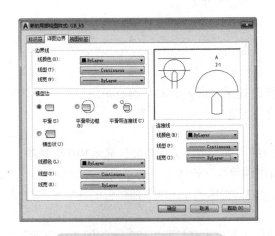

图 9-30　"详图边界"选项卡　　　　　　图 9-31　"视图标签"选项卡

9.4.2　局部放大图的创建

　　单击"圆形局部放大图"按钮 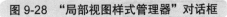，如图 9-32 所示，①选择父视图；②指定圆心和边界

的尺寸（圆的半径）；③移动光标，指定局部放大图的位置；在系统显示的如图9-33所示"局部视图创建"上下文选项卡中，选择"比例"，填入相应的"标识符"，按 <Enter> 键，即可创建出局部放大图。国标规定，当同一机件上有多个被放大部分时，应用罗马数字依次标明被放大的部位，并在局部放大图的上方标出相应的罗马数字和所采用的比例。标识符所用罗马数字，可使用输入法的软键盘填入。

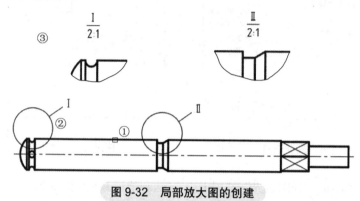

图 9-32　局部放大图的创建

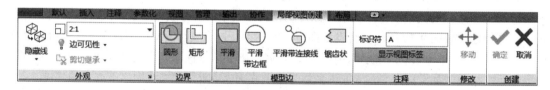

图 9-33　"局部视图创建"选项卡

【提示与建议】

快速修改局部放大图的比例，可在选择局部放大图后，单击其上的"查寻夹点" ▼，从系统弹出的快捷菜单中，选择相应比例。

9.5　修改视图

在如图9-4所示的"布局"选项卡中的"修改视图"面板上有"编辑视图" ，"编辑部件" 和"符号草图" 三个按钮。本节简单介绍一下这三个按钮的作用。

1. 编辑视图

该按钮对应 VIEWEDIT 命令，根据所选视图的类型，系统会在功能区显示相应的选项卡。例如，选择基础视图或投影视图将显示"工程视图编辑器"选项卡，选择截面视图将显示"截面视图编辑器"选项卡。这两个编辑器选项卡和对应的视图创建选项卡所包含的选项基本相同。

2. 编辑部件

该按钮对应 VIEWCOMPONENT 命令，主要用于修改由部件所生成的装配图。命令首先要求从视图中选择零件以进行编辑。确认后，可指定该零件的截面参与方式。

1）无：指定创建截面视图时，该零件不被剖切，而是以其完整的形式显示。该选项对于装配图中的实心杆件或标准件非常有用。在装配图中，当剖切平面通过这些零件的轴线时，按不剖处理。

2）截面：指定创建截面视图时，剖切选定的零件。

3）切片：指定在剖切该零件时，创建其断面图。

3. 符号草图

该按钮对应 VIEWSYMBOLSKETCH 命令，命令要求选择截面视图或局部放大图的标识符，以修改截面视图的剖切线或局部放大图的详图边界。在选定标识符后，命令会在功能区显示"参数化"选项卡，用以约束剖切线或详图边界与视图中几何对象的相对位置。

【提示与建议】

目前流行的三维软件大多由国外软件公司开发，如 AutoCAD、UG、CATIA、Solid-Works 等，这些软件对我国制图标准的支持程度各不相同，在由三维模型生成二维工程图的过程中，要注意所生成的工程图应严格遵守国家标准。

9.6　实践训练

9.6.1　单选题

1. 平面摄影 FLATSHOT 命令，将创建所有三维对象的二维投影，不需进行投影的三维对象可_____。

A. 按住 <Shift> 键选择该对象　　　　　　B. 将其放置在关闭或冻结状态的图层中

C. 按住 <Ctrl> 键选择该对象　　　　　　D. 单击"模型空间选择"按钮

2. 我国制图标准规定，图样采用_____投影。

A. 第一分角　　　　B. 第二分角　　　　C. 第三分角　　　　D. 第四分角

3. 使用 VIEWPROJ 命令创建投影视图，要解除或恢复与父视图的对齐约束（投影关系）需按一下_____。

A. <Shift> 键　　　B. <Ctrl> 键　　　C. <Alt> 键　　　D. <Tab> 键

4. 为使方向箭头在端线的外侧，定义截面视图样式时，应设置_____为 0。

A. 标识符偏移　　　B. 折弯线长度　　　C. 端线偏移量　　　D. 端线长度

5. 在定义截面视图样式时，标识符位置定义为_____，符合我国制图标准。

A. 向外方向箭头线　　　　　　　　　　B. 向外方向箭头符号

C. 方向箭头的起点　　　　　　　　　　D. 方向箭头的终点

6. 以下说法错误的是_____。

A. 截面视图的标签应放在视图的上方

B. 截面视图中的全剖和工程图学中的全剖相同

C. VIEWDETAIL 命令生成的局部视图是工程图学中的局部放大图

D. VIEWSECTION 命令创建的半剖视图不符合我国标准

7. VIEWSECTION 命令不能生成_____视图。

A. 全剖　　　　　　　　　　　　　　　B. 半剖

C. 局部剖　　　　　　　　　　　　　　D. 旋转剖

8. 使用 VIEWSECTION 命令生成键槽的断面图应将"截面深度"修改为_____。

"两弹一星"功勋科
学家：彭桓武
SZD-009

A. 切片 　　　　　　　B. 完整 　　　　　　　C. 深度 　　　　　　　D. 正交

9. 排除不希望包含在截面视图中的几何图形应将"截面深度"修改为_____。

A. 切片 　　　　　　　B. 完整 　　　　　　　C. 深度 　　　　　　　D. 无

10. 快速修改局部放大图的比例，可单击其上的_____。

A. 中心夹点 　　　　　B. 箭头夹点 　　　　　C. 查寻夹点 　　　　　D. 方向夹点

11. 局部放大图的标签，为放大的比例添加上划线使用的格式代码为_____。

A. \P 　　　　　　　　B. \U 　　　　　　　　C. \I 　　　　　　　　D. \O

12. VIEWSECTION 命令创建装配图，如希望某零件不被剖切可单击_____按钮。

A. 编辑视图 　　　　　B. 编辑部件 　　　　　C. 符号草图 　　　　　D. 更新视图

9.6.2 绘图题

1. 如图 9-34 所示，创建斜支架的三维模型，参考 9.1 节所述方法，并按图 9-34 所示创建其工程图，不标注尺寸。

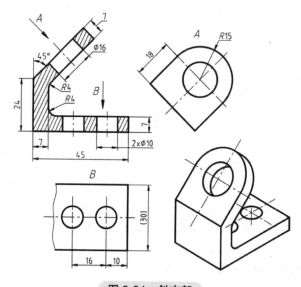

图 9-34　斜支架

2. 如图 9-35 所示，创建滑座的三维模型，并按图 9-35 所示创建其工程图，不标注尺寸。

3. 打开在第 8 章"实践训练"中所建立的文件"支板 3d.dwg"，参考 9.2.1 和 9.2.2 节所述方法，按图 9-10 和图 9-11 所示，创建其基本视图和向视图。

4. 打开在第 8 章"实践训练"中所建立的文件"定位支座 3d.dwg"，创建如图 9-20b 所示工程图。

5. 打开在第 8 章"实践训练"中所建立的文件"转轮 3d.dwg"，创建如图 8-126 所示的俯视图和旋转剖的主视图。

6. 打开在第 8 章"实践训练"中所建立的文件"支撑座 3d.dwg"，创建如图 9-21b 所示工程图。

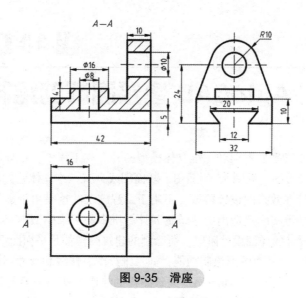

图 9-35 滑座

7. 打开在第 8 章"实践训练"中所建立的文件"气缸盖 3d.dwg",在布局中以基础视图创建其主视图,以截面视图创建其 *A—A* 和 *B—B* 全剖视图;输出到模型空间后,按图 8-130 所示将主视图修改为局部剖视图。

8. 如图 9-36 所示,创建阀杆的三维模型,并按图 9-36 所示创建其工程图,不标注尺寸。

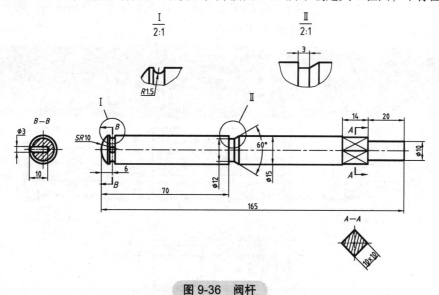

图 9-36 阀杆

第 10 章

AutoCAD 建筑图样的绘制

建筑图样可分为二维平面图形和三维立体模型两种。在工程中，指导施工的建筑图样通常是平面图形，表示为投影图（视图）、剖面图、断面图或具有三维立体感的轴测图。立体模型一般用于建筑的概念设计或效果图设计阶段，不用于工程施工。这是由于建筑形体的空间结构复杂，内外装饰多变，导致实际建造出的建筑物和计算机中的三维模型不完全相同，甚至有较大差异。所以，在建筑设计的详细设计阶段，所绘制的建筑图样都是平面图形。

AutoCAD 具有强大的平面图形绘制功能，如二维绘图、修改和尺寸标注等，完全能够胜任建筑图样的绘制工作。本章介绍 AutoCAD 建筑图样的绘图方法，内容包括建筑图样的基本设置、建筑施工图、结构施工图和设备施工图等。想要用 AutoCAD 画好建筑图样，不但需要熟练操作 AutoCAD 软件，还需要掌握建筑专业相关知识，尤其是制图相关国家标准和《国家建筑标准设计图集》。

图 10-1 所示是 AutoCAD 建筑图样的绘图界面示例，为某实验楼的建筑施工图，包括四个符合正投影关系的平面图形：底层平面图、正立面图、1-1 剖面图和 2-2 剖面图；四个图之间应保证"长对正，高平齐，宽相等"的投影关系。

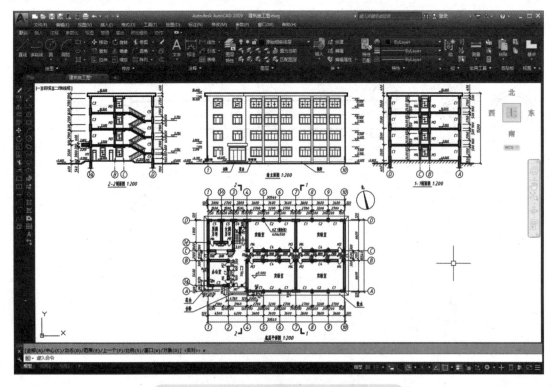

图 10-1 AutoCAD 建筑图样的绘图界面示例

10.1 建筑图样的基本设置

为了使 AutoCAD 绘制的建筑图样符合国家标准，必须把国家标准的基本要求设置到建筑图样中，主要包括图线、字体（文字样式）、尺寸（标注样式），以及出图时的比例、图纸幅面和格式等。本节介绍 AutoCAD 建筑图样基本设置，包括绘图策略和案例，文字样式和标注样式的设置，图层和线型设置，多线及其应用等内容。

10.1.1 AutoCAD 建筑图样绘图策略和案例

建筑图样是土木建筑工程类的专业工程图样，用投影法图示建筑物整体和细部的形状、尺寸、位置、内外构造和做法，用于指导设计和施工。目前，在国内外建筑行业，建筑图样的绘制通常使用 AutoCAD 软件来完成，是应用最广泛的一款建筑设计软件。

AutoCAD 绘制建筑图样，既是绘图的过程，也是设计的过程，为了在设计过程中准确表示各种建筑物的真实形状、大小和位置，绘图时，通常以毫米（mm）为单位，采用 1:1 的比例进行绘制，虽然 1:1 绘图会导致尺寸数值比较大，但可省去尺寸换算的麻烦，从而保证建筑构件的设计精度。所以，"1:1 绘图"就是 AutoCAD 建筑图样的绘图策略。

AutoCAD 建筑图样的案例比较多，下面列举一些常用的案例，供参考和绘图练习。

1. 建筑施工图，简称"建施"

图 10-2 所示为底层平面图示例（即图 10-1 中的底层平面图），建筑施工图的 AutoCAD 绘图方法见 10.2 节。

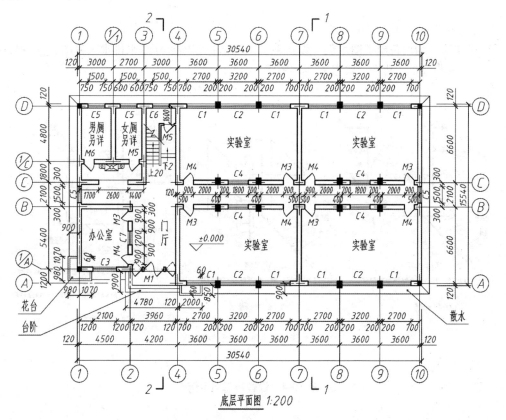

图 10-2 底层平面图

2. 结构施工图，简称"结施"

图 10-3 所示为条形基础图示例，结构施工图的 AutoCAD 绘图方法见 10.3 节。

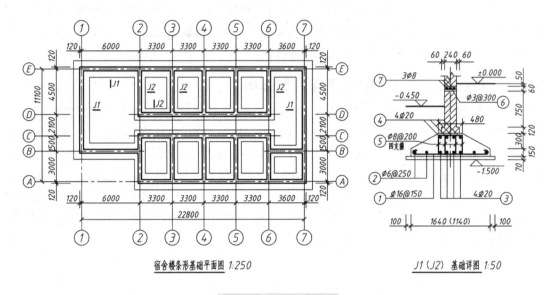

图 10-3　条形基础图

3. 设备施工图，简称"设施"

图 10-4 所示为设备施工图示例。设备施工图包括：室内室外给水排水工程图、供暖与通风工程图、电气与通信工程图、设备安装详图等。

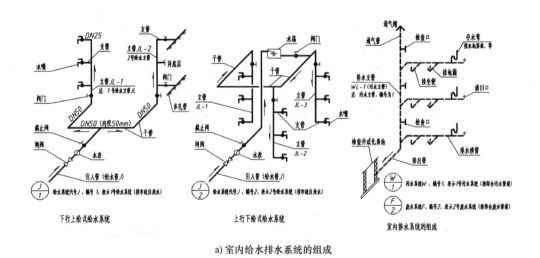

a) 室内给水排水系统的组成

图 10-4　设备施工图示例

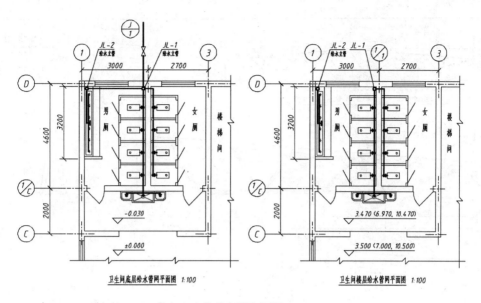

b) 给水管网平面图

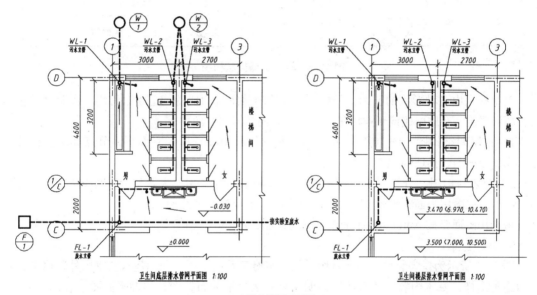

c) 排水管网平面图

图 10-4 设备施工图示例（续）

1）室内给水排水工程图，表达室内用水设备、卫生器具、给排水管道及其附件的类型、大小、安装位置和方式；包括给水排水平面图、管道系统图、配件安装详图等。

2）室外给水排水工程图，表达室外给水排水管道、附属设施、管网等的构造和连接情况，包括室外给水排水管网平面图、纵断面图等。

3）供暖与通风工程图，包括设计说明、平面图、系统图、详图和设备及材料表等。

设备施工图通常按 AutoCAD 平面图形进行绘制，此处不详细介绍。

4. 钢结构图

图 10-5 所示为轻型钢屋架结构图示例。钢结构图属于"结施"，但具有相对独立性。

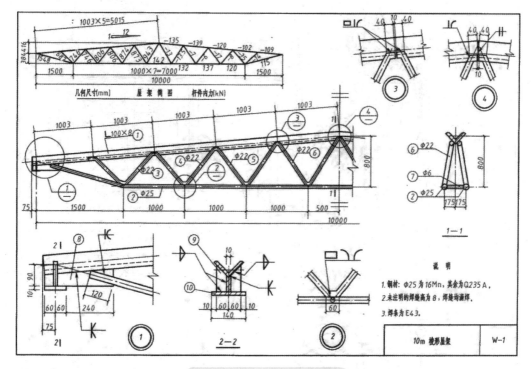

图 10-5　轻型钢屋架结构图

　　钢结构是由各种形状的型钢，经焊接或螺栓连接组合而成的构造物，常用于大跨度承重结构、高层建筑、车站雨棚或工业厂房等。常见的钢结构图有两种：

　　1）钢屋架结构图（图 10-5），基本内容包括屋架简图、屋架立面图、节点详图、杆件详图、连接板详图、预埋件详图和材料表等。

　　2）网架结构图，分为平板型网架和曲面型网架两种，用于大跨度公共建筑的屋盖结构。网架结构图一般用平面布置图、立面图、剖面图和节点详图来绘制。

　　钢结构图通常按 AutoCAD 平面图形进行绘制，此处不详细介绍。

　　5. 装修工程图

　　图 10-6 所示为住宅装修平面布置图示例。装修工程图是用于表达建筑物室内外装修美化要求的施工图样，基本内容一般有施工说明和材料表、平面布置图、顶棚平面图、装饰立面图、装饰剖面图和节点详图等，扩展内容还包括给排水、电气、消防、暖通等工程图。

　　常见的住宅装修工程图一般包括：

　　1）原始结构图：又称为土建图，以现场测量为准，含原始尺寸和原管道位置。

　　2）平面布置图（图 10-6）：图示装修完成后的预期布置效果，应与客户商议直至满意后确定。

　　3）顶面布置图：吊顶造型、灯具、空调等详细尺寸图。

　　4）墙体改建图：墙体拆除或新砌的位置、尺寸和材料标识。

　　5）给排水施工图：自来水管道、排水管道布置和做法。

　　6）地面铺装图：地面材料及铺设规范。

　　7）强电布置图：强电流线路走向布置。

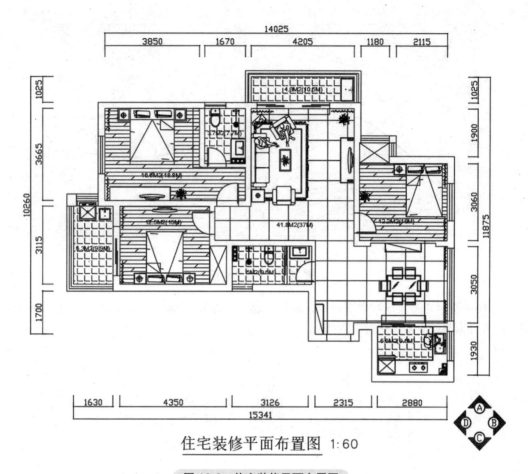

住宅装修平面布置图 1:60

图 10-6　住宅装修平面布置图

8）弱电布置图：有线电视、电话、网络等通信用弱电线路走向布置。

9）开关插座图：开关及插座的详细布置图。

10）立面图：多张，其中必画的有厨房立面、卫生间立面、餐厅背景立面、电视背景立面等。

11）节点图：多张，节点处详细的施工图，复杂的造型及规范的施工都需要此类图。

装修工程图通常按 AutoCAD 平面图形进行绘制，此处不详细介绍。

6. 道路工程图

道路是供车辆行驶和行人步行的带状结构物，按其使用特点分为铁路、公路、城市道路、厂矿道路、林区道路和乡村道路六种，对应各自的道路工程图。其中，公路路线工程图主要包括路线平面图、路线纵断面图和路基横断面图，高速公路和一级公路还要有公路平面总体设计图。

图 10-7 所示为路线平面图示例，图示了起止里程 K3+300 至 K5+200 公路路线平面设置。路线平面图图示沿线地形、地物、公路路线（加粗实线绘制，含公里桩、百米标和平曲线交点）和平曲线表、指北针等。

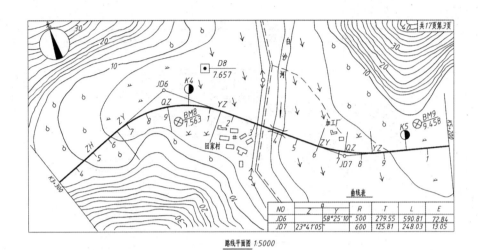

图 10-7　路线平面图

图 10-8 所示为路线纵断面图示例，图示了起止里程 K6+000 至 K7+600 公路路线纵断面设置，内容分为路线图样和资料表两部分。

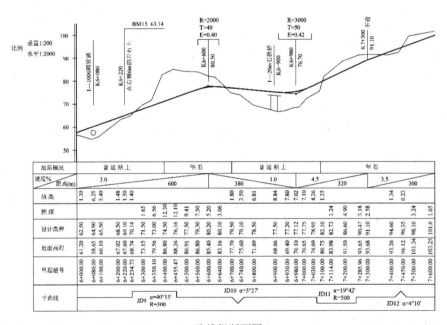

路线纵断面图

图 10-8　路线纵断面图

道路工程图通常按 AutoCAD 平面图形进行绘制，此处不详细介绍。

7. 桥梁工程图

图 10-9 所示为桥梁总体布置图示例，属于钢筋混凝土梁桥。

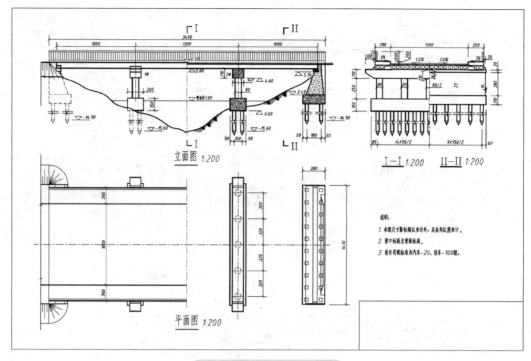

图 10-9　桥梁总体布置图

　　桥梁是重要的道路附属构造物，按材料分为钢桥、钢筋混凝土桥、石桥、木桥等，按结构形式分为梁桥、拱桥、悬索桥、斜拉桥和刚架桥等。桥梁工程图基本内容包括：

　　1）桥位图：图示桥梁及路线的位置、地形、地物情况，表示桥梁总体规划。

　　2）桥位地质断面图：图示桥位处的河床、地质断面和水文情况。

　　3）桥梁总体布置图（图 10-9）：图示桥梁的全貌、形式、长度（跨度、孔数）、宽度、高度尺寸，通航及桥梁各构件的相对位置，一般由正面图、平面图、侧面图（剖面、断面）组成。

　　4）构件构造图：分为主梁图、桥台图、桥墩图等，表达主梁、桥台、桥墩、支座、人行道和栏杆等构件的构造和钢筋配置。

　　5）大样图（详图）：节点详图，钢筋的弯曲和焊接，栏杆的雕刻花纹等。

　　桥梁工程图通常按 AutoCAD 平面图形进行绘制，此处不详细介绍。

　　8. 隧道和涵洞工程图

　　图 10-10 所示是隧道洞门构造图示例，属隧道工程图。隧道是穿越山岭或海（河、湖）底的道路构筑物，主要由洞门、洞身（衬砌）组成，其中洞门结构形式有端墙式（图 10-10）、柱式、翼墙式、台阶式等；隧道工程图主要包括平面总体布置图、洞门构造图、洞身横断面图（衬砌断面）和避车洞施工图等。

　　涵洞是埋设在路基或坝基下方并横穿道路或堤坝的构筑物，主要由基础、洞口和洞身组成，图 10-11 所示为盖板涵构造图示例。涵洞洞口结构形式有八字式（图 10-11）、端墙式、锥坡式、平头式和走廊式等。常见的涵洞工程图有圆管涵构造图、盖板涵构造图和拱涵构造图，图示内容一般为（半）平面剖面图、（半）纵剖面图、侧面图（洞口立面图）和若干处断面图等。隧道和涵洞工程图通常按 AutoCAD 平面图形进行绘制。

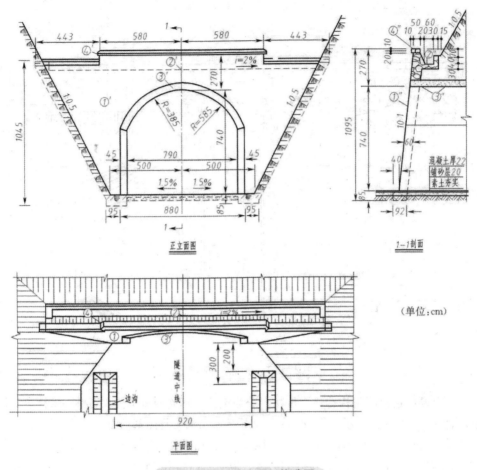

图 10-10　端墙式洞门构造图

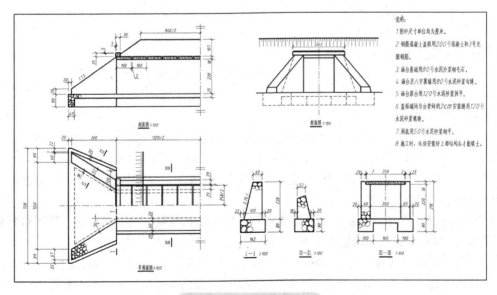

图 10-11　盖板涵构造图

9. 水利工程图，简称"水工图"

水利工程图是表达水利工程建筑物设计、施工和管理的图样，主要有规划图、布置图、结构图、施工图和竣工图等。图 10-12 所示为重力坝结构图示例。水工图内容如下：

1）规划图：主要表示流域内一条或一条以上河流的水利水电建设的总体规划，某条河流梯级开发的规划，某地区农田水利建设的规划，某流域或跨流域的水资源综合利用等。

2）布置图：主要表示整个水利枢纽的布置，某个主要水工建筑物的布置等。

3）结构图（图 10-12）：主要包括水工建筑物体型结构设计图（体型图）、钢筋混凝土结构图（钢筋图）、钢结构图和木结构图等。

4）施工图：主要表示施工组织和方法，包括施工布置图、开挖图、混凝土浇筑图、导流图等。

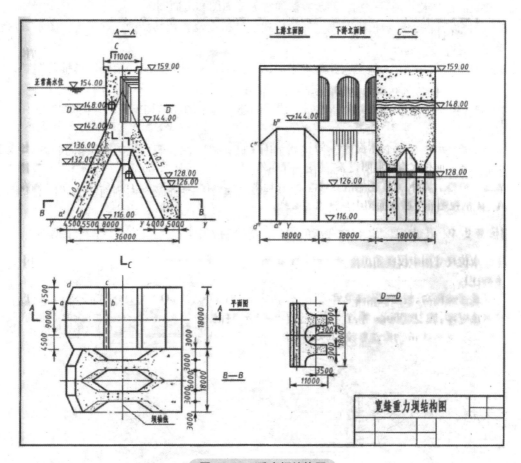

图 10-12　重力坝结构图

5）竣工图：水利工程在施工中因地形、地质或施工实际情况等因素，对原设计图样中的建筑物布置、结构、材料等进行局部修改，最后按施工完成后的实际情况所绘制的最终工程图样。竣工图一般由施工（含监理）方完成。

其中，规划图和布置图一般画有地形等高线、河流及流向、指北针、各建筑物的相互位置和主要尺寸等。水利工程图通常按 AutoCAD 平面图形进行绘制，此处不详细介绍。

10. 园林工程图

图 10-13 所示为假山施工图示例。园林工程是指风景名胜区、城市绿地系统、各类公园、住宅区、校园、单位等的野外或户外环境的设计规划和施工工程，园林工程图是表达园林景观设计和指导园林施工的专业技术图样，基本内容如下。

1）总平面图：图示园林总体及各要素（地形、山石、水体、建筑和植物等）的平面位置、大小及周边环境等内容，是园林工程最基本的图样，图示方法为水平正投影图。

2）分区平面图：大型（复杂）园林工程需要分区表达，形成多张分区平面图，图示方法同总平面图。

3）放线定位图：在平面图上添加坐标网格和定位坐标，图示各要素的位置和面积。

4）竖向设计图：利用等高线和高程图示规划用地范围内的地形设计情况，山石、水体、道路和建筑的标高及其高度差别，图示方法通常为平面图和剖面图。

5）种植设计图：图示植物布局、种植形式、种植点位置及其品种、数量等，图示方法包括平面图、立面图，也可用效果图。

6）园路广场设计图：包括园路广场平面、园路广场纵断面图、园路广场铺装图和详图等。

7）园林建筑施工图：亭台楼榭等园林建筑的建筑施工图和结构施工图，同 10.2 和 10.3 节的内容。

8）园林工程施工图：包括园路广场施工图、园桥施工图、假山施工图（图 10-13）、水景施工图、给排水工程施工图、电气照明施工图等。

9）园林工程详图：各个节点、小品、构筑物大样图、平面及立面剖面图、结构配筋图等详细施工图。

10）竣工图：根据园林工程完成后的实际情况绘制的图样，是验收和结算的依据。

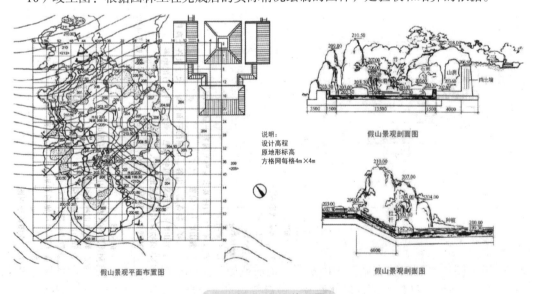

图 10-13 假山施工图

园林工程图通常按 AutoCAD 平面图形进行绘制，此处不详细介绍。以上案例都是用 AutoCAD 绘制的，由此可知 AutoCAD 在建筑行业中使用广泛。

10.1.2 文字样式和标注样式的设置

AutoCAD 绘制建筑图样，绘图比例应明确且严格，通常使用 1：1 绘图，而出图比例常用 1：5、1：10、1：50、1：100、1：200、1：500 等。以 1：100 出图为例，为了打印出常用字高 3.5mm 的文字，需要设置文字样式中的文字高度为 350mm。同样，标注样式中各要素的相关尺寸也应该放大 100 倍。也可设置注释性的文字样式和标注样式，并指定注释比例为 1：100。所以，文字样式和标注样式的设置有两种方法：

1）传统设置方法：无注释性，文字高度为"3.5 × 出图比例倒数"值，线性尺寸终端为 45° 斜线（建筑标记），直径、半径和角度尺寸终端仍为箭头。

2）注释性设置方法：有注释性，此时设置的是图样中的尺寸，文字高度为 3.5，需指定注释比例等于出图比例。

设置命令如图 10-14 所示。单击"注释"面板下方的展开按钮，如图 10-14a 所示，文字样式和标注样式的命令位于展开的面板中，如图 10-14b 所示。也可在命令行中输入命令并按 <Enter> 键，文字样式命令名为"STyle"，标注样式命令名为"DIMSTYle"。

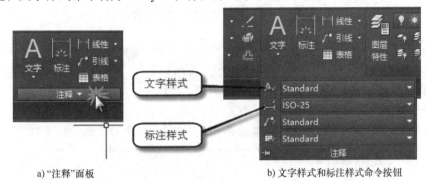

a)"注释"面板 　　　　　　　　b) 文字样式和标注样式命令按钮

图 10-14 "注释"面板中的文字样式和标注样式命令

1. 文字样式的设置

启动文字样式 STyle 命令，将弹出"文字样式"对话框，如图 10-15 所示。样式列表已有两种文字样式：Standard 为传统文字样式，Annotative 为注释性文字样式。

1）以出图比例 1：100 为例，传统文字样式 Standard 的设置如图 10-15 所示，注意不选择"注释性"复选框，文字高度为 350mm。

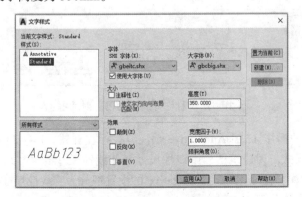

图 10-15 传统文字样式的设置

2）注释性文字样式 Annotative 的设置如图 10-16 所示。应选中"注释性"复选框，且此时的"图纸文字高度"3.5mm 是指图样文字高度，即出图时打印出的文字高度。

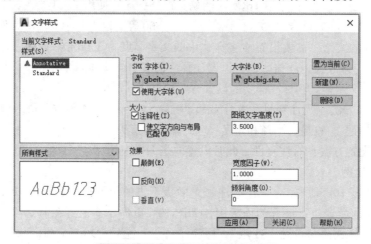

图 10-16　注释性文字样式的设置

3）设置要点：SHX 字体选择"gbeitc.shx"（斜体）或"gbenor.shx"（直体），选中"使用大字体"复选框，大字体选择"gbcbig.shx"，输入文字高度，其余一般不需修改。

4）设置完成后，单击"应用"后再单击"关闭"按钮即可。

2. 标注样式的设置

启动标注样式 DIMSTYle 命令，将弹出"标注样式管理器"对话框，如图 10-17 所示。

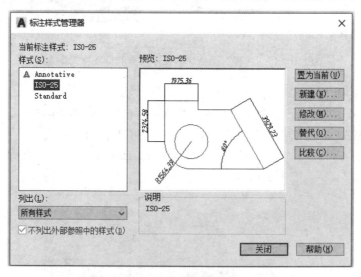

图 10-17　"标注样式管理器"对话框

样式列表中有三种标注样式：Annotative 是注释性标注样式，ISO-25 是传统标注样式，而 Standard 常用作备用样式。因建筑图样中线性尺寸和非线性尺寸的尺寸线终端不同，所以，传统标注样式 ISO-25 和注释性标注样式 Annotative 的设置都分为"线性尺寸"和"直径、半径和角度尺寸"两部分，操作如下。

（1）ISO-25 线性尺寸设置　选中"ISO-25"，单击"修改"按钮，弹出"修改标注样式：ISO-25"对话框，依次设置线、符号和箭头、文字、调整、主单位五个选项卡（打✓为设置项）。以出图比例 1 ∶ 100 为例，设置步骤如图 10-18 所示。换算单位和公差两个选项卡不需设置。设置完成后单击"确定"按钮，返回"标注样式管理器"对话框。

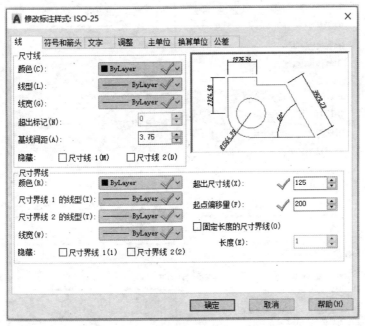

a)"线"选项卡，超出尺寸线125mm，起点偏移量200mm

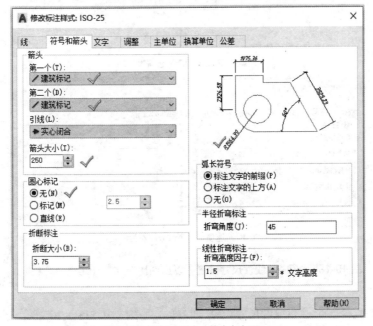

b)"符号和箭头"选项卡，箭头大小250mm

图 10-18　ISO-25 线性尺寸设置（以出图比例 1 ∶ 100 为例）

c)"文字"选项卡，从尺寸线偏移62.5mm

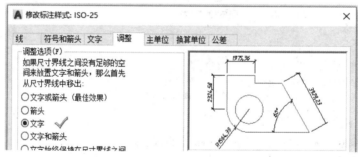

d)"调整"选项卡，调整选项为"文字"

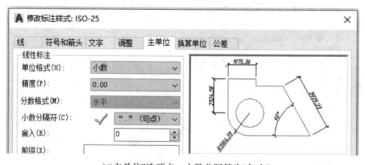

e)"主单位"选项卡，小数分隔符为"句点"

图 10-18　ISO-25 线性尺寸设置（以出图比例 1∶100 为例）（续）

（2）ISO-25 直径、半径和角度尺寸设置　在样式列表选中"ISO-25"，单击"新建"按钮，弹出"创建新标注样式"对话框，如图 10-19 所示。在"用于"下拉列表中选中"直径标注"，单击"继续"按钮，进行直径尺寸设置。如图 10-20 所示，只需修改"符号和箭头""文字"两个选项卡，完成后单击"确定"按钮。

继续设置半径尺寸和角度尺寸（图 10-19）。在"用于"下拉列表中分别选中"半径标注"或"角度标注"，单击"继续"按钮。与直径尺寸设置类似，半径尺寸设置如图 10-21 所示，角度尺寸设置如图 10-22 所示。注意，角度数字一律水平书写。

传统标注样式 ISO-25 设置完成并置为当前后，"标注样式管理器"对话框如图 10-23 所示，单击"关闭"按钮返回绘图界面，就可以在图形中标注尺寸了，且标注的尺寸符合国家标准。

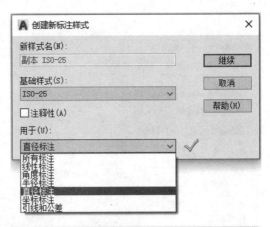

图 10-19　ISO-25 直径、半径和角度尺寸创建

a)"符号和箭头"选项卡，"箭头"改为"实心闭合"　　b)"文字"选项卡，"文字对齐"改为"ISO标准"

图 10-20　ISO-25 直径尺寸设置

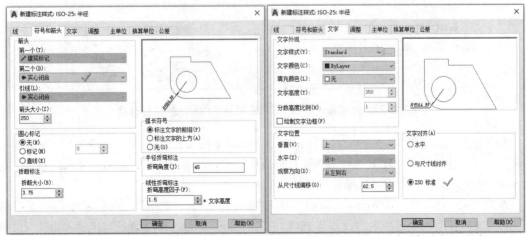

a)"符号和箭头"选项卡，"箭头"改为"实心闭合"　　b)"文字"选项卡，"文字对齐"改为"ISO标准"

图 10-21　ISO-25 半径尺寸设置

a)"符号和箭头"选项卡，"箭头"改为"实心闭合"　　b)"文字"选项卡，"文字对齐"改为"水平"

图 10-22　ISO-25 角度尺寸设置

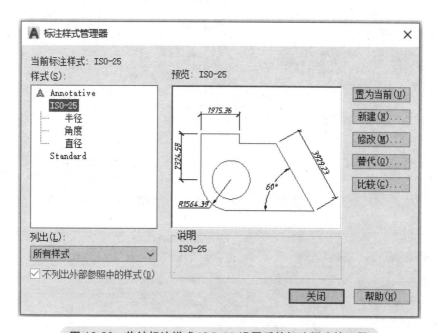

图 10-23　传统标注样式 ISO-25 设置后的标注样式管理器

（3）注释性标注样式 Annotative 的设置　Annotative 的设置方法类似于 ISO-25，只是具有注释性。在"标注样式管理器"对话框样式列表中选中"Annotative"，单击"修改"按钮，进行 Annotative 线性尺寸的设置，操作步骤如图 10-24 所示。

如图 10-24 所示显示了 Annotative 的"线""符号和箭头""文字"三个选项卡的设置；"调整"和"主单位"两个选项卡的设置与 ISO-25 完全相同。Annotative 直径、半径和角度尺寸的设置方法也类似于 ISO-25，此处不再赘述。ISO-25 和 Annotative 设置后的"标注样式管理器"对话框，如图 10-25 所示。

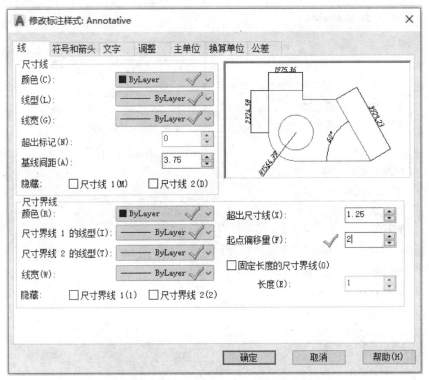

a)"线"选项卡,超出尺寸线1.25mm,起点偏移量2mm

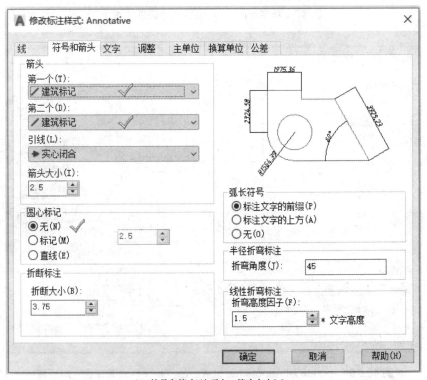

b)"符号和箭头"选项卡,箭头大小2.5mm

图 10-24 Annotative 线性尺寸设置

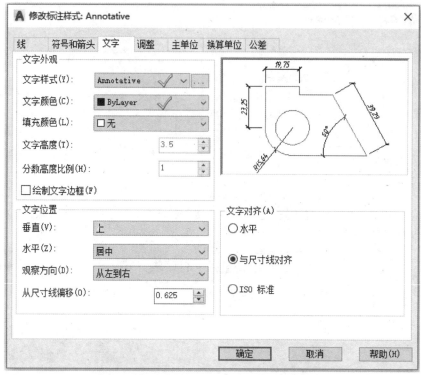

c)"文字"选项卡，文字样式Annotative，从尺寸线偏移0.625mm

图 10-24　Annotative 线性尺寸设置（续）

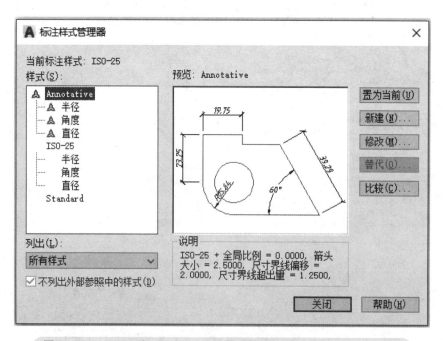

图 10-25　ISO-25 和 Annotative 设置后的"标注样式管理器"对话框

最后，设置注释比例等于出图比例。以 1 ∶ 100 为例，单击状态栏右下角的"注释比例"

按钮，如图 10-26 所示，选中"1∶100"即可。注释比例会把注释性文字或注释性尺寸放大显示，只有在使用注释性文字或尺寸时才起作用。

图 10-26　注释比例调整

10.1.3　图层和线型设置

建筑图样中的各种图线分粗、中、细三种，线宽比为 4∶2∶1，粗线宽度 b 可选为 2.0mm，1.4mm，1.0mm，0.7mm，0.5mm，0.35mm，公比为 $\sqrt{2}$。工程中，常用的粗、中、细，线宽组合为：粗线 0.5mm，中线 0.25mm，细线 0.13mm。建筑图样中的常用图线及其用途见表 10-1。

表 10-1　建筑图样中的常用图线及其用途

名称	线型	线宽	主要用途
粗实线	▬▬▬▬▬	b	1. 被剖切的构配件可见轮廓线 2. 建筑立面图或室内立面图的外轮廓线 3. 平、立、剖面图的剖切符号
中实线	▬▬▬▬	$0.5b$	1. 未剖切的或次要的可见构配件轮廓线 2. 平面图中的门扇图例
细实线	———	$0.25b$	尺寸线、尺寸界线、图例线、索引符号、标高符号、引出线、小于 $0.5b$ 的图形线
中虚线	━ ━ ━ ━ ━	$0.5b$	不可见的构配件轮廓线、起重机轮廓线
细虚线	- - - - - -	$0.25b$	图例线、小于 $0.5b$ 的不可见轮廓线
点画线	— - — - —	$0.25b$	定位轴线、中心线、对称线
折断线	—∿—	$0.25b$	不需要画全的断开界线
波浪线	～～～	$0.25b$	断开界线、构造层次的分层断开线
加粗实线	████	$1.4b$	立（剖）面图中的地坪线，配筋图中的钢筋

在 AutoCAD 中，线型是通过图层进行设置的。根据常用图线和建筑构配件之间的对应关系（见表 10-1），图层和线型设置有两种基本方法：根据线型设置图层、根据构配件设置图层，具体操作如下：

1. 根据线型设置图层

（1）基本思想　一种线型定义一个图层，图层名设置为线型的名称。

（2）操作方法

1）单击"图层"面板中的"图层特性"按钮 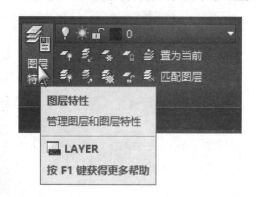（或 Layer 命令），如图 10-27 所示，打开"图层特性管理器"。单击其中的"新建图层"按钮，创建几个图层，如图 10-28 所示。

图 10-27　"图层"面板中的"图层特性"按钮

图 10-28　图层特性管理器

2）选用线宽组合：粗线 0.5mm，中线 0.25mm，细线 0.13mm，根据表 10-1 中的图线及其用途，修改图层的名称、线型和线宽。修改后的图层列表如图 10-29 所示。

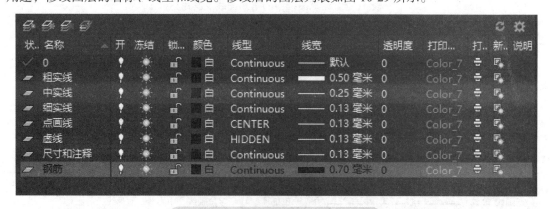

图 10-29　根据线型设置图层（示例）

3）修改完成后，关闭"图层特性管理器"。设置好的图层位于"图层"面板的下拉列表中，如图 10-30 所示，可用该下拉列表切换当前图层。

（3）图层作用说明 绘图时，对应构配件的线型绘制在对应的图层上，例如：

1）钢筋用加粗实线绘制，绘于钢筋层。

2）墙和柱的定位轴线用点画线绘制，绘于点画线层。

3）墙和柱的剖面轮廓用粗实线绘制，绘于粗实线层。

4）未剖切可见轮廓、门扇等用中实线绘制，绘于中实线层。

5）门窗图例、绿植图例、剖面图例等用细实线绘制，绘于细实线层。

6）尺寸、标高和注释用细实线绘制，但因其比较重要，所以不绘于细实线层，而是单独设置一个尺寸和注释层。

7）0 层用于作图辅助线。

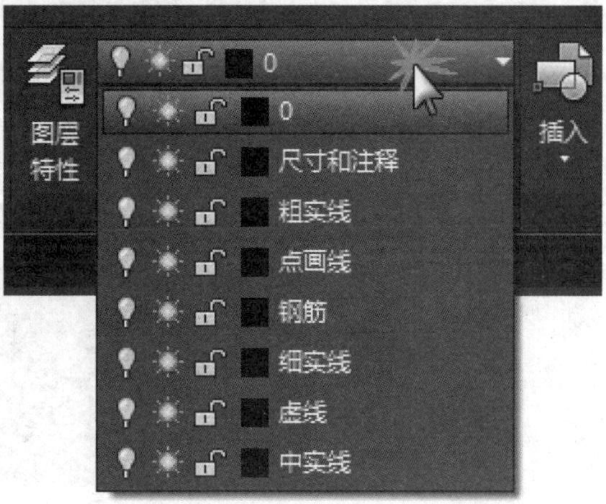

图 10-30 根据线型设置后的图层下拉列表

2. 根据构配件设置图层

（1）基本思想 一种构配件定义一个图层，层名设置成构配件的名称。

（2）操作方法

1）启动“图层”命令，操作同根据线型设置图层，如图 10-28 所示。

2）根据构配件与图线之间的关系（见表 10-1），修改图层的名称、线型和线宽，设置后的图层列表框如图 10-31 所示，对应的图层下拉列表如图 10-32 所示。

状..	名称	开	冻结	锁...	颜色	线型	线宽	透明度	打印...	打..	新..	说明
	0				白	Continuous	默认	0	Color_7			
	轴线				白	CENTER	0.13 毫米	0	Color_7			
	墙				白	Continuous	0.50 毫米	0	Color_7			
	柱				白	Continuous	0.50 毫米	0	Color_7			
	阳台				白	Continuous	0.25 毫米	0	Color_7			
	门窗				白	Continuous	0.13 毫米	0	Color_7			
	楼梯				白	Continuous	0.13 毫米	0	Color_7			
	厨房用具				白	Continuous	0.13 毫米	0	Color_7			
	卫生洁具				白	Continuous	0.13 毫米	0	Color_7			
	尺寸和注释				白	Continuous	0.13 毫米	0	Color_7			
	钢筋				白	Continuous	0.70 毫米	0	Color_7			

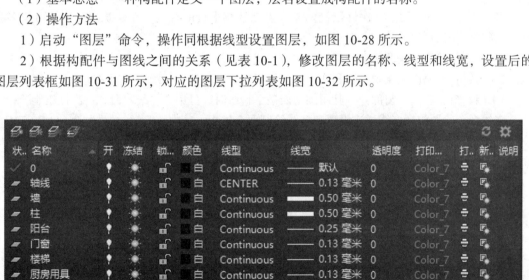

图 10-31 根据构配件设置图层（示例）

（3）图层作用说明 绘图时，对应的建筑构配件绘制在对应的图层上。例如，楼梯的图线，包括踏步台阶、扶手栏杆和 45° 折断线等图线，应绘于楼梯层。此时，一个构配件层上可能出现多种线型；当需要单独修改某一图线的线型时，单击选择并在“特性”面板中切换线型即可。

图 10-32　根据构配件设置后的图层下拉列表

10.1.4　多线及其应用

多线 MLine 命令用于一次性绘制两条或多条互相平行的直线。在建筑图样中，可用多线 MLine 命令绘制的有：

1）墙：墙轮廓线是两条平行直线，可用多线命令绘制。

2）道路：道路由一条中心线和两条路边线组成，共三条平行线，可用多线命令绘制。

3）门、窗：当门、窗剖开，其图例为四条平行线时，可用"多线"命令一次性绘制。

多线命令绘图包括多线样式设置和多线绘制两个过程。其中，"多线样式"命令 MLSTYLE 位于"格式"下拉菜单，如图 10-33a 所示；"多线"绘图命令 MLine 位于"绘图"下拉菜单，如图 10-33b 所示；"多线"编辑命令 MLEDIT 位于"修改"下拉菜单，如图 10-33c 所示。

a) 多线样式MLSTYLE

b) 多线MLine

c) 多线MLEDIT

图 10-33　多线相关命令的菜单项

下面通过墙和道路两个简单实例，说明用"多线"命令的绘图方法。

1. 墙的多线画法

教室平面图如图 10-34 所示，其中的墙、窗用多线绘制比较方便。方法如下：

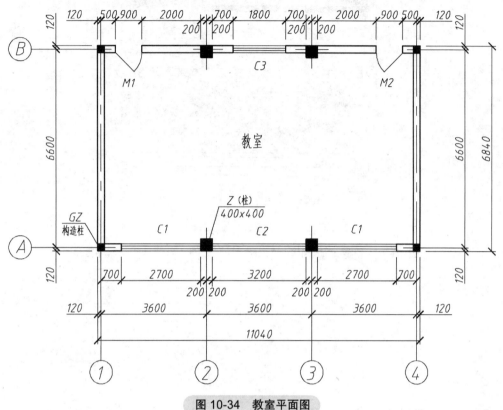

图 10-34 教室平面图

1）设置墙和窗的多线样式。首先确定墙和窗的多线样式名，如图 10-34 所示可知墙厚度为 240mm，墙的多线样式名可定义为"墙240"；窗的多线样式名定义为"窗240"，表示该窗用于 240mm 的墙。

启动"多线样式"命令 MLSTYLE，弹出"多线样式"对话框。如图 10-35 所示，"样式"列表中已有一个基础样式 STANDARD。以STANDARD 为基础，分别设置"墙240"和"窗240"两种多线样式，设置后的"多线样式"对话框如图 10-36 所示，设置方法如下。

单击"多线样式"对话框的"新建"按钮，创建新的多线样式"墙240"，设置步骤如图 10-37 所示，用于绘制厚度240mm 的对称墙。

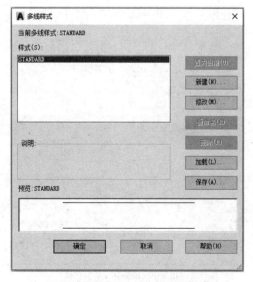

图 10-35 "多线样式"对话框

图 10-36 设置"墙 240"和"窗 240"后的"多线样式"对话框

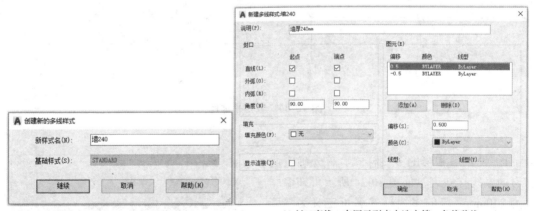

a) 新样式名:墙240,单击"继续"按钮   b) 封口直线;在图元列表中选中第一条偏移线

c) 指定第一条偏移线的偏移值:120   d) 选中第二条偏移线,指定偏移值:-120(对称墙)

图 10-37 墙多线样式的设置

单击"确定"按钮后返回"多线样式"对话框。样式列表中出现"墙240"。再选中 STAN-DARD，单击"新建"按钮，继续设置"窗240"多线样式，不封口，如图 10-38 所示。根据墙厚 240mm，以对称形式设置四条偏移线的偏移值：120，40，-40，-120，即线间距 80。

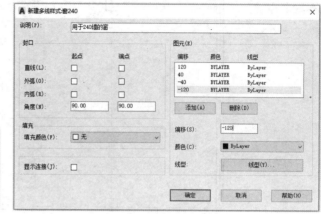

a) 新样式名：窗240，单击"继续"按钮　　　b) 添加两条偏移线：四条线偏移：120，40，-40，-120

图 10-38　窗多线样式的设置

2）使用"墙 240"和"窗 240"多线样式绘制如图 10-34 所示的教室平面图，步骤如下：

步骤 1：按尺寸 1 ∶ 1，在点画线层绘制定位轴线（直线 Line 和偏移 Offset 命令等），切换粗实线层为当前图层，按尺寸绘制柱轮廓（矩形 RECtang 和移动 Move 命令等），如图 10-39 所示。

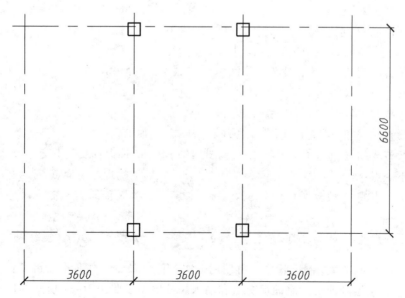

图 10-39　按尺寸 1 ∶ 1 绘制定位轴线和柱轮廓

步骤 2：使用多线 MLine 命令绘制第一段墙轮廓，绘图结果如图 10-40 所示。初次使用"墙

240"多线样式，需指定多线比例为"1"，对正类型为"无（Z）"（表示对称式），当前多线样式为"墙240"，然后才能绘制墙轮廓，且绘图时应开启"极轴追踪"和"对象捕捉"状态按钮，从轴线左下交点开始画起，向上绘制至左上交点，再向右绘制500mm，操作过程如下：

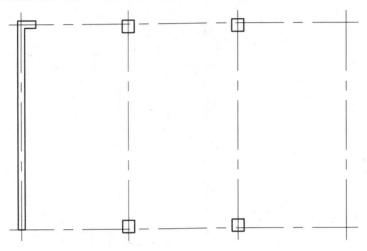

图 10-40   多线 MLine 命令绘制第一段墙轮廓

```
命令: _mline
当前设置: 对正 = 上, 比例 = 20.00, 样式 = STANDARD
指定起点或 [对正(J)/比例(S)/样式(ST)]: s
输入多线比例 <20.00>: 1
当前设置: 对正 = 上, 比例 = 1.00, 样式 = STANDARD
指定起点或 [对正(J)/比例(S)/样式(ST)]: j
输入对正类型 [上(T)/无(Z)/下(B)] <上>: z
当前设置: 对正 = 无, 比例 = 1.00, 样式 = STANDARD
指定起点或 [对正(J)/比例(S)/样式(ST)]: st
输入多线样式名或 [?]: 墙240
当前设置: 对正 = 无, 比例 = 1.00, 样式 = 墙240
指定起点或 [对正(J)/比例(S)/样式(ST)]: // 捕捉轴线左下交点
指定下一点:                                  // 捕捉左上交点
指定下一点或 [放弃(U)]: 500           // 极轴向右, 输入尺寸值"500",
                                         按 <Enter> 键
指定下一点或 [闭合(C)/放弃(U)]:       // 按 <Enter> 键结束命令
```

　　步骤3：按尺寸继续绘制墙轮廓，再使用七次 MLine 命令。此时不需再设置多线的比例、对正或样式，直接绘制即可。需捕捉交点和输入尺寸值（参照图10-34所示的尺寸），结果如图10-41所示。

　　步骤4：切换细实线层为当前图层，使用"窗240"多线 MLine 绘制窗的图例，此时需更改当前多线样式为"窗240"，且需要捕捉墙轮廓封口中点。操作过程如下：

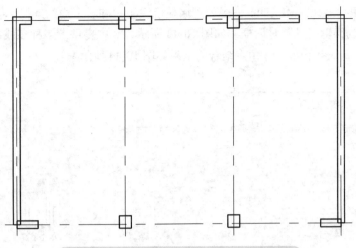

图 10-41　多线 MLine 命令绘制全部墙轮廓

命令：_mline
当前设置：对正 = 无，比例 = 1.00，样式 = 墙 240
指定起点或 [对正 (J)/比例 (S)/样式 (ST)]：st
输入多线样式名或 [?]：窗 240
当前设置：对正 = 无，比例 = 1.00，样式 = 窗 240
指定起点或 [对正 (J)/比例 (S)/样式 (ST)]：// 捕捉墙轮廓封口中点（与点画线
　　　　　　　　　　　　　　　　　　　　　　的交点）
指定下一点：　　　　　　　　　　　　　　　// 捕捉另一侧的交点，完成一个窗
　　　　　　　　　　　　　　　　　　　　　　的图例
指定下一点或 [放弃 (U)]：　　　　　　　　// 按 <Enter> 键结束命令
命令：

共使用四次 MLine 命令，即可完成窗 C1、C2 和 C3 的绘制，如图 10-42 所示。

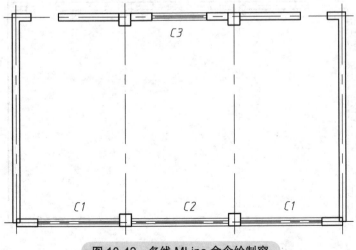

图 10-42　多线 MLine 命令绘制窗

步骤 5：使用"多线"MLEDIT 命令处理墙轮廓左下角和右下角的连接。启动 MLEDIT 命令后，弹出"多线编辑工具"对话框，如图 10-43 所示，其中提供了多种多线编辑工具，单击"角点结合"图标 ∟，操作如下。角点结合的结果如图 10-44 所示。

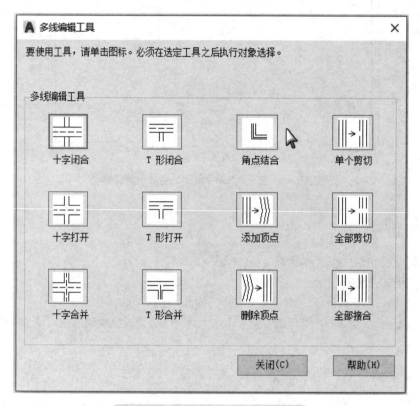

图 10-43 "多线编辑工具"对话框

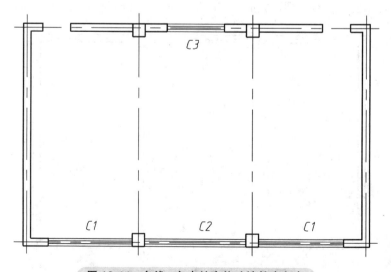

图 10-44 多线 - 角点结合修改墙轮廓角点

```
命令: _mledit
选择第一条多线:                // 选中左边墙多线
选择第二条多线:                // 选中左下墙多线
选择第一条多线 或 [放弃(U)]:   // 选中右边墙多线
选择第二条多线:                // 选中右下墙多线
选择第一条多线 或 [放弃(U)]:   // 按 <Enter> 键结束命令
命令:
```

步骤6：用中实线绘制门扇（45°开门），用细实线绘制开门圆弧，用矩形 RECtang 命令绘制构造柱，用打断 BReak 命令处理定位轴线，得到如图 10-45 所示的教室平面图。

步骤7：用图案填充 Hatch 命令涂黑柱截面，综合使用标注命令和文字命令添加尺寸和注释（绘于尺寸和注释层），即可完成如图 10-34 所示的教室平面图。

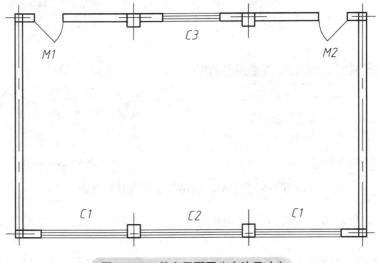

图 10-45　教室平面图（未注尺寸）

对于同类型但宽度不同的多线，可以定义标准多线样式，设置偏移线间距为1，这样绘制多线时只需指定不同的比例，便可绘出不同宽度的多线。下面的道路示例将介绍标准多线样式的用法。

2. 道路的多线画法

在平面图中，当以小比例绘制公路或城市道路时，或绘制居住区道路时，通常把道路绘制成三条平行线：一条中心线和两条路边线，其中，中心线用细点画线绘制，路边线用（粗）实线绘制。对于这种三线道路，可创建"标准三线道路"多线样式。操作如下：

1）启动多线样式命令 MLSTYLE，以 STANDARD 为基础样式，新建名为"标准三线道路"的标准多线样式，设置方法如图 10-46 所示。

步骤1：以已有的两条图元线作为路边线，如图 10-46a 所示，依次设置其偏移值：1，-1。

步骤2：单击"添加"按钮，添加一条偏移值为0的线作为中心线，如图 10-46b 所示，将线型改为点画线，单击"线型 线型(Y)... 按钮，打开图 10-46c 所示"选择线型"对话框。

步骤3：选中"CENTER"作为中心线新线型，单击"确定"按钮即可。若已加载的线型中没有"CENTER"，则需要单击"加载"按钮进行加载。

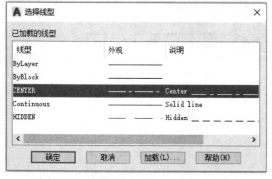

a) 设置两条路边线偏移值：1,-1　　　　b) 添加一条偏移值为0的道路中心线，并修改线型

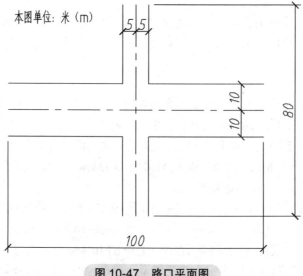

c) 选中"CENTER"作为中心线线型，单击"确定"按钮　　　　d) 设置后的图元列表

图 10-46　"标准三线道路"多线样式的设置

步骤4：设置后的图元列表如图 10-46d 所示，单击"确定"按钮，完成"标准三线道路"多线样式设置。

2）使用"标准三线道路"样式绘制如图 10-47 所示的路口平面图，绘图步骤如下：

本图单位：米（m）

图 10-47　路口平面图

步骤1：用多线 MLine 命令绘制道路。因"标准三线道路"样式中偏移线间距为1（三条线的偏移值为1，0，-1），所以，绘制路宽20m的横向道路时，需指定多线比例为10；绘制路宽10m的纵向道路时，需指定多线比例为5。然后使用 LTScale 命令调整线型比例，以显示道路中心线，结果如图10-48所示，操作如下。

```
命令：_mline
当前设置：对正 = 无，比例 = 1.00，样式 = STANDARD
指定起点或 [对正 (J)/比例 (S)/样式 (ST)]：s
输入多线比例 <1.00>：10  //路宽20m的横向道路
当前设置：对正 = 无，比例 = 10.00，样式 = STANDARD
指定起点或 [对正 (J)/比例 (S)/样式 (ST)]：j
输入对正类型 [上 (T)/无 (Z)/下 (B)] <无>：z
当前设置：对正 = 无，比例 = 10.00，样式 = STANDARD
指定起点或 [对正 (J)/比例 (S)/样式 (ST)]：st
输入多线样式名或 [?]：标准三线道路
当前设置：对正 = 无，比例 = 10.00，样式 = 标准三线道路
指定起点或 [对正 (J)/比例 (S)/样式 (ST)]：
指定下一点：100  //极轴左右方向
指定下一点或 [放弃 (U)]：//按 <Enter> 键结束命令
命令：_mline
当前设置：对正 = 无，比例 = 10.00，样式 = 标准三线道路
指定起点或 [对正 (J)/比例 (S)/样式 (ST)]：s
输入多线比例 <10.00>：5  //路宽10m的纵向道路
当前设置：对正 = 无，比例 = 5.00，样式 = 标准三线道路
指定起点或 [对正 (J)/比例 (S)/样式 (ST)]：
指定下一点：80  //极轴上下方向
指定下一点或 [放弃 (U)]：//按 <Enter> 键结束命令
```

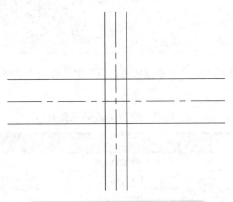

图 10-48　多线 MLine 绘制道路

步骤 2：用"多线"MLEDIT 命令生成十字路口。启动 MLEDIT 命令，在"多线编辑工具"对话框（图 10-43）中单击"十字合并"工具图标⊹，然后选择所绘制的两条道路多线，合并结果如图 10-49 所示。

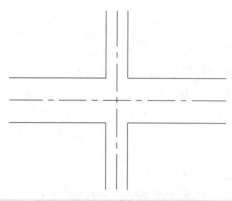

图 10-49　多线 MLEDIT 命令 - 十字合并生成十字路口

当大比例绘制道路或车道画线设计时，需绘制出道路的车道分界线和中心线。例如，双向六车道的城市道路，其道路中心为隔离带（隔离带宽度 1m，可画成间距 1m 的双实线），车道宽度通常为 3.5m，车道分界线为虚线，还有两条路边线，共八条平行线，可创建如图 10-50 所示的"六车道城市道路"多线样式。道路多线图元列表见表 10-2，绘制出的道路如图 10-51 所示。

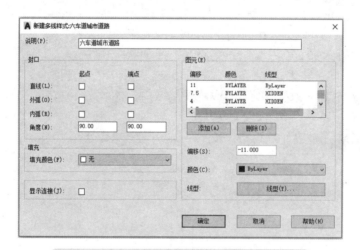

图 10-50　"六车道城市道路"多线样式（示例）

表 10-2　道路多线图元列表

偏移	颜色	线型
11	BYLAYER	ByLayer
7.5	BYLAYER	HIDDEN
4	BYLAYER	HIDDEN
0.5	BYLAYER	ByLayer

（续）

偏移	颜色	线型
−0.5	BYLAYER	ByLayer
−4	BYLAYER	HIDDEN
−7.5	BYLAYER	HIDDEN
−11	BYLAYER	ByLayer

图 10-51　双向六车道城市道路图（示例）

【提示与建议】

多线是复合对象，可用分解 eXplode 命令分解为简单对象，以进一步编辑；AutoCAD 建筑图样的基本设置应保存为"建筑图样 .dwt"样板文件，供后续使用。

10.2　建筑施工图

建筑施工图是图示房屋建筑的规划位置、外部形状、内部布局和内外装饰等内容的工程图样，简称"建施"，一般包括总平面图、建筑平面图、建筑立面图、建筑剖面图、建筑详图，以及施工总说明和门窗表。

建筑施工图应符合正投影原理，采用视图、剖面图和断面图等表达方法图示建筑形体，并标注完整的尺寸和注释，用于指导房屋建筑地上部分非承重结构的工程施工。建筑施工图的制图标准有：GB/T 50001—2017《房屋建筑制图统一标准》，GB/T 50103—2010《总图制图标准》，GB/T 50104—2010《建筑制图标准》。下面以图 10-1 所示的实验楼建筑施工图为例，具体介绍建筑施工图的 AutoCAD 画法。

10.2.1　总平面图

总平面图是图示房屋建筑工程总体规划和布局的水平投影图，反映房屋建筑所处环境、地形地貌、道路、绿化、场地、园林景观、水电等市政管网连接的情况。图 10-52 所示是实验楼总平面图，其中实验楼是新建建筑物，其轮廓用粗实线绘制，反映了新建的实验楼与周围环境之间的关系。图的左上角是指北针和风向频率玫瑰图，表达了当地一年之内的风向；图的底部列出了部分图例。

总平面图按照 AutoCAD 平面图形进行绘制，并参考 GB/T 50103—2010。其中的地形地貌和高程通常来自于测绘原图，而新建筑物需要画出墙基外包线，即最大轮廓，并标注外包尺寸，另外还需标注新建筑物相对于周围道路、围墙等之间的定位尺寸，以确定新建筑物的具体位置。

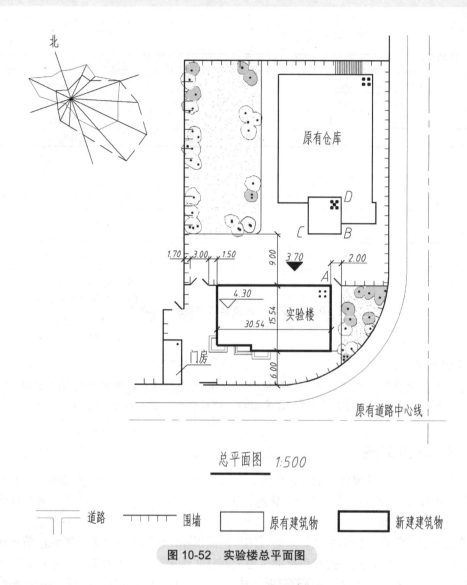

北

原有仓库

D

C　B

1.70　3.00　1.50　　9.00　　3.70　　2.00

4.30

30.54　15.54　实验楼

门房

6.00

原有道路中心线

总平面图 _1:500_

道路　　　围墙　　　原有建筑物　　　新建建筑物

图 10-52　实验楼总平面图

10.2.2　建筑平面图

建筑平面图是假象用水平剖切面在窗台上方水平剖开整幢房屋（尽量剖到同楼层的全部门洞和窗洞），将剖切面以下的部分向下正投影而得到的水平剖面图。建筑平面图图示房屋建筑的平面形状、定位轴线、柱墙和房间布局、门窗的大小和位置及其编号、台阶位置、雨水管的位置、室内外地面标高、必要的尺寸等。

一般情况下，多层建筑应画出每一层的平面图，其中，底层平面图是最重要的。当中间层的布局和尺寸完全相同时，可合画成一个标准层平面图。所以，多层建筑的建筑平面图通常包括：底层平面图、标准层平面图、顶层平面图和屋顶平面图。

1. 底层平面图

下面以图 10-53 所示的实验楼底层平面图为例，介绍建筑平面图的 AutoCAD 画法。基本的绘图策略是：按尺寸 1：1 绘图，按 AutoCAD 平面图形绘图。

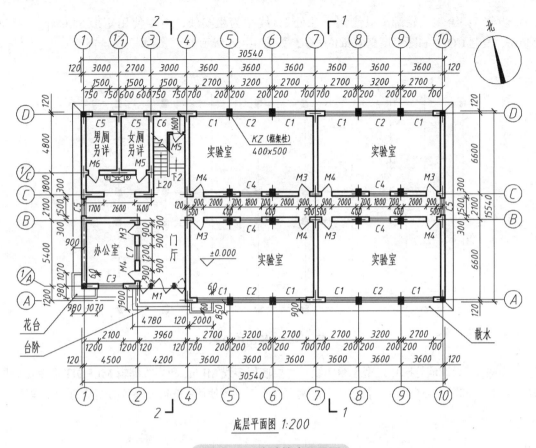

图 10-53 实验楼底层平面

步骤 1：绘制纵向和横向定位轴线：线型为细点画线，主要使用直线 Line、偏移 Offset 和打断 BReak 命令，用 LTScale 命令调整线型比例，如图 10-54 所示。

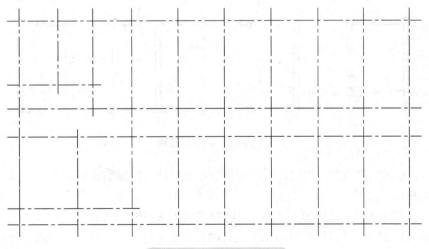

图 10-54 绘制定位轴线

步骤 2：绘制柱轮廓（只绘制了几处）：线型为粗实线，主要使用矩形 RECtang、移动 Move、复制 COpy 和图案填充 Hatch 命令，如图 10-55 所示。

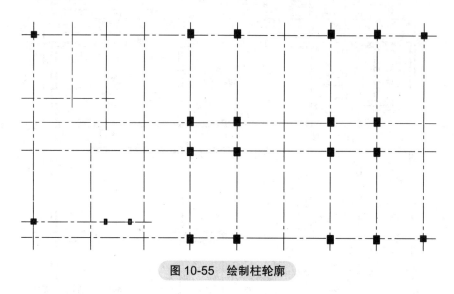

图 10-55 绘制柱轮廓

步骤 3：绘制墙轮廓：线型为粗实线，主要使用多线 MLine 和多线编辑 MLEDIT 命令（参见 10.1.4 节），如图 10-56 所示。若多线不能满足要求，则可使用 eXplode 命令分解后进一步编辑。

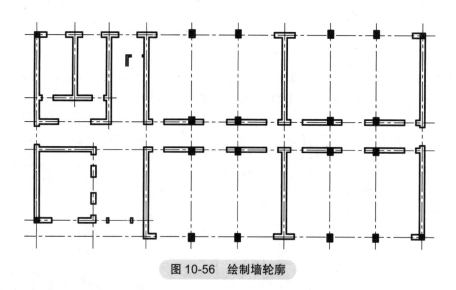

图 10-56 绘制墙轮廓

步骤 4：绘制门窗图例，同时注写门窗代号：在墙体中门洞和窗洞的位置绘制门、窗的图例，门扇用中实线绘制，其余用细实线，代号 M1、M2、…表示门（拼音 Men），C1、C2、…表示窗（拼音 Chuang），如图 10-57 所示。其中，窗的图例用多线 MLine 绘制（参见 10.1.4 节）。门的图例由 45° 或 90° 门扇和开门圆弧组成，内开时绘于内墙面（如 M2、M3、M4），外开时绘于外墙面（如 M5、M6），对称时绘于中间（如 M1 双开门）。

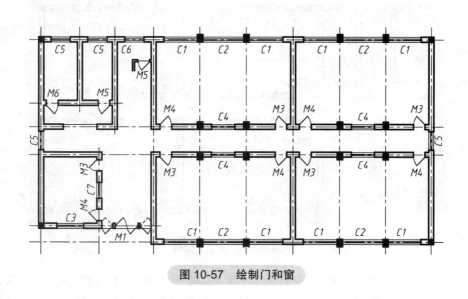

图 10-57　绘制门和窗

步骤 5：用打断 BReak 命令处理定位轴线，绘图结果如图 10-58 所示。

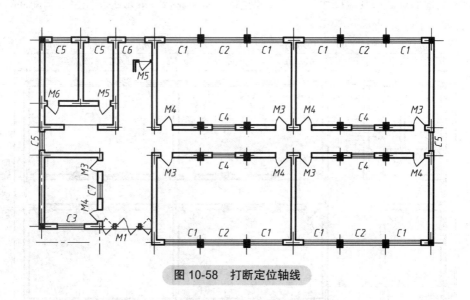

图 10-58　打断定位轴线

步骤 6：绘制楼梯、台阶、花台、散水、卫生设备等建筑配件：通常用细线绘制，各种建筑配件的图例和画法参见 GB/T 50104—2010，绘图结果如图 10-59 所示。

步骤 7：标注尺寸：用细实线标注尺寸（文字样式和标注样式的设置参见 10.1.2 节），包括外部尺寸、内部尺寸、室内地面标高和其他尺寸，如图 10-60 所示。

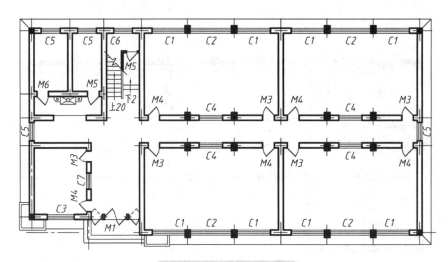

图 10-59　绘制建筑配件

① 外部尺寸分三道：内道为门窗定形定位尺寸，即外墙中门窗洞口的宽度及其与最近的轴线间的尺寸，如图 10-60a 所示；中间道为轴线间距和半墙厚，如图 10-60b 所示；最外道是外包尺寸，即总长、总宽尺寸，如图 10-60c 所示。

② 内部尺寸包括内部柱、墙、门窗等的定形定位尺寸，楼梯踏步尺寸等，如图 10-60d 所示。

③ 室内地面标高和其他尺寸。其他尺寸是指台阶、花台、散水等其他建筑构配件的定形定位尺寸，如图 10-60e 所示。

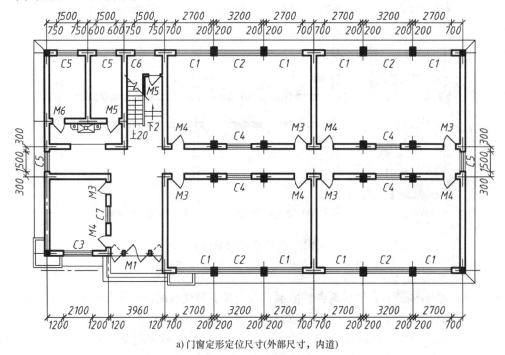

a)门窗定形定位尺寸(外部尺寸，内道)

图 10-60　标注尺寸

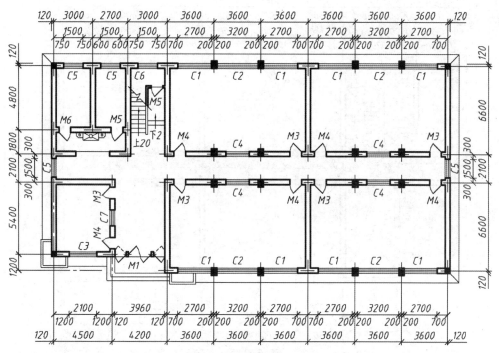

b) 轴线间距和半墙厚(外部尺寸，中间道)

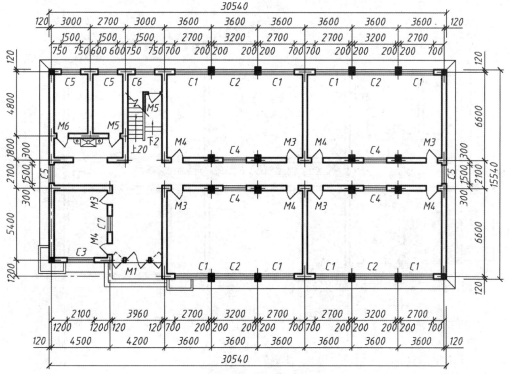

c) 外包尺寸(外部尺寸，外道)

图 10-60　标注尺寸（续）

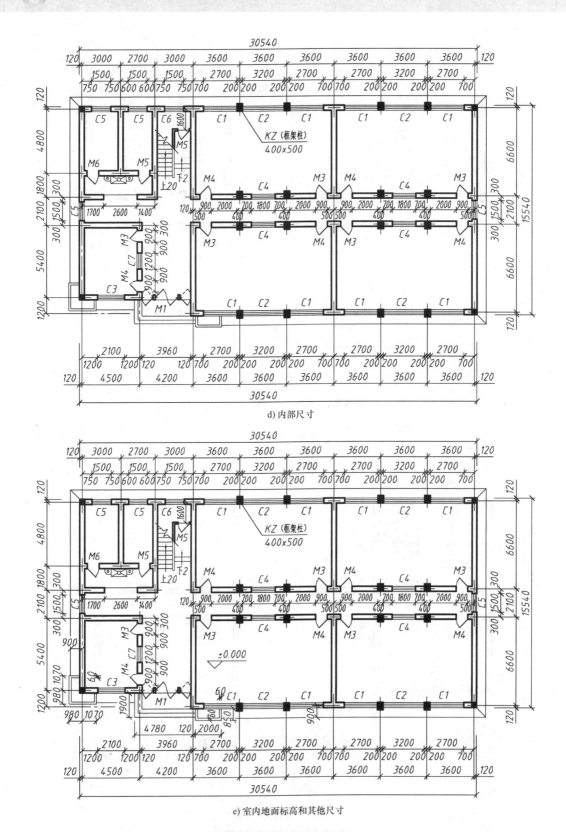

d) 内部尺寸

e) 室内地面标高和其他尺寸

图 10-60 标注尺寸（续）

步骤8：注释：包括轴线编号、房间名称、构配件名称、指北针等，用细实线绘制。在平面图下方书写图名和比例，如底层平面图1：200。还有，底层平面图中应绘制建筑剖面图的剖切位置符号，用粗短画和对应的数字来表示。完成后的实验楼底层平面图如图10-53所示。

注释所用文字应比尺寸数字大一个字号。按照出图尺寸，轴线编号圆的直径为$\phi 8mm$，指北针圆的直径为$\phi 24mm$，标高符号的高度约3mm，如图10-61所示。其中，图10-61d所示是同一位置注写多个标高的注法，图10-61e所示是总平面图中室外地坪标高符号。

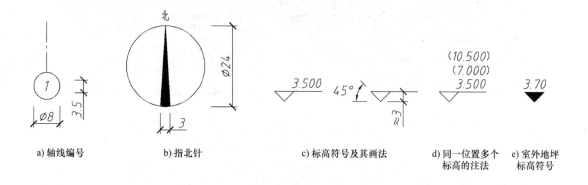

a) 轴线编号　　　　　b) 指北针　　　　　　　　c) 标高符号及其画法　　　　d) 同一位置多个　　e) 室外地坪
　　　　　　　　　　　　　　　　　　　　　　　　　　　　　　　　　　　　　　　标高的注法　　　标高符号

图 10-61　常用图形符号的画法

2. 标准层平面图

标准层平面图图示房屋建筑的中间层布局和尺寸，其画法与底层平面图基本相同，不同之处主要有四部分：

1）楼梯不同，底层平面图的楼梯一般只有上行梯段，而中间层的楼梯由上行和下行梯段组成，用45°折断线隔开。

2）进门大厅上方的房间布局不同，底层是进门大厅，而二层及上层应是房间。

3）室外构配件不同：底层有台阶、花台、散水及雨水管（若没有则不画）等，而二层及上层不画这些构配件，只绘雨篷和阳台（如果有）等。

4）二层以上不画指北针，也不画表示建筑剖面图的剖切位置符号。

图10-62所示为实验楼标准层平面图，可按底层平面图的画法步骤进行绘制。

3. 顶层平面图

顶层平面图的画法与标准层平面图基本相同，不同之处是楼梯，顶层的楼梯只有下行梯段。图10-63所示为实验楼顶层平面图示例。

4. 屋顶平面图

屋顶平面图又称屋面平面图，图示屋顶的平面布局、屋面坡度，还有天沟、排水管、女儿墙、上人孔等构配件尺寸和位置。屋顶平面图相对较简单，是不剖的水平投影图。图10-64所示为实验楼屋顶平面图示例，图中2%表示屋面坡度，箭头表示下坡排水方向。

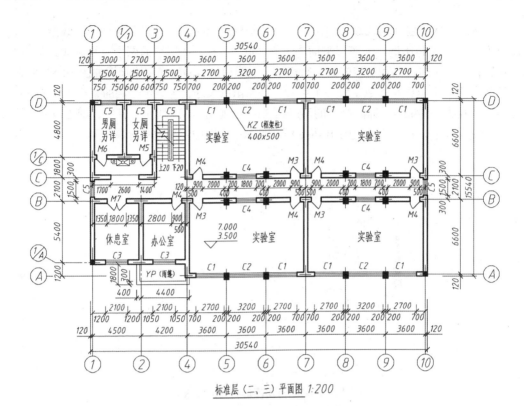

标准层（二、三）平面图 *1:200*

图 10-62 实验楼标准层平面图

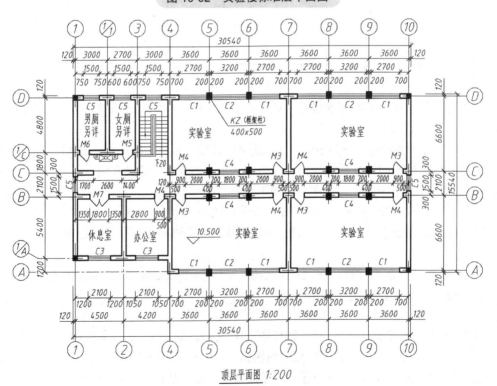

顶层平面图 *1:200*

图 10-63 实验楼顶层平面图

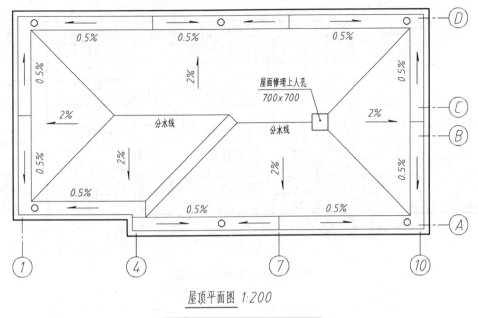

屋顶平面图 *1:200*

图 10-64 实验楼屋顶平面图

10.2.3 建筑立面图

建筑立面图是表示建筑物立面的不剖的正投影图，反映立面外部造型、外墙面装饰装修要求和做法，外墙门窗的形式、大小和位置，以及其他可见构件的形状、位置和做法等。立面图的名称可按房屋朝向或端轴线编号来命名，以上述实验楼为例建筑立面图的命名见表 10-3。

表 10-3 建筑立面图的命名

工程图学命名	建筑制图命名		
	常规命名	按朝向命名	按端轴线编号命名
主视图	正立面图	南立面图	①~⑩立面图
左视图	左侧立面图	西立面图	⑩~Ⓐ立面图
右视图	右侧立面图	东立面图	Ⓐ~⑩立面图
后视图	背立面图	北立面图	⑩~①立面图

用 AutoCAD 绘制立面图时，应在平面图的基础上绘制，遵守"长对正，高平齐，宽相等"的投影关系，按平面图形进行绘制。现以图 10-65 所示实验楼南立面图为例，说明建筑立面图的 AutoCAD 绘图方法。

步骤 1：绘制端轴线和外轮廓，如图 10-66 所示。根据标高尺寸和底层平面图尺寸（长对正），绘制①⑩两端定位轴线和外轮廓线，包括地坪线、外墙轮廓线和屋面线，其中，定位轴线为细点画线，地坪线为加粗实线，外墙轮廓线和屋面线为粗实线。

步骤 2：绘制细部构造，如图 10-67 所示。根据标高尺寸和底层平面图尺寸（长对正），绘制门、窗、台阶、花台、雨棚、檐口等建筑构配件的轮廓线，用中实线绘制。

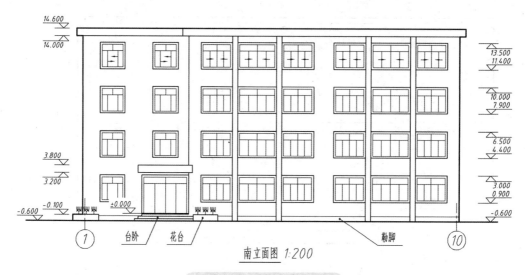

图 10-65 实验楼南立面图

图 10-66 绘制端轴线和外轮廓

图 10-67 绘制细部构造

步骤3：绘制构配件图例，如图10-68所示。根据标高尺寸和底层平面图尺寸（长对正），绘制门、窗、台阶、花台、勒脚等建筑构配件图例，用细实线绘制。

图 10-68 绘制构配件图例

步骤4：标注尺寸、标高，如图10-69所示。标注必要的高度方向尺寸和标高，用细实线绘制。立面图中的标高有：室外地坪、室内地坪（±0.000）、进出口地面、门窗洞的上下口、雨蓬上下面、阳台上下面（如果有）、檐口女儿墙的高度等。

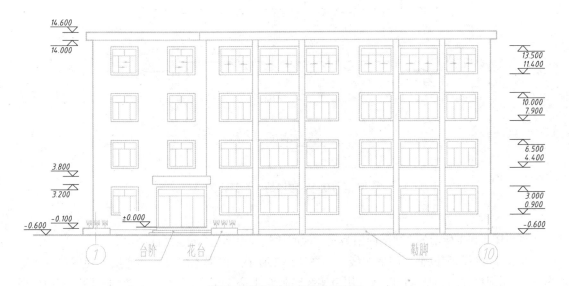

图 10-69 标注尺寸和标高

步骤 5：添加注释和说明，书写图名和比例，完成后如图 10-65 所示。绘制轴线编号，注释外墙装饰装修要求和说明等文字内容，用细实线绘制。在立面图下方书写图名和比例，如南立面图　1:200。

10.2.4　建筑剖面图

建筑剖面图是指假想用平行于某一墙面（国内一般平行于东墙或西墙）的单一剖面或阶梯剖面剖开整幢房屋所得到的垂直剖面图，用于图示房屋内部高度方向的结构形式、分层情况、各层之间的联系等内容。

为了清晰和全面地表达房屋的内部构造，剖切位置通常选在内部结构比较复杂或有代表性的部位，如通过门、窗或楼梯间进行剖切。如图 10-53 所示实验楼底层平面图中的 1-1 剖切面剖到了实验室房间的门和窗，向右投影得到如图 10-70 所示的 1-1 剖面图；2-2 剖切面剖到了进门台阶、雨蓬、楼梯间等内部结构，向左投影得到如图 10-71 所示的 2-2 剖面图。

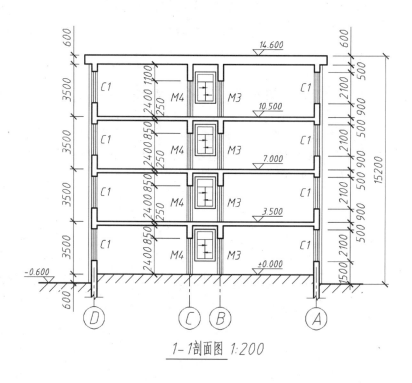

图 10-70　实验楼的 1-1 剖面图

现以图 10-71 所示的 2-2 剖面图为例，说明建筑剖面图的 AutoCAD 画法。

步骤 1：绘制定位轴线和地坪线，如图 10-72 所示。根据标高尺寸和底层平面图尺寸（宽相等），用细点画线绘制定位轴线，用粗实线绘制地坪线，包括室外地坪、进门台阶、室内地面等轮廓。

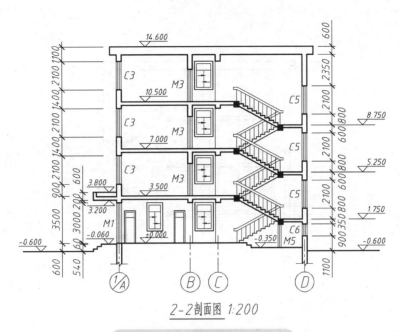

图 10-71　实验楼的 2-2 剖面图

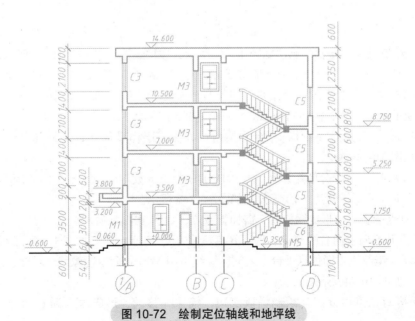

图 10-72　绘制定位轴线和地坪线

步骤 2：绘制主要轮廓，按尺寸用多线 MLine 命令绘制，如图 10-73 所示。剖切的墙、楼（屋）面板、楼梯梁与平台板、梁、过梁、雨篷等，用粗实线绘制。底层的墙轮廓可向下深入地面约 10mm（出图尺寸），下端用折断线断开。

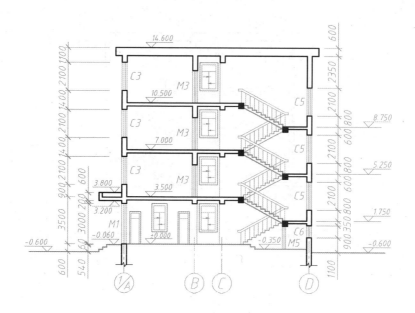

图 10-73   绘制主要轮廓

步骤3：绘制楼梯，楼梯的画法如图 10-74 所示，楼梯绘图结果如图 10-75 所示。由实验楼平面图可知，楼层之间的楼梯踏步（台阶）有 20 级，以休息平台为中点，楼板端部的楼梯梁与休息平台端部的楼梯梁之间有 10 级踏步，即每两个梯梁之间有 10 级（包括梯梁自己占的 1 级）。以二层到三层的楼梯为例，楼梯的 AutoCAD 画法如下：

① 已知二层梯梁角点 A、休息平台梯梁角点 B 和三层梯梁角点 C 三个点，在 A 和 B 之间绘制矩形，如图 10-74a 所示。

② 使用 eXplode 命令分解矩形后，用 DIVIDE 命令定数等分，水平方向（矩形的长边）9 等分，高度方向（矩形的短边）10 等分，如图 10-74b 所示。

③ 过等分点画直线，形成网格线，需捕捉节点，如图 10-74c 所示。

④ 从 A 点开始向上向右画踏步，直到 B 点，刚好是 10 级台阶，如图 10-74d 所示。

⑤ 以 BD 为镜像线（即休息平台上表面轮廓线）用 MIrror 命令镜像踏步轮廓，形成 B 点到 C 点的踏步，如图 10-74e 所示。

⑥ 过网格对角点由 B 到 A 绘制梯段底边，镜像并移动，形成由 B 到 C 的梯段底边，如图 10-74f 所示。

⑦ 过踏步线中点向上画扶手钢筋，通常扶手高度为 1m，所以取钢筋高度为 900mm，木扶手高度为 100mm，如图 10-74g 所示。

⑧ 考虑投影遮挡关系，修剪被梯段遮挡的扶手钢筋，如图 10-74h 所示。

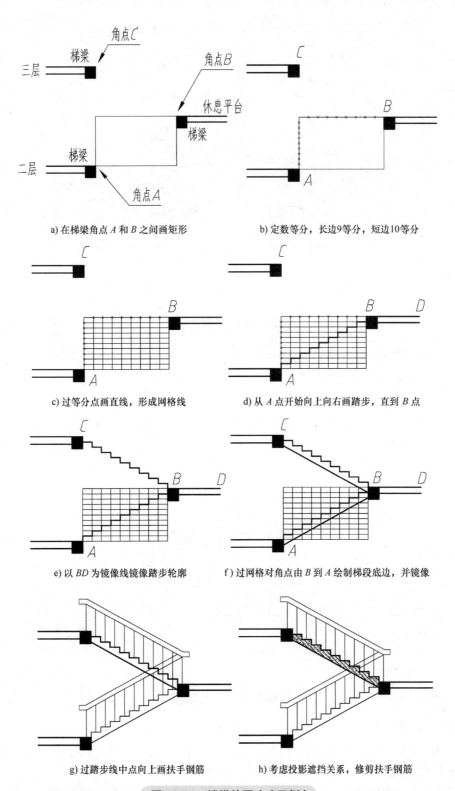

a) 在梯梁角点 A 和 B 之间画矩形

b) 定数等分，长边9等分，短边10等分

c) 过等分点画直线，形成网格线

d) 从 A 点开始向上向右画踏步，直到 B 点

e) 以 BD 为镜像线镜像踏步轮廓

f) 过网格对角点由 B 到 A 绘制梯段底边，并镜像

g) 过踏步线中点向上画扶手钢筋

h) 考虑投影遮挡关系，修剪扶手钢筋

图 10-74 楼梯的画法（示例）

再绘制其他楼层的楼梯，并考虑投影遮挡关系，绘图结果如图10-75所示。

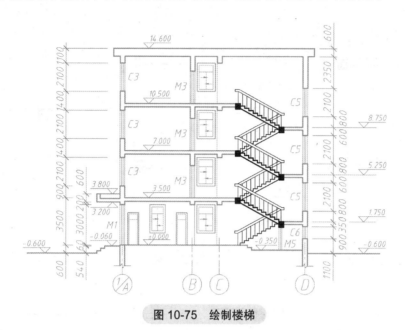

图10-75 绘制楼梯

步骤4：绘制细部构造，即门、窗等构件的图例，用细实线绘制，竖剖的门、窗四线图例可用多线MLine命令绘制，如图10-76所示。

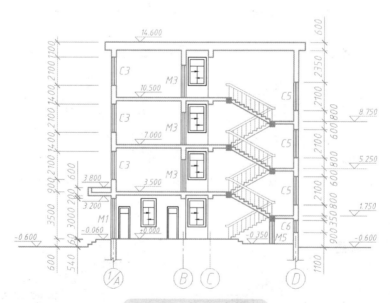

图10-76 绘制细部构造

步骤5：标注尺寸、标高，用细实线绘制，如图10-71所示。

步骤6：注释，包括轴线编号，门窗编号等，用细实线绘制。书写图名和比例，绘于图的下方，如2-2剖面图 1：200。绘图结果如图10-71所示。

建筑平面图、立面图和剖面图一起称为房屋建筑的三种基本图样，简称"平、立、剖"。

10.2.5 建筑详图

对于建筑平面图、立面图和剖面图表示得不够清楚的细部构造，如外墙、楼梯、阳台、门窗细部构造等，常以较大的比例绘制局部性的详图，称为建筑详图，也称大样图。建筑详图的AutoCAD画法基本等同于"平、立、剖"的画法，不同之处是：

1）因绘图比例较大，剖切的构件应用图案填充，并应使用规定的建筑图例。

2）详图应书写名称和详图编号，详图编号圆直径 $\phi14$mm，而对应的索引符号圆直径 $\phi10$mm。

常见的建筑详图有平面详图、墙身节点详图、楼梯详图和门窗详图，本节列举一些Auto-CAD实例，供参考和绘图练习。

1. 平面详图（局部平面图）

平面详图用于表达建筑平面图中未表达清楚的细部结构，是用大比例绘制的局部平面图。如图10-53所示，实验楼底层平面中的"男厕另详"和"女厕另详"，对应的建筑详图如图10-77所示。在标准层平面图中，当二层和三层之间有不同之处时，为了表达清楚，可绘制不同之处的平面详图。

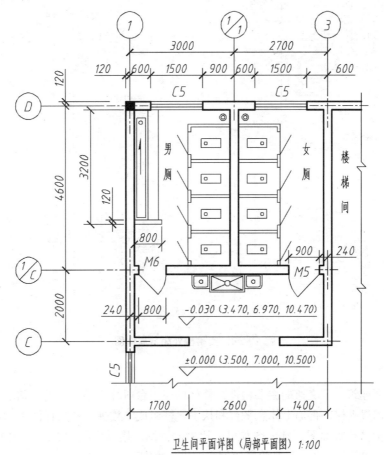

卫生间平面详图（局部平面图）1:100

图 10-77　卫生间平面详图

平面详图的AutoCAD绘图方法类似于建筑平面图，此处不再赘述。

2. 墙身节点详图

墙身节点详图图示墙身各主要建筑节点的构造、尺寸、用料和做法。绘制详图时，剖切到的构件轮廓线用粗实线绘制，其余轮廓线用中实线或细实线绘制。

如图 10-78 所示实验楼外墙节点详图，共四幅，其中，详图①是檐口节点详图；详图②是窗台节点详图；详图③是窗顶节点详图；详图④是墙根节点详图。

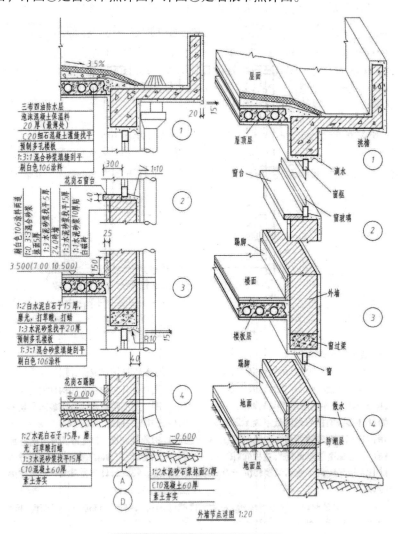

图 10-78 实验楼外墙节点详图

3. 楼梯详图

楼梯是多层建筑上下交通的主要构件，楼梯的梯级台阶称为踏步，若干踏步组成梯段，梯段的两端由楼梯梁支撑，再加上休息平台和扶手栏杆组成了楼梯。楼梯详图图示楼梯的详细构造和做法，包括楼梯平面图、剖面图和更大比例的详图。楼梯详图的 AutoCAD 画法基本等同于建筑平面图和建筑剖面图，只是绘制比例大，表达更细致。

对应如图 10-53 所示的实验楼，图 10-79 所示是楼梯平面图，图 10-80 所示是楼梯剖面图，图 10-81 和图 10-82 所示是楼梯节点详图。

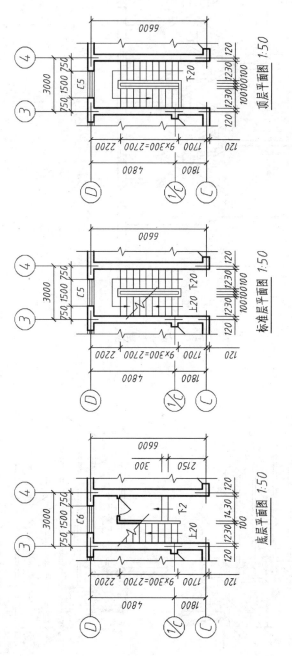

图 10-79 楼梯平面图

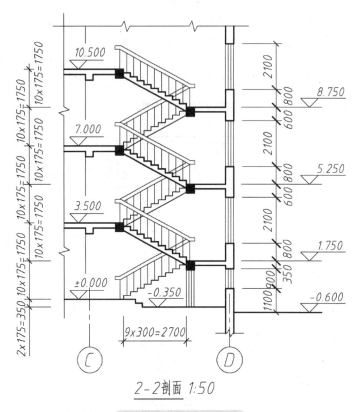

图 10-80　楼梯剖面图

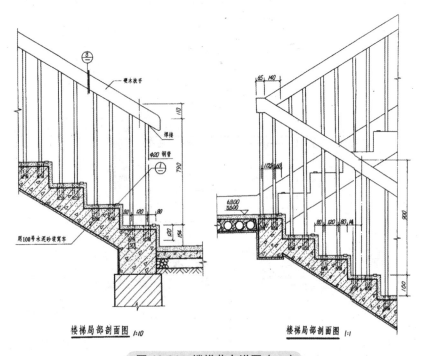

图 10-81　楼梯节点详图（一）

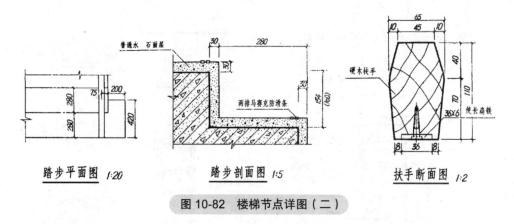

图 10-82　楼梯节点详图（二）

4.门窗详图

新设计的门窗必须绘制门窗详图，而标准门窗则不必画出详图。门窗详图的画法是：用门窗立面图表示外形、开起方式、主要尺寸和节点索引，节点索引对应节点详图。图 10-83 所示为木门详图，图 10-84 所示为钢窗详图。

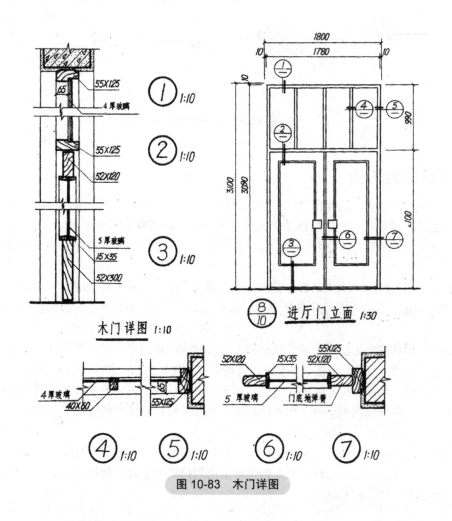

图 10-83　木门详图

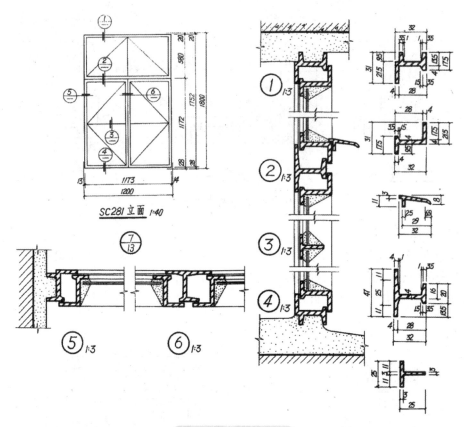

图 10-84 钢窗详图

10.3 结构施工图

　　房屋建筑中起承重和支撑作用的构件,主要有基础、柱、梁、板、墙等,按一定的结构形式进行构造和搭建而组成的结构体系,称为房屋结构,其结构形式通常有承重墙式、框架式、砌体式、排架式、网架式、剪力墙式、框架剪力墙式等。指导房屋结构施工的工程图样就是结构施工图。

　　结构施工图是图示房屋建筑各承重构件的形状、大小、材料和构造的工程图样,简称"结施"或"结构图",通常包括结构设计说明、基础图、楼层结构布置图、屋面结构布置图和构件详图。

　　结构设计说明是指无法图示的结构和施工方面的说明性内容,如抗震设计、场地土质类型及地基情况、基础与地基的连接,各承重构件的选材、规格、施工要求和注意事项等。基础图、楼层结构布置图、屋面结构布置图可合称为结构布置图,主要表示各构件的位置、数量、型号和连接关系等。构件详图表示单个构件的构造、形状、材料、尺寸和施工工艺要求等。这里的构件详图就是钢筋混凝土构件图。

　　结构施工图中的各种构件通常用其代号进行标注,构件代号由主代号和副代号组成,主代号采用汉语拼音首字母表示构件名称,副代号采用阿拉伯数字表示构件的型号或规格。全国通用常用构件的主代号见表 10-4。

结构施工图的制图标准有：GB/T 50001—2017《房屋建筑制图统一标准》，GB/T 50104—2010《建筑制图标准》，GB/T 50105—2010《建筑结构制图标准》。本节以案例介绍结构施工图的 AutoCAD 画法。

表 10-4　常用构件的主代号

名称	代号	名称	代号	名称	代号	名称	代号
板	B	垂直支撑	CC	基础梁	JL	框架	KJ
槽形板	CB	水平支撑	SC	连系梁	LL	设备基础	SJ
盖板	GB	柱间支撑	ZC	屋面梁	WL	钢筋骨架	G
空心板	KB	托架	TJ	楼梯梁	TL	桩	ZH
密肋板	MB	屋架	WJ	梯	T	门框	MK
墙板	QB	柱基/支架	ZJ	檩条	LT	门	M
楼梯板	TB	梁垫	LD	阳台	YT	窗	C
天沟板	TGB	天窗端壁	TD	雨篷	YP	柱	Z
屋面板	WB	梁	L	基础	J	构造柱	GZ
折板	ZB	吊车梁	DL	天窗架	CJ	框架柱	KZ
檐口板或挡雨板	YB	过梁	GL	刚架	GJ	钢筋网	W
		圈梁	QL	网架	WJ	预埋件	M

10.3.1　钢筋混凝土构件图

钢筋混凝土构件图又称配筋图或结构详图，不但图示构件的外形和尺寸，还要图示构件内钢筋的种类、数量、等级、直径、尺寸、形状和分布等配置情况，且后者是重点。只表示构件外形和尺寸的图样称为模板图，用于砼浇前架设模板。

根据 GB 50010—2010《混凝土结构设计规范》，混凝土强度等级分为 C15，C20，C25，C30，C35，C40，C45，C50，C55，C60，C65，C70，C75，C80 共 14 级，等级越高抗压强度越大。钢筋按种类等级不同，规定了不同的符号，用以标注钢筋，部分钢筋符号见表 10-5。

表 10-5　钢筋符号和牌号（部分）

符号	牌号	钢筋种类	旧级别	符号	牌号	钢筋种类	旧级别
φ	HPB300	热轧光圆	I	⊕F	HRBF400	热轧月牙纹	III
⊕	HRB335	热轧月牙纹	II	⊕R	RRB400	余热月牙纹	
⊕F	HRBF335	热轧月牙纹		⊕	HRB500	热轧月牙纹	IV
⊕	HRB400	热轧月牙纹	III	⊕F	HRBF500	热轧月牙纹	

在钢筋混凝土构件中，根据钢筋的不同作用，分为受力筋、箍筋、构造筋等，钢筋两端通常做成弯钩，弯钩形式有半圆弯钩、直角弯钩、斜弯钩等，如图 10-85 所示。

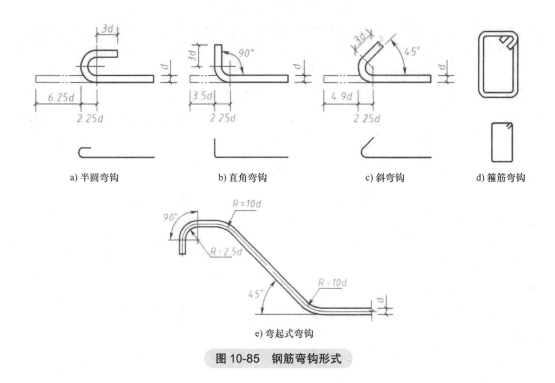

a) 半圆弯钩   b) 直角弯钩   c) 斜弯钩   d) 箍筋弯钩

e) 弯起式弯钩

图 10-85 钢筋弯钩形式

钢筋混凝土构件图的制图方法有两种：传统表示法和平面整体表示法，后者简称平法。

钢筋混凝土构件主要包括梁、柱、板三类，其构件图的 AutoCAD 画法如下。

1）图样画法：根据图示构件外形和内部配筋的要求，梁构件图常用正立面图和几处断面来表达，柱构件图常用平面图、楼层标高表和对应的柱表来表达，板构件图常用正立面图和平面图来表达。

2）混凝土透明化处理，用细实线绘制混凝土外轮廓，不可图案填充。

3）钢筋用加粗实线绘制，绘出钢筋的形状、尺寸和配置情况，即钢筋在混凝土内的定位位置；在断面图中，钢筋的横截面以直径 $< \phi 1mm$ 的黑圆点表示。

4）标注尺寸和钢筋：标注构件外形（即模板）尺寸，以确定构件的大小；钢筋标注是引线注法，在引线的水平段上注写钢筋数量、符号、直径、间距代号等文字内容，并在引线末端绘制编号圆，直径 $\phi 6mm$，内写钢筋编号数字。

5）书写图名和比例，图名即构件的编号名称；若有断面图，则绘出剖切位置符号，并书写断面图名和比例。

1. 梁配筋图案例

图 10-86 所示是梁 L102 传统表示法配筋图，图 10-87 所示是花篮梁 KL 传统表示法配筋图，图 10-88 所示是框架梁 KL3 平法配筋图。图中，"@"表示等间距分布，其后为间距尺寸值。

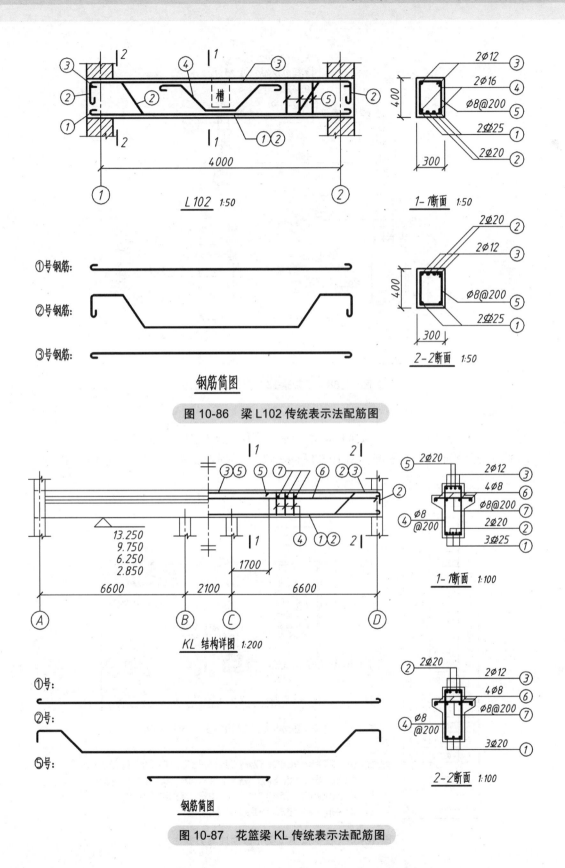

图 10-86　梁 L102 传统表示法配筋图

图 10-87　花篮梁 KL 传统表示法配筋图

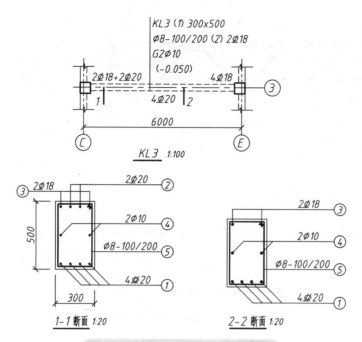

图 10-88 框架梁 KL3 平法配筋图

2.柱配筋图案例

柱配筋图适合用平法表示，如图 10-89 所示为高层建筑框架柱平法施工图。图示框架柱的平面整体配筋是截面注写方式的。图 10-90 所示是对应的列表注写方式的柱平法施工图。

层号	标高/m	层高/m
屋面	65.650	
塔2	62.350	3.30
塔1	59.050	3.30
16	55.450	3.60
15	51.850	3.60
14	48.250	3.60
13	44.650	3.60
12	41.050	3.60
11	37.450	3.60
10	33.850	3.60
9	30.250	3.60
8	26.650	3.60
7	23.050	3.60
6	19.450	3.60
5	15.850	3.60
4	12.250	3.60
3	8.650	3.60
2	4.450	4.20
1	-0.050	4.50
-1	-4.550	4.50

楼层结构标高及层高

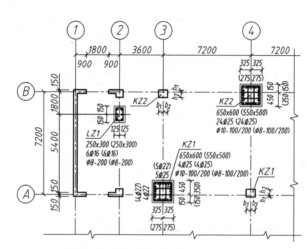

标高: 19.450-37.450 (37.450-59.050)

读图说明: 图中注出了两种标高的框架柱KZ和梁上柱LZ的平面整体配筋，内容包括柱截面尺寸、纵筋数值（数量、级别、直径）、箍筋数值（级别、直径、间距），用"/"区分非加密区和加密区的间距，间距符号"-"与"@"等价），两种标高对应的数值在图中以括号分开，标高与"楼层结构标高及层高"表格相一致。

图 10-89 柱平法施工图（截面注写方式）

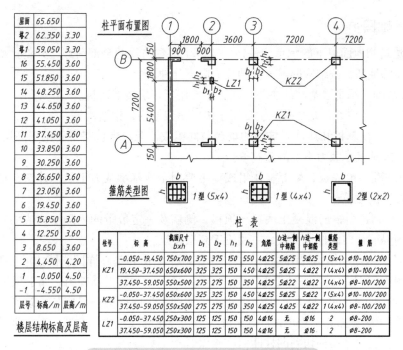

层号	标高/m	层高/m
屋面	65.650	
塔2	62.350	3.30
塔1	59.050	3.30
16	55.450	3.60
15	51.850	3.60
14	48.250	3.60
13	44.650	3.60
12	41.050	3.60
11	37.450	3.60
10	33.850	3.60
9	30.250	3.60
8	26.650	3.60
7	23.050	3.60
6	19.450	3.60
5	15.850	3.60
4	12.250	3.60
3	8.650	3.60
2	4.450	4.20
1	-0.050	4.50
-1	-4.550	4.50

楼层结构标高及层高

柱 表

柱号	标高	截面尺寸 bxh	b₁	b₂	h₁	h₂	角筋	b边一侧中部筋	h边一侧中部筋	箍筋类型	箍筋
KZ1	-0.050-19.450	750x700	375	375	150	550	4Φ25	5Φ25	5Φ25	1(5x4)	Φ10-100/200
	19.450-37.450	650x600	325	325	150	450	4Φ25	5Φ25	5Φ25	1(4x4)	Φ10-100/200
	37.450-59.050	550x500	275	275	150	350	4Φ25	5Φ22	4Φ22	1(4x4)	Φ8-100/200
KZ2	-0.050-37.450	650x600	325	325	150	450	4Φ25	5Φ25	5Φ22	1(5x4)	Φ10-100/200
	37.450-59.050	550x500	275	275	150	350	4Φ25	4Φ25	4Φ22	1(4x4)	Φ8-100/200
LZ1	-0.050-37.450	250x300	125	125	150	150	4Φ16	无	Φ16	2	Φ8-200
	37.450-59.050	250x300	125	125	150	150	4Φ16	无	Φ16	2	Φ8-200

图 10-90 柱平法施工图（列表注写方式）

3. 板配筋图案例

现浇楼板必须绘制配筋图，而预制楼板则不需要。现浇楼板通常包括卫生间楼板、楼梯平台板、阳台板、雨蓬板等。图 10-91 所示为两张现浇楼板配筋图（局部）案例，是传统表示法。

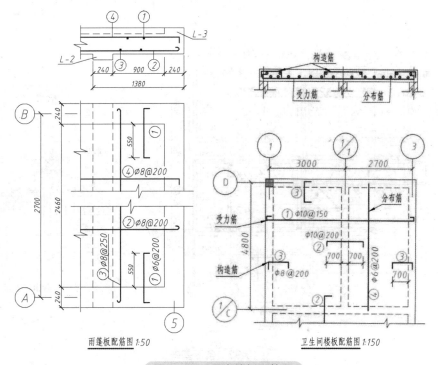

图 10-91 现浇楼板配筋图

10.3.2 基础图

基础是建筑物地面以下的承重构件，它支撑上部建筑物的全部荷载，并将这些荷载及基础自重传给下面的地基。按结构形式，基础分为以下几种。

1）条形基础：承重墙基础的主要形式，主要用于多层砖混建筑。

2）独立基础：柱下独立基础，主要用于多层框架结构，钢结构等。

3）桩基础：由基桩和连接于桩顶的承台共同组成，低承台桩基主要用于高层建筑、桥梁、高铁等工程，或地基承载力不足的建筑等。

4）筏板基础：由底板、梁等整体组成，主要用于地基承载力不足的建筑，地下设有人防工程或地下车库的建筑。

5）箱型基础：由钢筋混凝土底板、顶板、侧墙及一定数量的内隔墙构成的封闭箱体，基础中部可在内隔墙开门洞作地下室，主要用于高层建筑。

基础图是图示基础结构的图样，一般包括基础平面图和基础详图。图 10-92 所示是条形基础图案例，图 10-3 所示也是一种条形基础，图 10-93 所示为整板基础图，属于筏板基础。

基础平面图的 AutoCAD 画法类似于建筑平面图，绘图比例一般应与建筑平面图的比例相同，定位轴线和编号也应与建筑平面图一致。基础外轮廓线画成细实线，基础墙或基础梁的轮廓线一般画成粗实线，而剖切到的柱断面应涂黑。

基础详图的 AutoCAD 画法类似于钢筋混凝土构件图，绘图比例一般比基础平面图大，图示基础截面的形状、尺寸、材料、构造及其埋置深度等，如图 10-3、图 10-92、图 10-93 所示的基础详图。有时绘制标准基础详图，需添加基础尺寸表，如图 10-94 所示。

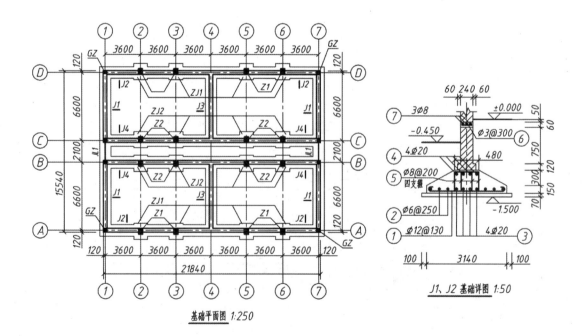

图 10-92　条形基础

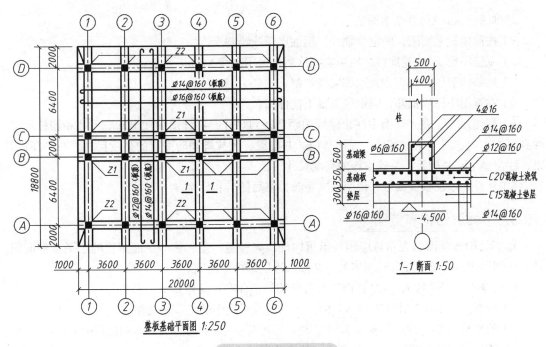

图 10-93 整板基础

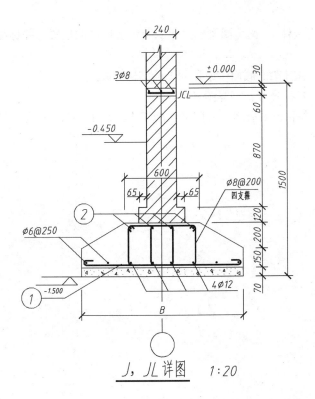

J		
基 础	宽度B	受力筋 ①
J 1	800	素混凝土
J 2	1000	Ø8@200
J 3	1300	Ø8@150
J 4	1400	Ø10@200
J 5	1500	Ø10@170
J 6	1600	Ø12@200
J 7	1800	Ø12@180
J 8	2200	Ø12@150
J 9	2300	Ø14@180
J 10	2400	Ø14@170
J 11	2800	Ø16@180
JL		
基础梁	基础梁 l	受力筋 ②
JL1	2800	4 Ø 18
JL2	3500	4 Ø 22
JL3	2040	4 Ø 14
JL4	8240	4 Ø 25

图 10-94 带尺寸表的标准基础详图

基础图的 AutoCAD 基本画法：

1）按照建筑平面图，画定位轴线，用细点画线绘制。

2）画墙（梁）、柱轮廓线，用粗实线绘制，可用多线 MLine 命令。

3）画基础形体外轮廓线，用细实线绘制。

4）在详图中标注钢筋，同钢筋混凝土构件图。

5）标注尺寸，在平面图中注出轴线间距和外包尺寸，在详图中注出基底尺寸和墙柱尺寸，在高度方向上，对于条形基础，注出垫层、基础梁、大放脚和防潮层的高度尺寸，对于筏板基础，注出垫层、基础板、基础梁等的高度尺寸。

6）注释，添加轴线编号，说明性文字等，书写图名和比例。

10.3.3　楼层结构布置图

楼层结构布置图是表示每层楼的承重构件，如楼板、梁、柱等平面布置的水平全剖面图，其水平剖切面是沿着楼板表面剖切的，又称为楼层结构平面图。

楼层结构布置图的 AutoCAD 画法类似于建筑平面图，具体如下：

1）绘制定位轴线，用细点画线绘制，应与建筑平面图的定位轴线相同。

2）绘制柱、墙轮廓，柱轮廓是可见的，用粗实线绘制并涂黑，而墙轮廓通常只有外墙的外轮廓可见，绘成细实线，而其余不可见的墙轮廓绘成细虚线。

3）绘制楼板铺设面积的对角线（细实线绘制，一般等同于房间的多角线），沿对角线标注预制楼板（现浇楼板）的数量和代号。

4）用粗实线图示柱（框架柱、构造柱）、梁（圈梁、过梁）等承重构件的位置，并标注其编号。

5）标注尺寸和标高，包括楼面和各种梁的底面（或顶面）的结构标高。

6）添加注释，索引符号、剖切位置符号等，书写图名和比例。

图 10-95 所示是某房屋的二层结构平面图示例，为柱平法施工图。图 10-96 所示是二层梁平法结构施工图，与图 10-95 所示相对应。

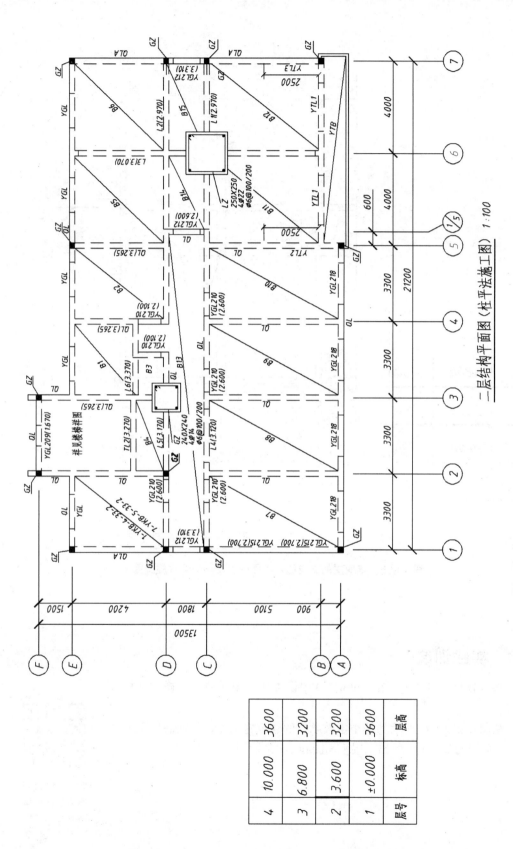

二层结构平面图（柱平法施工图）　1:100

图 10-95　某房屋的二层结构平面图（柱平法施工图）

层号	标高	层高
4	10.000	3600
3	6.800	3200
2	3.600	3200
1	±0.000	3600

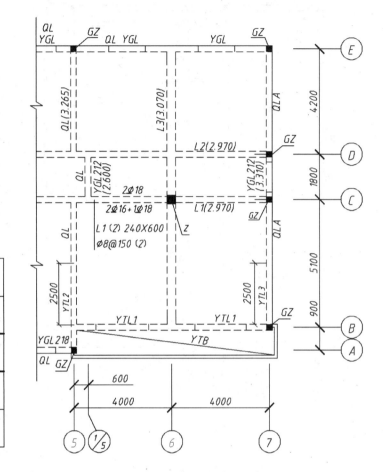

二层（局部）梁平法结构施工图 1:100

图 10-96　某房屋的二层结构平面图（梁平法结构施工图）

4	10.000	3600
3	6.800	3200
2	3.600	3200
1	±0.000	3600
层号	标高	层高

10.4　实践训练

1. 参考教材 10.1.2 节，在 AutoCAD 中设置建筑图样的文字样式和标注样式。

2. 绘制如图 10-97 所示的某小学教学楼的建筑施工图，并在底层平面图和正立面图的基础上，绘出二层平面图和 1-1 剖面图。

"两弹一星"功勋科
学家：王淦昌
SZD-010

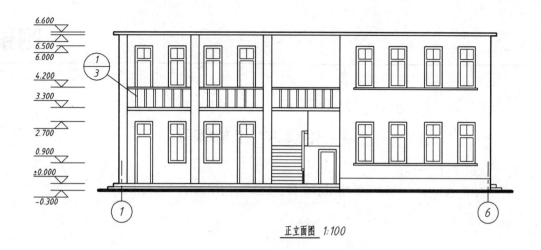

正立面图 1:100

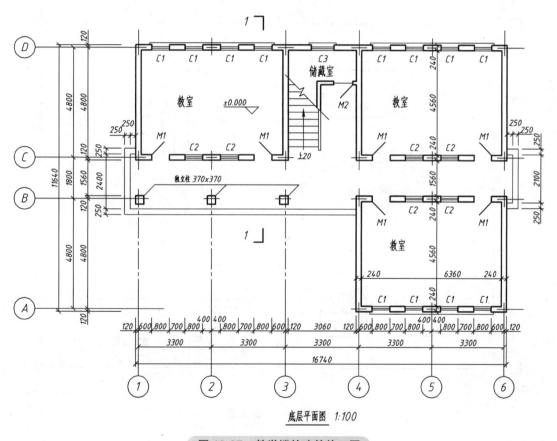

底层平面图 1:100

图 10-97 教学楼的建筑施工图

附录

附录 A　上机练习

1.上机练习（一）

以"GB_A3.dwt"为样板新建图形文件，绘制如附图 A-1 所示图形。

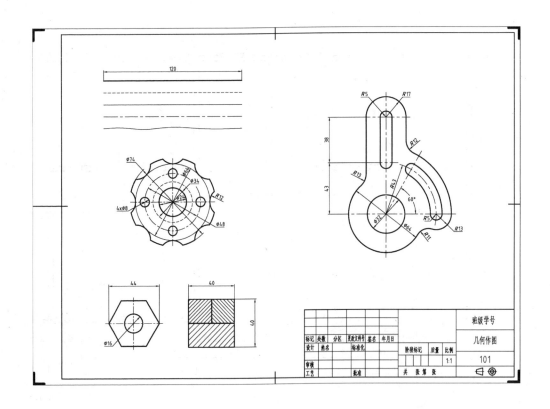

附图 A-1　几何作图

2.上机练习（二）

以"GB_A3.dwt"为样板新建图形文件，根据如附图 A-2 所示轴承座轴测图绘制其三视图，并标注尺寸。

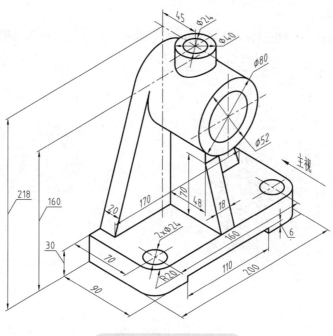

附图 A-2　轴承座轴测图

3. 上机练习（三）

以"GB_A3.dwt"为样板新建图形文件，绘制如附图 A-3 所示接头零件图。

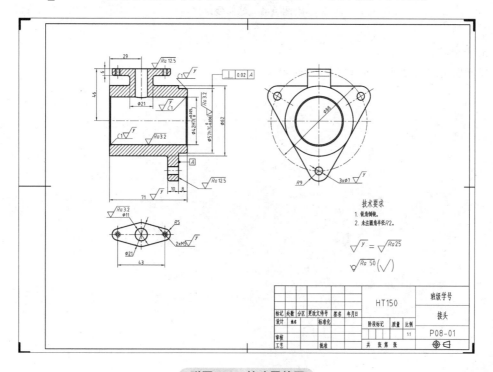

附图 A-3　接头零件图

4. 上机练习（四）

以"GB_A2.dwt"为样板新建图形文件，拼装如附图 A-4 所示球阀装配图。

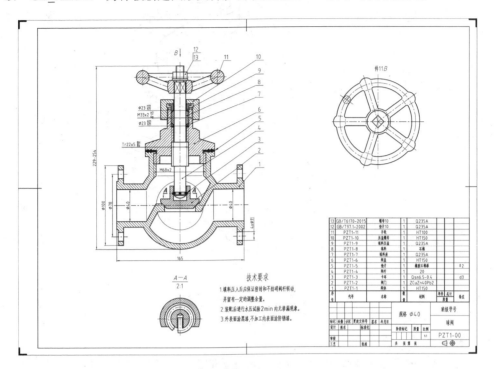

附图 A-4　球阀装配图

5. 上机练习（五）

建立如附图 A-2 所示轴承座的三维模型。

附录 B　AutoCAD 绘图与三维建模模拟试卷（开卷）

班级：_____　姓名：_____　学号：_____　成绩：_____

一、判断题（共 30 分，每题 1 分）

1. 重复上一个命令可按空格键。　　　　　　　　　　　　　　　　　　（　　）
2. 使用 AutoCAD 绘图，先捕捉参考点，再启动命令。　　　　　　　　　（　　）
3. 命令在 <> 号内的选项，可按 <Enter> 键选择。　　　　　　　　　　（　　）
4. Zoom 命令"范围（E）"的快捷方式是双击鼠标滚轮。　　　　　　　（　　）
5. 相对极坐标，使用 < 作分隔符，使用 # 作前缀。　　　　　　　　　（　　）
6. AutoCAD 图形样板文件的扩展名为 .dwt。　　　　　　　　　　　　　（　　）
7. RECtang 命令不能通过指定面积来绘制矩形。　　　　　　　　　　　（　　）
8. 选择最后生成的对象，可在命令提示选择对象时输入"P"并按 <Enter> 键。（　　）
9. Hatch 命令创建图案填充，要求边界一定要封闭。　　　　　　　　　（　　）
10. EXtend 命令用于延伸对象，不能修剪对象。　　　　　　　　　　　（　　）
11. 使用相对点偏移法指定点时，相对直角坐标一定要输入"@"。　　　（　　）
12. Fillet 命令不能为两条平行的直线创建圆角。　　　　　　　　　　　（　　）
13. Offset 命令可通过捕捉两个参考点，以这两点之间的距离作为偏移距离。（　　）
14. ARRAYRECT 命令可通过单击选项卡上的"方向"按钮修改矩形阵列的方向。（　　）
15. SCale 命令的基点是指缩放对象的大小发生改变时，位置保持不变的点。（　　）
16. TEXT 命令创建的单行文字无法转化为多行文字。　　　　　　　　　（　　）
17. 采用 DIMDIAmeter 命令标注圆的直径，如果尺寸在圆内但尺寸线显示不全，可将标注样式的"调整选项"设置为"箭头"。　　　　　　　　　　　　　　　　（　　）
18. CENTERLINE 中心线命令，可创建两条相交直线的角平分线。　　　（　　）
19. 装配图中轴孔的配合代号可使用 ^ 尖号堆叠创建。　　　　　　　　（　　）
20. 如果图块包含属性，应先定义属性，再定义块。　　　　　　　　　（　　）
21. 命名对象一旦引用将无法删除。　　　　　　　　　　　　　　　　　（　　）
22. 无法延长直径尺寸数字后的尺寸线。　　　　　　　　　　　　　　　（　　）
23. 选择重叠在一起的对象，可将光标悬停在这些对象上，按 <Ctrl>+ 空格键循环显示。　　　　　　　　　　　　　　　　　　　　　　　　　　　　　　　　　（　　）
24. 如果黑白打印，可以设置打印样式表为"monochrome.ctb"。　　　　（　　）
25. PRESSPULL 命令按住并拖动闭合区域，该区域可不必定义为面域。　（　　）
26. EXTrude 命令，设置正的倾斜角度将生成从基准对象逐渐变粗的拉伸。（　　）
27. 平面摄影 FLATSHOT 命令，将创建所有三维对象的二维图，不需进行投影的三维对象可将其放置在关闭或冻结状态的图层中。　　　　　　　　　　　　　　　　（　　）
28. VIEWSECTION 命令可以生成局部剖视图。　　　　　　　　　　　　（　　）
29. VIEWSECTION 命令不能生成断面图。　　　　　　　　　　　　　　（　　）
30. VIEWDETAIL 命令生成的局部视图实际上是一种局部放大图。　　　（　　）

二、单选题（共70分，每题2分）

1. 从选择集中去除对象，可按住_____键选择要去除的对象。
   A. <Ctrl>　　　　B. <Alt>　　　　C. <Shift>　　　　D. <Tab>

2. 修改点画线或虚线疏密的系统变量为_____。
   A. VIEWMODE　　B. VIEWSIZE　　C. CENTERLINE　　D. LTSCALE

3. 为防止对象被误修改，但又希望对象可见，可将其放置在_____的图层中。
   A. 关闭　　　　B. 锁定　　　　C. 冻结　　　　D. 新视口冻结

4. 使用BReak命令，当希望两个打断点重合时，可在命令提示指定第二个打断点时，输入_____并按<Enter>键。
   A. @　　　　B. #　　　　C. &　　　　D. <

5. LENgthen命令的"动态（DY）"选项和对象端点处夹点快捷菜单的_____菜单项，作用相同。
   A. 拉伸　　　　B. 拉长　　　　C. 半径　　　　D. 添加顶点

6. Stretch命令可以通过_____或圈交（CP）的方式来选择要拉伸的对象。
   A. 窗口（W）　　B. 窗交（C）　　C. 上一个（L）　　D. 前一个（P）

7. Fillet命令即使当前圆角半径不为0也可以为对象应用角点，此时需要按住_____键选择第二个对象。
   A. <Ctrl>　　　　B. <Alt>　　　　C. <Shift>　　　　D. <Tab>

8. 金属材料所使用的45°剖面线，应选择的图案为_____。
   A. ANSI31　　B. ANSI32　　C. ANSI33　　D. ANSI37

9. 几何公差的基准符号，在定义多重引线样式时，应将箭头符号定义为_____。
   A. 实心闭合　　B. 方框　　C. 基准三角形　　D. 实心基准三角形

10. 标注尺寸时，如果误删除了尺寸数字，可输入_____，重新显示。
   A. <>　　　　B. ( )　　　　C. {}　　　　D. [ ]

11. 特殊符号如沉孔符号的输入，应将文字样式设置为_____。
   A. gbcbig.shx　　B. gbenor.shx　　C. Standard.shx　　D. gdt.shx

12. 孔深符号应输入的字符为_____。
   A. v　　　　B. x　　　　C. w　　　　D. y

13. TABLE命令创建的表格，要选择多个单元格，需按住_____键选择。
   A. <Ctrl>　　　　B. <Alt>　　　　C. <Shift>　　　　D. <Tab>

14. 用qLEeader命令创建几何公差的公差框格部分，应设置注释类型为_____。
   A. 多行文字　　B. 复制对象　　C. 公差　　D. 块参照

15. 为正等轴测图标注尺寸，需要用DIMEDit命令的_____选项。
   A. 倾斜（O）　　B. 角度（A）　　C. 旋转（R）　　D. 新建（N）

16. φ50的主动轮和φ100的从动轮，其中心距为300，则带在从动轮上的包角为_____。
   A. 189.65°　　B. 198.65°　　C. 189.56°　　D. 198.56°

17. 半径为54，包角为130°的圆弧，三等分后，每段的弧长为_____。
   A. 40.8407　　B. 81.6814　　C. 56.5487　　D. 68.5971

18. 如题 18 图所示，直角三角形内切圆的周长为_____。

A. 101.2351 B. 101.2513 C. 101.2153 D. 101.3251

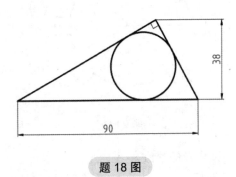

题 18 图

19. 如题 19 图所示，封闭图形的周长为_____。

A. 195.2535 B. 194.2535 C. 193.2535 D. 192.2535

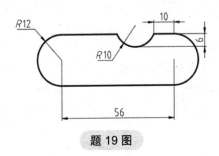

题 19 图

20. 如题 20 图所示，阴影部分（制作为面域后用 LIst 命令查询）的面积为_____。

A. 479.1908 B. 479.1809 C. 479.0189 D. 479.0198

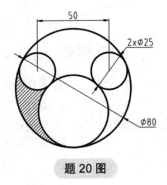

题 20 图

21. 如题 21 图所示，整个封闭图形的面积为_____。

A. 5969.0460 B. 5969.0160 C. 5969.0360 D. 5969.0260

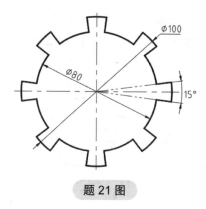

题 21 图

22. 如题 22 图所示，所注尺寸 E 的数值为_____。

A. 22.7814　　　　　B. 22.8417　　　　　　　C. 22.4817　　　　　　　　D. 22.1487

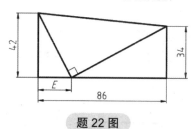

题 22 图

23. 如题 23 图所示，所注尺寸 D 的数值为_____。

A. 92.0296　　　　　B. 92.2096　　　　　　　C. 92.6029　　　　　　　　D. 92.9026

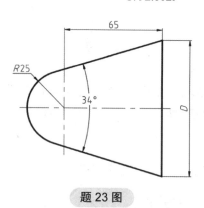

题 23 图

24. 拼装装配图时，对于重叠在一起的直线，为方便选择可启用_____状态按钮。

A. 选择循环　　　　　B. 选择过滤　　　　　　C. 隔离对象　　　　　　　D. 对象捕捉

25. 装配图中指引线采用序号注写在圆圈内的形式，块选项的附着应定义为_____。

A. 中心范围　　　　　B. 插入点　　　　　　　C. 第一行中间　　　　　　D. 最后一行中间

26. EXTrude 命令可拉伸实体上的面，但应按住_____键选择实体上的面。

A.<Tab>　　　　　　　B.<Alt>　　　　　　　　C.<Shift>　　　　　　　　D.<Ctrl>

27. 将一高度为 20 的圆柱修改为高度 24，以下选项错误的操作是_____。

A. 使用 PRESSPULL 命令　　　　　　　　　　B. 使用 EXTrude 命令

C. 实体编辑命令的"移动面"选项   D. 实体编辑命令的"偏移面"选项

28. 将一圆孔由直径 20 改为直径 18，以下选项正确的操作是_____。

A. 实体编辑命令的"拉伸面"选项   B. 实体编辑命令的"倾斜面"选项

C. 实体编辑命令的"移动面"选项   D. 实体编辑命令的"偏移面"选项

29. 显示当前 UCS *XY* 平面的平面视图，可使用_____命令。

A. PLAN   B. VIEW   C. UCS   D. 3DFORBIT

30. 按 *A*、*B*、*C* 的顺序创建如题 30 图所示多段体，对正方式应为_____。

A. 左对正   B. 右对正   C. 居中对正   D. 基线对正

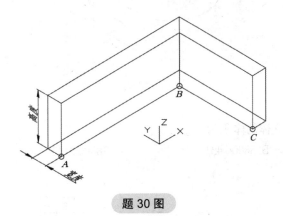

题 30 图

31. 如题 31 图所示立体的体积为_____。

A. 71073.9067   B. 6498.0529   C. 1098.5628   D. 71884.2569

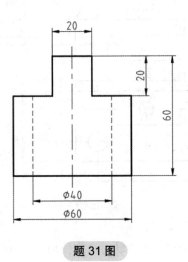

题 31 图

32. 如题 32 图所示立体的体积为_____。

A. 44052.6505   B. 44052.5065   C. 44052.0565   D. 44052.5605

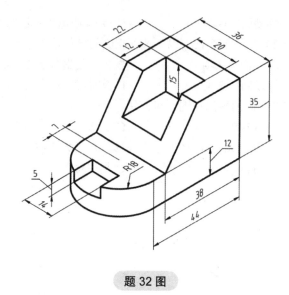

题 32 图

33. 如题 33 图所示立体的体积为_____。

A. 38006.1343　　　　B. 38006.4313　　　　　C. 38006.3143　　　　　D. 38006.3413

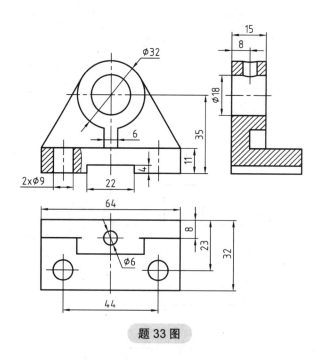

题 33 图

34. 在平面视图中，要绕一个轴三维旋转对象应使用____命令。

A. 3DROTATE　　　　B. ROtate　　　　　C. ROTATE3D　　　　　D. 3DFORBIT

35. 3DMIRROR 命令，默认通过指定____个点定义镜像平面。

A. 三　　　　　　　B. 两　　　　　　　C. 一　　　　　　　D. 四

附录 C 实践训练和模拟试卷参考答案

1.3.1 判断题答案

1. 错误　　2. 正确　　3. 错误　　4. 错误　　5. 正确

6. 正确　　7. 错误　　8. 正确　　9. 正确　　10. 正确

11. 正确　　12. 正确　　13. 正确　　14. 错误　　15. 正确

1.3.2 单选题答案

1. B　2. A　3. D　4.D　5. B　6. B　7. C　8. B　9. D　10. C

11. D　12. D　13. B　14. A　15. C　16. A　17. C　18. B　19. D　20. A

2.6.1 单选题答案

1. D　2. C　3. D　4.B　5. A　6. B　7. B　8. C　9. D　10. B

11. A　12. D　13. B　14. C　15. A　16. A　17. D　18. A　19. C　20. C

3.7.1 判断题答案

1. 正确　　2. 错误　　3. 错误　　4. 正确　　5. 错误

6. 错误　　7. 正确　　8. 正确　　9. 正确　　10. 错误

11. 正确　　12. 错误　　13. 正确　　14. 正确　　15. 错误

16. 正确　　17. 正确　　18. 错误　　19. 错误　　20. 正确

21. 错误　　22. 错误

3.7.2 单选题答案

1. A　2. C　3. B　4.A　5. B　6. D　7. A　8. C　9. B　10. C

11. A　12. D

4.4.1 单选题答案

1. B　2. A　3. D　4.B　5. B　6. D　7. D　8. C　9. B　10. B

5.5.1 单选题答案

1. A　2. D　3. B　4.D　5. C　6. B

6.6.1 单选题答案

1. B　2. C　3. A　4.D　5. B

7.6.1 单选题答案

1. D　2. A　3. B　4.B　5. C　6. A　7. B　8. C　9. D　10. A

8.7.1 判断题答案

1. 错误　　2. 错误　　3. 正确　　4. 正确　　5. 错误

6. 错误　　7. 错误　　8. 正确　　9. 正确　　10. 错误

11. 错误　　12. 正确　　13. 正确　　14. 正确　　15. 错误

16. 错误　　17. 正确　　18. 错误　　19. 错误　　20. 正确

8.7.2 单选题答案

1. D　2. A　3. B　4.B　5. C　6. A　7. B　8. B　9. D　10. D

11. B　12. D　13. A　14. B　15. A　16. D　17. D　18. C　19. A　20. B

9.6.1　单选题答案

1. B　　2. A　　3. A　　4.C　　5. D　　6. B　　7. C　　8. A　　9. C　　10. C

11. D　　12. B

附录 B　模拟试卷答案

一、判断题答案

1. 正确	2. 错误	3. 正确	4. 正确	5. 错误
6. 正确	7. 错误	8. 错误	9. 错误	10. 错误
11. 正确	12. 错误	13. 正确	14. 错误	15. 正确
16. 错误	17. 正确	18. 正确	19. 错误	20. 正确
21. 正确	22. 错误	23. 错误	24. 正确	25. 正确
26. 错误	27. 正确	28. 错误	29. 错误	30. 正确

二、单选题答案

1. C　　2. D　　3. B　　4.A　　5. B　　6. B　　7. C　　8. A　　9. D　　10. A

11. D　　12. B　　13. C　　14. C　　15. A　　16. C　　17. A　　18. B　　19. D　　20. B

21. D　　22. C　　23. A　　24. A　　25. B　　26. D　　27. B　　28. D　　29. A　　30. B

31. A　　32. D　　33. C　　34. C　　35. A

参考文献

[1] 戴立玲，袁浩，黄娟.现代机械工程制图 [M].北京：科学出版社，2014.

[2] 西北工业大学工程制图教研室.画法几何及机械制图：上册 [M].西安：陕西科学技术出版社，1998.

[3] 西北工业大学工程制图教研室.画法几何及机械制图：下册 [M].西安：陕西科学技术出版社，2000.

[4] 唐克中，郑镁.画法几何及工程制图 [M].5 版.北京：高等教育出版社，2017.

[5] 刘朝儒，彭福荫，高政一.机械制图 [M].4 版.北京：高等教育出版社，2001.

[6] 袁浩，侯永涛，卢章平.工程制图与设计：计算机辅助制图、设计与三维建模 [M].北京：化学工业出版社，2005.

[7] 孙家广，等.计算机图形学 [M].3 版.北京：清华大学出版社，1998.

[8] 刘勇，董强.画法几何与土木工程制图 [M].2 版.北京：国防工业出版社，2013.

[9] 丁宇明，黄水生，张竞.土建工程制图 [M].3 版.北京：高等教育出版社，2012.

[10] 唐人卫.画法几何及土木工程制图 [M].3 版.南京：东南大学出版社，2013.